高等职业教育测绘类系列教材

测量误差
与数据处理

主编 徐卫国

中国水利水电出版社
www.waterpub.com.cn
·北京·

内 容 提 要

本书是高等职业教育测绘类专业测量误差与数据处理课程教材。全书共分 8 章，系统讲述测量误差理论与数据处理的基本方法，主要内容包括：绪论、测量误差理论、测量误差处理基本原理、条件平差、间接平差、误差椭圆、矩阵、常用测量平差软件应用等。

本书既可以作为高职高专测绘类教材使用，也可以供测绘工程技术人员参考。

本书配套 PPT 课件，可在"行水云课"平台下载。

图书在版编目（CIP）数据

测量误差与数据处理 / 徐卫国主编. -- 北京 : 中国水利水电出版社, 2025. 1. --（高等职业教育测绘类系列教材）. -- ISBN 978-7-5226-3098-4

Ⅰ．P207

中国国家版本馆CIP数据核字第20254VK680号

	高等职业教育测绘类系列教材
书　　　名	**测量误差与数据处理** CELIANG WUCHA YU SHUJU CHULI
作　　　者	主编　徐卫国
出版发行	中国水利水电出版社 （北京市海淀区玉渊潭南路1号D座　100038） 网址：www.waterpub.com.cn E-mail：sales@mwr.gov.cn 电话：（010）68545888（营销中心）
经　　　售	北京科水图书销售有限公司 电话：（010）68545874、63202643 全国各地新华书店和相关出版物销售网点
排　　　版	中国水利水电出版社微机排版中心
印　　　刷	天津嘉恒印务有限公司
规　　　格	184mm×260mm　16开本　10.75印张　262千字
版　　　次	2025年1月第1版　2025年1月第1次印刷
印　　　数	0001—2000 册
定　　　价	**38.00元**

凡购买我社图书，如有缺页、倒页、脱页的，本社营销中心负责调换

版权所有·侵权必究

前　言

随着信息化和数字化时代的到来，地理信息的应用越来越广泛，地理信息数据的多源性和"大体量"特征凸现，这对测绘人才的数据处理能力提出了更高要求。本书正是基于这个要求，以满足岗位的需要，为高等职业教育测绘地理信息类学生编写。

本书坚持以习近平新时代中国特色社会主义思想为指导，坚持立德树人的教育理念，突出课程思政主体地位，紧扣高职学生实际岗位需求和行业的新发展特征，结合多年课程的教学实践，充分考虑高职学生的数学基础，在综合分析多本同类教材优缺点的基础上编写完成。

本书体系设计合理，内容充实，通俗易懂，简明易学，实用性强。在内容的选取上，突出测量误差与数据处理课程的经典核心模块，删去了拓展、实际应用极少的部分内容，简化了部分公式推导，补充了一些测绘新技术背景下数据误差处理模型，并扩充了大量的例题和练习题，帮助学生自主学习。

本书由湖北水利水电职业技术学院徐卫国主编。具体分工如下：徐卫国编写第 1 章、第 5 章；武汉工程科技学院金蕾编写第 2 章、第 3 章，广东省东莞市测绘院卢文军编写第 4 章，武汉城市建设职业技术学院刘亚东编写第 6 章、第 8 章，湖北水利水电职业技术学院田福娟编写第 7 章。全书由徐卫国统稿。

湖北水利水电职业技术学院李行洋教授担任本书主审，并提出许多宝贵的修改意见，在此表示感谢。

由于编者水平有限，书中可能存在考虑不周及不全面之处，热忱欢迎广大读者批评指正。

编者

2024 年 8 月

课件

目录

前言

第1章 绪论 1
  1.1 观测误差 1
  1.2 测量误差与数据处理的对象和任务 3
  练习题 3

第2章 测量误差理论 5
  2.1 偶然误差的统计规律 5
  2.2 观测量及观测向量的精度指标 9
  2.3 协方差传播定律 12
  2.4 协方差传播定律在测量上的应用 17
  2.5 权与定权的常用方法 19
  2.6 协因数和协因数传播定律 22
  2.7 由真误差计算中误差及其实际应用 26
  练习题 27

第3章 测量误差处理基本原理 32
  3.1 测量误差处理概述 32
  3.2 测量误差处理原则 34
  3.3 测量误差处理的数学模型 35
  练习题 37

第4章 条件平差 38
  4.1 条件平差原理 38
  4.2 条件方程 43
  4.3 条件平差法方程 57
  4.4 条件平差的精度评定 62
  4.5 条件平差实例 69
  练习题 77

第5章 间接平差 82
  5.1 间接平差原理 82
  5.2 误差方程式 89
  5.3 间接平差法方程 107

5.4　间接平差精度评定 …………………………………………………… 111
5.5　间接平差示例 …………………………………………………………… 114
5.6　间接平差特列——直接平差 …………………………………………… 124
练习题 …………………………………………………………………………… 128

第6章　误差椭圆 …………………………………………………………… 133
6.1　概述 ……………………………………………………………………… 133
6.2　点位误差 ………………………………………………………………… 134
6.3　误差曲线与误差椭圆 …………………………………………………… 138
6.4　相对误差椭圆 …………………………………………………………… 139
练习题 …………………………………………………………………………… 141

第7章　矩阵 ………………………………………………………………… 144
7.1　矩阵的基本形式及和差运算 …………………………………………… 144
7.2　矩阵的乘积与求逆运算 ………………………………………………… 145
练习题 …………………………………………………………………………… 148

第8章　常用测量平差软件应用 ………………………………………… 149
8.1　平差易软件简介 ………………………………………………………… 149
8.2　平差过程操作实例 ……………………………………………………… 152
8.3　科傻软件简介 …………………………………………………………… 162

参考文献 ………………………………………………………………………… 166

第1章

绪 论

本章学习目标：通过本章的学习，掌握观测值、观测误差的概念，认识测量误差的来源，掌握误差的性质及其分类，熟知测量平差的任务，学习客观认识自然的科学精神。

本章重点：误差来源与分类。

1.1 观 测 误 差

1.1.1 观测误差的概念

用一定的仪器、工具或其他手段获得的以数字形式表示的空间信息称为观测量。任何观测量，客观上总是存在一个能反映其真正大小的数值，这个数值称为观测量的真值或理论值。然而，由于客观条件的局限，观测值与其理论值之间总是存在差异，在测量上，这种差异称为真误差，用 Δ 表示。

若用 L 表示观测值，$\tilde{L}$ 表示真值，则观测值真误差 Δ 定义为

$$\Delta = \tilde{L} - L \tag{1.1.1}$$

1.1.2 观测误差来源

观测误差的产生原因是多种多样的，但任何观测值的获取都离不开观测者、仪器、外界环境这三种要素，所以观测误差产生的原因可归结为下列三方面。

1.1.2.1 观测者的影响

由于观测者感觉器官的鉴别能力有一定的局限性，所以在仪器的安置、照准、读数等方面都会产生误差。同时，观测者的工作态度和技术水平，也是对观测成果质量有直接影响的重要因素。

1.1.2.2 仪器误差的影响

仪器误差可分为两个方面，一是仪器本身精密度局限所带来的误差，例如，用只有厘米分划的水准尺进行水准测量时，就很难保证在厘米以下的读数准确无误；二是仪器检校时的残余误差，例如水准仪的视准轴不平行于水准管轴而产生的 i 角误差等。

1.1.2.3 外界环境的影响

观测时所处的外界环境条件，如温度、湿度、风力、大气折光等因素都会对观测结果直接产生影响；同时，随着温度的高低、湿度的大小、风力的强弱以及大气折光的不同，这些因素对观测结果的影响也随之不同。因此在这样的客观环境下进行观测，就必然使观测的结果产生误差。

观测者、测量仪器和外界环境三方面的因素是误差的主要来源，把这三方面的因素综合起来称为观测条件。因此，观测条件的好坏与观测成果的质量有着密切的联系。当观测条件好时，观测中产生的误差平均说来就相对小些，因而观测质量就会高些。反之，观测条件差时，观测成果的质量就会低些。如果观测条件相同，观测成果的质量也就可以说是相同的。所以说，观测条件的好坏决定了观测成果质量的高低。但是，不管观测条件如何，在整个观测过程中，观测结果总会受到上述因素的影响，从这个意义上来说，测量工作中的观测误差是不可避免的。

1.1.3　观测误差分类

根据观测误差对观测结果的影响性质，可将观测误差分为系统误差和偶然误差两种。

1.1.3.1　系统误差

在相同的观测条件下做一系列观测，如果误差在大小、正负符号上表现出系统性，或者在观测过程中按一定的规律变化，或者为某一常数，那么，这种误差就称为系统误差。

例如，用一有尺长误差的钢尺量距，由尺长误差引起的距离误差与所测距离长度成比例地增加，这种误差属于系统误差，水准尺的刻划不准确、水准仪的视准轴误差等均属于系统误差。

系统误差具有累积性，对成果的影响较大，应当设法消除或减弱它的影响。采用的方法一般有两种：一是在观测的过程中采取一定的观测方法削弱；二是在观测结果中加入改正数，其目的就是消除或减弱系统误差的影响，使其达到忽略不计的程度。

1.1.3.2　偶然误差

在相同的观测条件下进行的一系列观测，如果误差在大小和正负符号上都表现出随机性，即从单个值来看，其大小和符号没有规律性，但就大量误差的总体而言，具有一定的统计规律，这种误差称为偶然误差。例如，观测时的照准误差，读数时的估读误差等，都属于偶然误差。

如果各个误差项对其总和的影响都是均匀小，即其中没有一项比其他项的影响占绝对优势时，那么它们的总和将是服从或近似地服从正态分布的随机变量。因此，偶然误差就其总体而言，都具有一定的统计规律，所以，有时又把偶然误差称为随机误差。

系统误差与偶然误差在观测过程中总是同时产生的。当观测值中有显著的系统误差时，偶然误差就居于次要地位，观测误差就呈现出系统的性质。反之，则呈现出偶然的性质。

系统误差对于观测结果的影响一般具有累积的作用，它对成果质量的影响也特别显著。在实际工作中，应该采用各种方法来消除系统误差，或者减小其对观测成果的影响，达到实际上可以忽略不计的程度。

当观测列中已经排除了系统误差的影响，或者与偶然误差相比已处于次要地位，则该观测列中主要是存在着偶然误差。这样的观测列，就称为带有偶然误差的观测列。这样的观测结果和偶然误差便都是一些随机变量，如何处理这些随机变量，则是测量误差与数据处理这一学科所要研究的内容。

1.1.4　错误

在测量工作的整个过程中，除了会产生上述两种性质的误差以外，还可能发生错误。

错误的发生,大多是由于工作中的粗心大意造成的。错误的存在不仅大大影响测量成果的可靠性,而且往往造成返工浪费,给工作带来难以估量的损失。因此,必须采取适当的方法和措施,保证观测结果中不存在错误。错误不算作观测误差。

1.2 测量误差与数据处理的对象和任务

1.2.1 测量误差与数据处理学科研究的对象

由于观测结果不可避免地存在着偶然误差的影响,因此,在实际工作中,为了提高成果的质量,同时也为了检查和及时发现观测值中有无错误存在,通常要使观测值的个数多于未知量的个数,也就是要进行多余观测。例如,对一条导线边,丈量一次就可得出其长度,但实际上总要丈量两次或两次以上;一个平面三角形,只需要观测其中的两个内角,即可决定它的形状,但通常是观测三个内角。由于偶然误差的存在,通过多余观测必然会发现在观测结果之间不相一致,或不符合应有关系而产生的不符值。因此,必须对这些带有偶然误差的观测值进行处理,得到消除不符值后的结果,可以认为是观测量的最可靠的结果。由于这些带有偶然误差的观测值是一些随机变量,因此,可以根据概率统计的方法来求出观测量的最可靠结果,这就是测量误差与数据处理学科的一个主要任务。

测量误差与数据处理学科的另一个任务,就是评定观测值以及最可靠结果的精度,也就是考核测量成果的质量。

概括说来,测量误差与数据处理学科的任务就是:

(1) 对一系列带有误差的观测值,运用概率统计的方法来消除它们之间的不符值,求出未知量的最可靠值。

(2) 评定测量成果的精度。

1.2.2 测量误差与数据处理的主要内容

(1) 偶然误差理论,包括偶然误差的概率特性、精度指标、中误差和权的定义、方差及协因数传播规律等。

(2) 测量误差处理的函数模型和随机模型。

(3) 测量误差处理的基本方法:条件平差方法、间接平差方法等。

(4) 误差椭圆基本知识。

(5) 矩阵基本计算。

(6) 测量误差处理常用软件。

练 习 题

1.1 观测条件是由哪些因素构成的?它与观测结果的质量有什么联系?

1.2 观测误差分为哪几类?对观测结果有什么影响?试举例说明。

1.3 用钢尺丈量距离,有下列几种情况使得结果产生误差,试分别判定误差的性质及符号:(1) 尺长不准确;(2) 尺不水平;(3) 估读小数不准确;(4) 尺垂曲;(5) 尺端偏离直线方向。

1.4 在水准测量中，有下列几种情况使水准尺读数有误差，试判断误差的性质及符号：(1) 视准轴与水准轴不平行；(2) 仪器下沉；(3) 读数不准确；(4) 水准尺下沉。

1.5 测量误差与数据处理的任务是什么？

1.6 根据第1章内容，真误差属于什么误差？

第 2 章

测 量 误 差 理 论

本章学习目标：通过本章学习，了解偶然误差的特征和分布规律，掌握观测值的精度指标、权、协因数等概念及计算公式，掌握方差及协因数传播定律及其应用，认识自然科学的规律性，激发探索未知世界的热情。

本章重点：观测值精度指标、误差传播定律、定权方法、协因数传播定律。

2.1 偶然误差的统计规律

2.1.1 偶然误差的特性

观测误差包括系统误差和偶然误差两种。系统误差具有累积作用，在实际工作中都采用各种方法来消除或削弱，使其处于次要地位，这样，观测误差表现为偶然误差特征。

由前可知，偶然误差就单个误差来讲，其正负符号和大小没有规律，即呈现出一种偶然性（或随机性），但就总体而言，却呈现出一定的统计规律性，概率论上将具有这种特征的变量称为随机变量。所以偶然误差是一个随机变量，而且它们是服从正态分布的。偶然误差有什么规律呢？下面通过实例来说明这种规律。

2.1.1.1 打靶例子

如图 2.1 所示，对于一个射手，如果他射击一次，他中靶的点位是难以预计的，可能在靶心，也可能在靶心上方，还可能在靶心下方，所以仅仅从一次射击是不能说明这位射手的技术水平。但如果连续射击数次，就会发现中靶的点位有以下特征：①越靠近靶心的点越密；②越远离靶心的点越稀；③中靶点位在过靶心的轴线上下左右对称。

2.1.1.2 三角形的内角和真误差

某测区，在相同观测条件下，独立地观测了 358 个平面三角形内角，由于观测值有误差，三角形内角和不等于 $180°$，各三角形内角和真误差为

$$\Delta_i = 180° - (L_1 + L_2 + L_3)_i \quad (i=1,2,3,\cdots,358) \quad (2.1.1)$$

为了了解三角形内角和真误差的分布规律，现将三角形内角和真误差出现的范围分成若干相同的小区域，每个区域长度为 $d\Delta = 0.2''$，将该组真误差按其绝对值大小排列，统计出误差落入各个误差区间的个数 v_i，计算出其频率 $f_i = \dfrac{v_i}{n}$，其中 n 为总数，v_i 为落入区间 i 的误差个数。统计结果见表 2.1。

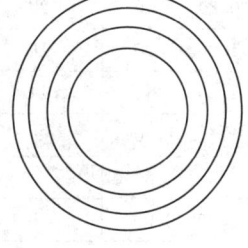

图 2.1

表 2.1

误差的区间 /(″)	Δ 为负值			Δ 为正值			备注
	个数 v_i	频率 v_i/n	$\dfrac{v_i/n}{d\Delta}$	个数 v_i	频率 v_i/n	$\dfrac{v_i/n}{d\Delta}$	
0.00~0.20	45	0.126	0.630	46	0.128	0.640	
0.20~0.40	40	0.112	0.560	41	0.115	0.575	
0.40~0.60	33	0.092	0.460	33	0.092	0.460	
0.60~0.80	23	0.064	0.320	21	0.059	0.295	
0.80~1.00	17	0.047	0.235	16	0.045	0.225	$d\Delta = 0.20″$: 等于区间左端值的误差算入该区间内
1.00~1.20	13	0.036	0.180	13	0.036	0.180	
1.20~1.40	6	0.017	0.085	5	0.014	0.070	
1.40~1.60	4	0.011	0.055	2	0.006	0.030	
1.60 以上	0	0	0	0	0	0	
Σ	181	0.505		177	0.495		

从表 2.1 中可以看出，误差的分布情况具有以下性质：①误差的绝对值有一定的限值；②绝对值较小的误差比绝对值较大的误差多；③绝对值相等的正负误差的个数相近。

为了便于对误差分布互相比较，下面对另一测区的 421 个三角形内角和的一组真误差按上述方法进行统计，其结果列于表 2.2 中。

表 2.2 中所列的 421 个真误差，尽管其观测条件不同于表 2.1 中的真误差，但从表 2.2 中可以看出：愈接近于零的误差区间，误差出现的频率愈大，随着离零越来越远，误差出现频率亦逐渐递减，且出现在正负误差区间内的频率基本相等。因而，表 2.2 的误差分布情况与表 2.1 的误差分布情况具有相同的性质。

表 2.2

误差的区间 /(″)	Δ 为负值			Δ 为正值			备注
	个数 v_i	频率 v_i/n	$\dfrac{v_i/n}{d\Delta}$	个数 v_i	频率 v_i/n	$\dfrac{v_i/n}{d\Delta}$	
0.00~0.20	40	0.095	0.475	37	0.088	0.440	
0.20~0.40	34	0.081	0.450	36	0.085	0.425	
0.40~0.60	31	0.074	0.370	29	0.069	0.345	
0.60~0.80	25	0.059	0.295	27	0.064	0.320	
0.80~1.00	20	0.048	0.240	18	0.043	0.215	$d\Delta = 0.20″$: 等于区间左端值的误差算入该区间内
1.00~1.20	16	0.038	0.190	17	0.040	0.200	
1.20~1.40	14	0.033	0.165	13	0.031	0.155	
1.40~1.60	9	0.021	0.105	10	0.024	0.120	
1.60~1.80	7	0.017	0.085	8	0.019	0.095	
1.80~2.00	5	0.012	0.060	7	0.017	0.085	
2.00~2.20	6	0.014	0.070	4	0.009	0.045	

续表

误差的区间 /(″)	Δ 为负值			Δ 为正值			备注
	个数 v_i	频率 v_i/n	$\dfrac{v_i/n}{\mathrm{d}\Delta}$	个数 v_i	频率 v_i/n	$\dfrac{v_i/n}{\mathrm{d}\Delta}$	
2.20~2.40	2	0.005	0.025	3	0.007	0.035	$\mathrm{d}\Delta=0.20''$；等于区间左端值的误差算入该区间内
2.40~2.60	1	0.002	0.010	2	0.005	0.025	
2.60 以上	0	0	0	0	0	0	
Σ	210	0.499		211	0.501		

2.1.1.3 直方图法

误差分布的情况，除了采用上述误差分布表的形式描述外，还可以利用图形来表达。例如，以横坐标表示误差的大小，纵坐标代表各区间内误差出现的频率除以区间的间隔值，即 $\mathrm{d}\Delta$（此处间隔值均取为 $\mathrm{d}\Delta=0.20''$）。分别根据表 2.1 和表 2.2 中的数据绘制出图 2.2 和图 2.3。可见，此时图中每一误差区间上的长方条面积就代表误差出现在该区间内的频率。例如，图 2.2 中画有斜线的长方条面积，就是代表误差出现在 $0.00''\sim0.20''$ 区间内的频率为 0.128。通常称这样的图为直方图，它形象地表示了误差的分布情况。

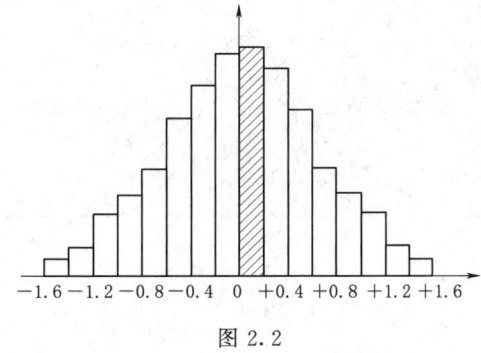

图 2.2

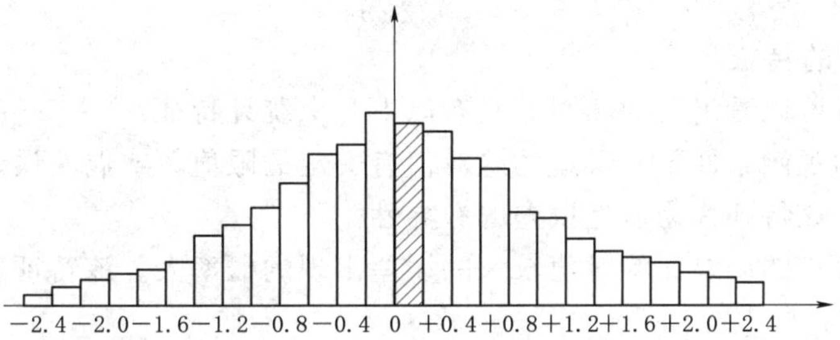

图 2.3

由此可知，在相同观测条件下所得到的一组独立的观测误差，只要误差的总个数 n 足够大，那么出现在各区间内误差的频率就会稳定在某一常数（理论频率）附近，而且当观测个数愈多时，稳定的程度也就愈大。例如，就表 2.2 的一组误差而言，在观测条件不变的情况下，如果再继续观测更多的三角形，则可预见，随着观测的个数愈来愈多，误差出现在各区间内的频率及其变动的幅度也就愈来愈小，当 $n\to\infty$ 时，各频率也就趋于一个完全确定的数值，这就是误差出现在各区间的概率。这就是说，在一定的观测条件下，一组独立观测误差对应着一种确定的误差分布。

通过以上讨论，可以进一步概括偶然误差的几个特性：

（1）在一定的观测条件下，误差的绝对值有一定的限值，或者说，超出一定限值的误差，其出现的概率为零。

（2）绝对值较小的误差比绝对值较大的误差出现的概率大。

（3）绝对值相等的正负误差出现的概率相同。

（4）偶然误差的数学期望为零。

对于一系列的观测而言，不论其观测条件是好是差，也不论是对同一个量还是对不同的量进行观测，只要这些观测是在相同的条件下独立进行的，则所产生的一组偶然误差必然都具有上述的四个特性。所以直方图同样可以反映出误差的规律性。

2.1.1.4 误差分布曲线

在一定的观测条件下得到的一组独立观测误差，对应着一种确定的误差分布。当观测值个数足够大时，出现在各区间内误差频率稳定在某一常数附近。观测个数愈多，稳定的程度就愈大。当观测个数 $n \to \infty$ 时，误差出现在各区间的频率就趋于一个确定数值。如果把区间间隔无限缩小，图2.2、图2.3中长方条顶边所形成的折线将变成如图2.4所示的光滑的曲线，该曲线称为误差分布曲线。随着 n 的增大，误差分布曲线以正态分布为其极限。

可以证明，若仅含有偶然误差，其分布为正态分布。真误差 Δ 的概率密度函数为

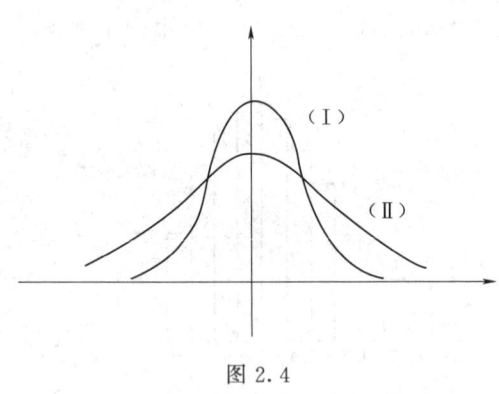

图 2.4

$$f(\Delta) = \frac{1}{\sqrt{2\pi}\sigma} e^{-\frac{\Delta^2}{2\sigma^2}} \tag{2.1.2}$$

2.1.2 偶然误差的特征

通过以上分析可以看出，偶然误差具有以下几个统计特征：

（1）在一定的观测条件下，误差的绝对值有一定的限值，或偶然误差的绝对值大于某个数的概率为零。该特征称为偶然误差的有界性。

（2）绝对值较小的误差比绝对值较大的误差出现的概率大。该特征称为偶然误差的集中性。

（3）绝对值相等的正负误差出现的概率相同。该特征称为偶然误差的对称性。

（4）偶然误差的数学期望为零。该特征称为偶然误差的抵偿性。

2.1.3 由偶然误差特性引出的两个测量依据

2.1.3.1 制定测量限差的依据

由偶然误差的有界性可知：在一定的观测条件下，若仅有偶然误差的影响，误差的绝对值必定会小于一定的限值。在实际工作中，就可依据观测条件确定一个误差限值，若观测值的误差绝对值小于该限值，可认为观测值合乎要求，否则，应剔除或重测。

2.1.3.2 判断系统误差（粗差）的依据

由偶然误差的对称性和抵偿性可知，误差的理论平均值为零，即观测值的期望值为其真值，观测值中不含有系统误差和粗差。若误差的理论平均值不为零，且数值较大，说明观测成果中含有系统误差和粗差。

2.2 观测量及观测向量的精度指标

2.2.1 精度的概念

在一定观测条件下进行的一组观测,它对应着一种确定不变的误差分布,如果分布较为密集,则表示该组观测质量较好,即精度高;反之,如果分布较为离散,则表示该组观测质量较差,也就是说,这组观测精度低。

因此,所谓精度,就是指误差分布的密集或离散程度。如果两组观测成果的误差分布相同,便认为它们的精度相同;反之,若误差分布不同,则精度就不同。密集度高的精度高。

在相同条件下的一组观测值,由于它们对应着同一种误差分布,因此,它们的精度相同,将它们称为同精度观测值。如前面所提到的 358 个三角形内角的观测值,它们就是同精度观测值。

2.2.2 观测量的精度指标

衡量观测值的精度高低,可以组成误差分布表,绘直方图或误差分布曲线来比较其精度高低,但在实际工作中这样做比较麻烦并且很困难。

前已提及,精度是指一组误差分布密集或离散的程度。分布越密集,则表示在该组误差中,绝对值较小的误差所占的相对个数越大。在这种情况下,该组误差绝对值的平均值就一定小。由此可见,精度虽然不是代表个别误差的大小,但是,它与这一组误差绝对值的平均大小显然有着直接关系。因此,用一组误差的平均大小作为衡量精度高低的指标,是完全合理的。为此,用具体的数字来反映误差分布的密集或离散的程度,即反映其离散度的大小,将其称为衡量精度的指标。本节介绍几个常用的精度指标。

2.2.2.1 方差和中误差

偶然误差 Δ 服从正态分布,其密度函数为

$$f(\Delta) = \frac{1}{\sqrt{2\pi}\sigma} e^{-\frac{\Delta^2}{2\sigma^2}} \tag{2.2.1}$$

式中:σ^2 是误差分布的方差。

方差定义式为

$$\sigma^2 = D(\Delta) = E(\Delta^2) = \int_{-\infty}^{+\infty} \Delta^2 f(\Delta) d\Delta \tag{2.2.2}$$

即

$$\sigma^2 = D(\Delta) = E(\Delta^2) = \lim_{n \to \infty} \frac{[\Delta\Delta]}{n} \tag{2.2.3}$$

中误差是方差的算术平方根,用 σ 表示

$$\sigma = \pm \lim \sqrt{\frac{[\Delta\Delta]}{n}} \tag{2.2.4}$$

式(2.2.4)就是方差和中误差的理论值。式中 [ ] 为取和的符号,$[\Delta\Delta]$ 表示 $\sum_{i=1}^{n} \Delta^2$,σ 可取正负号。

上述方差和中误差公式都是在 $n \rightarrow \infty$ 情况下定义的，在实际工作中，观测次数总是有限的，一般只能得到方差和中误差的估计值，估计值的计算公式为

$$\hat{\sigma}^2 = \frac{[\Delta\Delta]}{n} \tag{2.2.5}$$

$$\hat{\sigma} = \pm\sqrt{\frac{[\Delta\Delta]}{n}} \tag{2.2.6}$$

实际计算中常用以上两式计算方差和中误差。在不需要严格区别情况下，方差及中误差估计值仍用 σ^2、σ 字母表示，本书无特别说明，均如此规定。

【例 2.1】 为了比较两架经纬仪的观测精度，分别对同一角度（真值）各进行了 30 次观测，其观测误差如下。

第一架经纬仪：-0.8、$+1.5$、$+1.2$、-1.5、$+1.6$、-1.6、-2.5、$+1.9$、$+1.2$、-1.2、-3.0、-1.1、-1.4、$+2.4$、-1.7、-1.3、-2.0、-2.5、$+1.1$、$+0.8$、$+0.7$、$+1.2$、-0.5、-1.3、$+1.0$、-1.2、$+1.3$、$+2.0$、-0.6、-1.8（单位为秒）。

第二架经纬仪：$+1.5$、$+1.0$、$+0.8$、-1.1、$+0.6$、$+1.1$、$+0.2$、-0.3、-0.5、$+0.6$、-2.0、-0.7、-0.8、-1.2、$+0.2$、-0.3、$+0.6$、$+0.8$、-0.3、-0.9、-1.1、-0.4、-1.0、-0.5、$+0.3$、$+1.8$、$+0.6$、-1.1、-1.3（单位为秒）。

试计算这两架经纬仪的中误差。

解：

$$\hat{\sigma}_1 = \pm\sqrt{\frac{(-0.8)^2+(1.5)^2+(1.2)^2+\cdots+(-1.8)^2}{30}} = \pm 1.58''$$

$$\hat{\sigma}_2 = \pm\sqrt{\frac{(1.5)^2+(1.0)^2+(1.2)^2+\cdots+(-1.3)^2}{30}} = \pm 0.93''$$

故第二架经纬仪观测精度高。

2.2.2.2 极限误差

在三角测量规范中，规定了不同等级观测三角形闭合差的最大限值，水准测量中也规定了闭合环的限差，这些限差是如何得来的呢？由偶然误差的有界性可知，在一定得观测条件下，偶然误差的大小不会超过一定界限，这个界值就是极限误差。如何确定这个界值呢？先看看真误差 Δ 出现在不同区域的概率。

经研究发现，误差出现在区间 $(-\sigma, +\sigma)$、$(-2\sigma, +2\sigma)$、$(-3\sigma, +3\sigma)$ 内的概率分别为

$$p(-\sigma < \Delta < +\sigma) \approx 0.683 = 68.3\%$$

$$p(-2\sigma < \Delta < +2\sigma) \approx 0.955 = 95.5\%$$

$$p(-3\sigma < \Delta < +3\sigma) \approx 0.997 = 99.7\%$$

可见，误差 Δ 大于三倍中误差的概率仅为 0.3% 是小概率事件，在一次观测中，认为

是一个不可能事件,所以,通常以三倍中误差作为偶然误差的极限值:

$$\Delta_{限} = 3\sigma \tag{2.2.7}$$

2.2.2.3 相对误差

对于某些观测结果,有时单靠中误差还不能完全表达观测结果的好坏。例如,在相同观测条件下,用尺子丈量两段距离,一段为1000m,一段为5000m,两段距离的中误差都为2.0cm,虽然二者中误差相同,但由于距离不同,丈量的尺段数不同,就同一单位长度而言,二者精度就不一样,后者比前者精度高。把这种衡量单位长度的精度称为相对中误差,定义为中误差与观测值之比。相对中误差是无量纲的数,用分子为1,分母为整数N的分数表示,即

$$k = \sigma_s / s = 1/N \tag{2.2.8}$$

如 $k_1 = 1/1000$,$k_2 = 1/5000$

2.2.3 观测向量的精度指标

2.2.3.1 观测向量

若观测值有L_1,L_2,…,L_n个,可将它们表示成一个向量$L = (L_1, L_2, …, L_n)^T$,称为观测向量。当观测向量之间不再独立时,观测量L_i和观测量L_j之间的误差相关,描述这种相关程度的指标是协方差σ_{ij},其定义式为

$$\sigma_{ij} = \lim_{n \to \infty} \frac{[\Delta_i \Delta_j]}{n} \tag{2.2.9}$$

当$\sigma_{ij} = 0$时,表示观测量L_i和L_j不相关,观测量相互独立;当$\sigma_{ij} \neq 0$时,表示两者相关,不相互独立,为相关观测值。若σ_{ij}为正值,表示正相关;若σ_{ij}为负值,表示负相关。

2.2.3.2 观测向量的精度

观测向量的精度一般用方差-协方差矩阵D_{LL}表示,简称方差阵。方差阵D_{LL}中既有各个观测量的方差,也有观测值之间的协方差。观测向量方差阵的具体形式为

$$D_{LL} = \begin{bmatrix} \sigma_1^2 & \sigma_{12} & \cdots & \sigma_{1n} \\ \sigma_{21} & \sigma_2^2 & \cdots & \sigma_{2n} \\ \vdots & \vdots & \ddots & \vdots \\ \sigma_{n1} & \sigma_{n2} & \cdots & \sigma_n^2 \end{bmatrix} \tag{2.2.10}$$

方差阵是对称阵,阵中$\sigma_{ij} = \sigma_{ji}$,如$\sigma_{12} = \sigma_{21}$,$D_{LL}$中主对角线上的元素为相应观测值的方差,其余元素为两个观测值相应的协方差。如果观测向量间互不相关,则D_{LL}中所有非对角线元素$\sigma_{ij} = 0$,D_{LL}为对角阵,即

$$D_{LL} = \begin{bmatrix} \sigma_1^2 & 0 & \cdots & 0 \\ 0 & \sigma_2^2 & \cdots & 0 \\ \vdots & \vdots & \ddots & \vdots \\ 0 & 0 & \cdots & \sigma_n^2 \end{bmatrix} \tag{2.2.11}$$

2.3 协方差传播定律

在实际工作中,许多量并不是直接测定,而是由观测值通过一定的函数关系式间接计算的。例如,水准测量中待求点的高程是高差的函数,三角网中未知点的坐标是观测角和观测边的函数。阐述直接观测值方差与间接观测值方差间关系的定律称为协方差传播定律。下面根据不同函数类型推导协方差传播定律公式。

2.3.1 观测值线性函数的中误差

2.3.1.1 倍数函数

设有函数

$$z = kx \tag{2.3.1}$$

式中:k 为没有误差的常数;x 为观测值。

用 Δ_z、Δ_x 分别表示 z 和 x 真误差,由式(2.3.1)可得

$$\Delta_z = k\Delta_x \tag{2.3.2}$$

设 x 的同精度多次观测值为 $x_1, x_2, \cdots, x_n$,其对应真误差为 $\Delta_{x_1}, \Delta_{x_2}, \cdots, \Delta_{x_n}$,$x$ 方差为 σ_x^2。

由 Δ_{x_i} 引起的 z 的真误差为

$$\Delta_{z_1} = k\Delta_{x_1}$$
$$\Delta_{z_2} = k\Delta_{x_2}$$
$$\cdots$$
$$\Delta_{z_n} = k\Delta_{x_n}$$

将上式两边平方为

$$\Delta_{z_1}^2 = k^2 \Delta_{x_1}^2$$
$$\Delta_{z_2}^2 = k^2 \Delta_{x_2}^2$$
$$\cdots$$
$$\Delta_{z_n}^2 = k^2 \Delta_{x_n}^2$$

两边求和

$$[\Delta_{z_i}^2] = k^2 [\Delta_{x_i}^2]$$

两边同除以 n

$$\frac{[\Delta_{z_i}^2]}{n} = k^2 \frac{[\Delta_{x_i}^2]}{n}$$

当 $n \to \infty$ 时,两边取极限

$$\lim_{n \to \infty} \frac{[\Delta_{z_i}^2]}{n} = k^2 \lim_{n \to \infty} \frac{[\Delta_{x_i}^2]}{n}$$

根据方差定义,得

$$\sigma_z^2 = k^2 \sigma_x^2$$

或
$$\sigma_z = k\sigma_x \tag{2.3.3}$$
即观测值与一常数乘积函数的中误差,等于观测值中误差乘以该常数。

【**例 2.2**】 在 1∶500 的地图上,量得某两点间的距离是 $d=23.4\mathrm{mm}$,d 的量距误差是 $\sigma_d = \pm 0.2\mathrm{mm}$。求两点间的实地距离 S 和其精度 σ_S。

解:
$$S = 500d = 500 \times 23.4 = 11700(\mathrm{mm}) = 11.7\mathrm{m}$$
$$\sigma_S = 500\sigma_d = 500 \times (\pm 0.2) = \pm 100(\mathrm{mm}) = \pm 0.1\mathrm{m}$$

最后写成:
$$S = 11.7\mathrm{m} \pm 0.1\mathrm{m}$$

2.3.1.2 和差函数

设有函数
$$z = x \pm y \tag{2.3.4}$$

x、y 为独立观测值。设 Δ_x、Δ_y、Δ_z 分别表示 x、y、z 的真误差,代入式(2.3.4),可得
$$\Delta_z = \Delta_x \pm \Delta_y \tag{2.3.5}$$

当对 x、y 均观测了 n 次,则有
$$\Delta_{z_i} = \Delta_{x_i} \pm \Delta_{y_i} \quad (i=1,2,\cdots,n)$$

将上式两边平方,得
$$\Delta_{z_i}^2 = \Delta_{x_i}^2 + \Delta_{y_i}^2 \pm 2\Delta_{x_i}\Delta_{y_i} \quad (i=1,2,\cdots,n)$$

上式求和,并除以 n,得
$$\frac{[\Delta_z^2]}{n} = \frac{[\Delta_x^2]}{n} + \frac{[\Delta_y^2]}{n} \pm 2\frac{[\Delta_x][\Delta_y]}{n}$$

根据方差和协方差定义,得
$$\sigma_z^2 = \sigma_x^2 + \sigma_y^2 + 2\sigma_{xy}^2$$

由于观测值 x、y 相互独立,协方差 $\sigma_{xy} = 0$,故
$$\sigma_z^2 = \sigma_x^2 + \sigma_y^2 \tag{2.3.6}$$

结论:两独立观测值和差函数的方差,等于两观测值方差之和。

当 $z = x_1 \pm x_2 \pm x_3 \pm \cdots \pm x_n$,用上面方法,可推出:
$$\sigma_z^2 = \sigma_{x_1}^2 + \sigma_{x_2}^2 + \cdots + \sigma_{x_n}^2 \tag{2.3.7}$$

推论:n 个独立观测值代数和函数的方差等于观测值方差之和。

2.3.1.3 一般线性函数

设有线性函数
$$z = k_1 x_1 \pm k_2 x_2 \pm k_3 x_3 \pm \cdots \pm k_n x_n \tag{2.3.8}$$

其中 k_1,k_2,$\cdots$,k_n 为常数,而 x_1,x_2,$\cdots$,x_n 均为独立观测值,它们的中误差分别为 σ_1,σ_2,$\cdots$,σ_n。

由倍乘函数与和差函数的方差传播定律可得出其方差传播定律为
$$\sigma_z^2 = k_1^2 \sigma_1^2 + k_2^2 \sigma_2^2 + \cdots + k_n^2 \sigma_n^2 \tag{2.3.9}$$

即常数与独立观测值乘积的代数和函数的方差,等于各常数与相应的独立观测值中误差乘积的平方和。

【例 2.3】 设 x 是独立观测值 L_1、L_2、L_3 的函数，$x=\dfrac{1}{7}L_1+\dfrac{2}{7}L_2+\dfrac{4}{7}L_3$，已知 L_1、L_2 和 L_3 的中误差分别为 $\sigma_1=\pm 3\text{mm}$、$\sigma_2=\pm 2\text{mm}$ 和 $\sigma_3=\pm 1\text{mm}$，求函数 x 的中误差。

解： 因为 L_1、L_2 和 L_3 是独立观测值，所以有

$$\sigma_x^2=\left(\frac{1}{7}\right)^2\sigma_1^2+\left(\frac{2}{7}\right)^2\sigma_2^2+\left(\frac{4}{7}\right)^2\sigma_3^2=0.84$$

$$\sigma_x=\pm 0.9\text{mm}$$

若观测值间不独立，则必须顾及观测值之间的协方差，此时函数的方差按下列方法计算。

令

$$K=(k_1,k_2,\cdots,k_n)$$
$$X=(x_1,x_2,\cdots,x_n)^{\text{T}}$$

函数写成矩阵形式

$$Z=KX$$

观测向量 x 的方差阵为

$$D_{XX}=\begin{bmatrix}\sigma_1^2 & \sigma_{12} & \cdots & \sigma_{1n}\\ \sigma_{21} & \sigma_2^2 & \cdots & \sigma_{2n}\\ \vdots & \vdots & \ddots & \vdots\\ \sigma_{n1} & \sigma_{n2} & \cdots & \sigma_n^2\end{bmatrix} \qquad (2.3.10)$$

函数方差矩阵式为

$$\sigma_Z^2=D_{ZZ}=KD_{XX}K^{\text{T}} \qquad (2.3.11)$$

代数式为

$$\sigma_Z^2=k_1^2\sigma_1^2+k_2^2\sigma_2^2+\cdots+k_n^2\sigma_n^2+2k_1k_2\sigma_{12}+2k_1k_3\sigma_{13}+\cdots+2k_1k_n\sigma_{1n}+\cdots+2k_{n-1}k_n\sigma_{(n-1)n}$$

式（2.3.11）不仅适应于计算观测量间不相关情况下的函数方差，同时也适用于观测量间相关的情况，因此，称该式为线性函数方差传播定律公式。

【例 2.4】 设观测角 β_1 和 β_2 的中误差是 $\sigma_1=\sigma_2=\pm 1.4''$，协方差是 $\sigma_{12}=-1^2$，求 $x=\alpha-\beta_1-\beta_2$ 的中误差 σ_x，其中 α 无误差。

解： 由于 $x=\alpha-\beta_1-\beta_2=(-1\quad -1)\begin{pmatrix}\beta_1\\ \beta_2\end{pmatrix}+\alpha=K\beta+\alpha$

这里向量

$$\beta=\begin{pmatrix}\beta_1\\ \beta_2\end{pmatrix},K=(-1\quad -1)$$

则

$$D_{\beta\beta}=\begin{pmatrix}\sigma_1^2 & \sigma_{12}\\ \sigma_{21} & \sigma_2^2\end{pmatrix}=\begin{pmatrix}1.96 & -1\\ -1 & 1.96\end{pmatrix}$$

这样

$$\sigma_x^2 = KD_{\beta\beta}K^T = (-1\quad -1)\begin{pmatrix} 1.96 & -1 \\ -1 & 1.96 \end{pmatrix}\begin{pmatrix} -1 \\ -1 \end{pmatrix} = 1.92(″)^2$$

$$\sigma_x = \pm 1.4″$$

【例 2.5】 已知观测向量 $L = [L_1 \quad L_2 \quad L_3]^T$，它们之间独立，其协方差阵为 $D_{LL} = \begin{bmatrix} 1 & 0 & 0 \\ 0 & 2 & 0 \\ 0 & 0 & 2 \end{bmatrix}$，试计算观测值的函数 $Z = L_1 + 2L_2 + 3L_3$ 的方差。

解：方法一：按协方差传播定律，套用矩阵公式计算。

将函数写出矩阵形式：

$$Z = L_1 + 2L_2 + 3L_3 = [1 \quad 2 \quad 3]\begin{bmatrix} L_1 \\ L_2 \\ L_3 \end{bmatrix}$$

应用协方差传播定律：

$$\sigma_Z^2 = KD_{LL}K^T = [1 \quad 2 \quad 3]\begin{bmatrix} 1 & 0 & 0 \\ 0 & 2 & 0 \\ 0 & 0 & 2 \end{bmatrix}\begin{bmatrix} 1 \\ 2 \\ 3 \end{bmatrix} = 27$$

方法二：由于观测值间相互独立，直接应用协方差传播定律的展开式计算，避免矩阵计算的烦琐：$\sigma_Z^2 = k_1^2\sigma_1^2 + k_2^2\sigma_2^2 + k_3^2\sigma_3^2 = 27$。

2.3.2 非线性函数的方差

上面给出了几种特殊函数的方差计算公式，但在实际应用中，函数的种类繁多，不仅有线性形式，还有非线性形式，故不可能一一导出方差的计算公式。下面给出一般函数方差的计算公式。

设有函数

$$Z = f(x_1, x_2, \cdots, x_n) \tag{2.3.12}$$

式中，$x_i(i=1, 2, \cdots, n)$ 是观测值。记观测值向量 $X = (x_1, x_2, \cdots, x_n)^T$，它们的方差阵为

$$D_{XX} = \begin{bmatrix} \sigma_1^2 & \sigma_{12} & \cdots & \sigma_{1n} \\ \sigma_{21} & \sigma_2^2 & \cdots & \sigma_{2n} \\ \vdots & \vdots & \ddots & \vdots \\ \sigma_{n1} & \sigma_{n2} & \cdots & \sigma_n^2 \end{bmatrix} \tag{2.3.13}$$

当 x_i 具有真误差 Δ_{x_i} 时，则函数 Z 随之产生真误差 Δ_Z，通常真误差 Δ 只是一个很小的量值，由高等数学微分理论可知，变量的误差与函数的误差之间的关系，可近似地用函数的全微分来表示。为此，求函数的全微分，并用 Δ_Z 代替 $\mathrm{d}Z$，用 Δ_{x_i} 代替 $\mathrm{d}x_i$，即得

$$\Delta_Z = \frac{\partial f}{\partial x_1}\Delta_{x_1} + \frac{\partial f}{\partial x_2}\Delta_{x_2} + \cdots + \frac{\partial f}{\partial x_n}\Delta_{x_n} \tag{2.3.14}$$

式中，$\frac{\partial f}{\partial x_i}$ 为函数对观测量 x_i 偏导数，将各个观测值代入算出数值，它们就为常数。

设
$$k_i = \frac{\partial f}{\partial x_i}$$

代入式（2.3.14）得
$$\Delta_Z = k_1 \Delta_{x_1} + k_2 \Delta_{x_2} + \cdots + k_n \Delta_{x_n} \tag{2.3.15}$$

写成矩阵形式
$$\Delta_Z = K \Delta_X$$

其中
$$K = (k_1, k_2, \cdots, k_n)$$
$$\Delta_X = (\Delta_{x_1}, \Delta_{x_2}, \cdots, \Delta_{x_n})^T$$

这样，按照一般线性函数协方差传播定律公式写出非线性函数的方差计算公式：
$$D_{ZZ} = K D_{XX} K^T \tag{2.3.16}$$

【**例 2.6**】 设有观测向量 $L = [L_1 \quad L_2]^T = [5 \quad 4]^T$，其协方差阵为 $D_{LL} = \begin{bmatrix} 2 & 1 \\ 1 & 3 \end{bmatrix}$，试计算函数 $F = L_1 L_2 - 2$ 的方差。

解：1. 先对函数求全微分：
$$dF = \Delta F = \frac{\partial f}{\partial L_1} \Delta L_1 + \frac{\partial f}{\partial L_2} \Delta L_2 = L_2 \Delta L_1 + L_1 \Delta L_2 = 4 \Delta L_1 + 5 \Delta L_2 = [4 \quad 5] \begin{bmatrix} \Delta L_1 \\ \Delta L_2 \end{bmatrix}$$

2. 应用协方差传播定律公式：
$$\sigma_F^2 = K D_{LL} K^T = [4 \quad 5] \begin{bmatrix} 2 & 1 \\ 1 & 3 \end{bmatrix} \begin{bmatrix} 4 \\ 5 \end{bmatrix} = 147$$

2.3.3 协方差传播定律的应用步骤

根据协方差传播定律的一般性质，可得函数方差计算的步骤：

(1) 根据具体测量问题，写出函数表达式 $Z = f(x_1, x_2, \cdots, x_n)$。

(2) 如果函数为非线性的，对函数全微分，并写出真误差关系式：
$$\Delta_Z = \frac{\partial f}{\partial x_1} \Delta_{x_1} + \frac{\partial f}{\partial x_2} \Delta_{x_2} + \cdots + \frac{\partial f}{\partial x_n} \Delta_{x_n}$$

(3) 代入协方差传播定律公式计算函数方差。若观测值相互独立，按式（2.3.9）计算。若观测值间不独立，按式（2.3.11）计算。

【**例 2.7**】 已知长方形的厂房，经过测量，其长 x 的观测值为 90m，其宽 y 的观测值为 50m，它们的中误差分别为 ± 2mm、± 3mm，求其面积及相应的中误差。

解：矩形面积的函数式为：$S = xy$

其面积为
$$S = xy = 90 \times 50 = 4500 (\text{m}^2)$$

对面积表达式进行全微分
$$dS = y dx + x dy$$

转化为真误差形式为
$$\Delta_S = y \Delta_x + x \Delta_y$$

应用协方差传播定律公式，可得

$$\sigma_S^2 = y^2\sigma_x^2 + x^2\sigma_y^2$$

将 x、y、σ_x、σ_y 的数值代入，注意单位的统一，可得

$$\sigma_S^2 = 50000^2 \times 2^2 + 90000^2 \times 3^2 = 8.29 \times 10^{10} (\text{mm})^4$$

面积中误差为

$$\sigma_S = 2.88 \times 10^5 (\text{mm})^2 = 0.29 \text{m}^2$$

【例 2.8】 如图 2.5 所示支导线，A、B 点坐标已知，P 为待求坐标点。为了求 P 点坐标，测量水平角 β 及平距 S，P 点坐标计算公式为

$$x_P = x_B + \cos(\alpha_{BA} + \beta)$$
$$y_P = y_B + \sin(\alpha_{BA} + \beta)$$

已知观测值 β 及平距 S 相互独立，且它们的中误差分别为 σ_β 及 σ_S，试计算 P 点点位中误差。

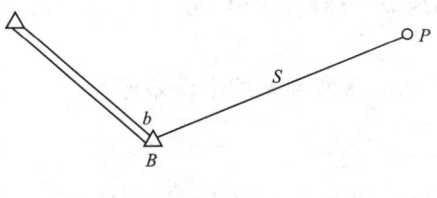

图 2.5

解：P 点中误差为 $\sigma_P = \pm\sqrt{\sigma_{x_P}^2 + \sigma_{y_P}^2}$，要计算 P 点中误差，需先求 $\sigma_{x_P}^2$ 及 $\sigma_{y_P}^2$。

先对函数式

$$x_P = x_B + \cos(\alpha_{BA} + \beta)$$
$$y_P = y_B + \sin(\alpha_{BA} + \beta)$$

全微分：

$$dx_P = \cos(\alpha_{BA} + \beta)dS - \frac{\sin(\alpha_{BA} + \beta)}{\rho''}d\beta$$

$$dy_P = \sin(\alpha_{BA} + \beta)dS + \frac{\cos(\alpha_{BA} + \beta)}{\rho''}d\beta$$

应用协方差传播定律：

$$\sigma_{x_P}^2 = \cos^2(\alpha_{BA} + \beta)^2\sigma_S^2 + \left[\frac{S\sin(\alpha_{BA}+\beta)}{\rho''}\right]^2\sigma_\beta^2$$

$$\sigma_{y_P}^2 = \sin^2(\alpha_{BA} + \beta)^2\sigma_S^2 + \left[\frac{S\cos(\alpha_{BA}+\beta)}{\rho''}\right]^2\sigma_\beta^2$$

待入点位误差公式，就可以计算出 P 点中误差：

$$\sigma_P = \pm\sqrt{\sigma_{x_P}^2 + \sigma_{y_P}^2} = \pm\sqrt{\sigma_S^2 + \left(\frac{S\sigma_\beta}{\rho''}\right)^2}$$

2.4 协方差传播定律在测量上的应用

2.4.1 水准测量的精度

经 N 个测站测定 A、B 两水准点间的高差，其中第 i 站的观测高差为 h_i，则 A、B 两水准点间的总高差 h_{AB} 为

$$h_{AB} = h_1 + h_2 + \cdots + h_N \tag{2.4.1}$$

设各测站观测高差是精度相同的独立观测值，其中误差均为 $\sigma_{站}$，由协方差传播定律并顾及 $\sigma_{ij} = 0$，求得 h_{AB} 的方差 $\sigma_{h_{AB}}^2$ 为

$$\sigma_{h_{AB}}^2 = \sigma_{站}^2 + \sigma_{站}^2 + \cdots + \sigma_{站}^2 = N\sigma_{站}^2$$

由此得中误差 $\sigma_{h_{AB}}$

$$\sigma_{h_{AB}} = \sqrt{N}\sigma_{站} \tag{2.4.2}$$

若水准路线敷设在平坦地区，前后两测站间的距离 s 大致相等，设 A、B 间的距离为 S，则测站数 $N = S/s$，代入式（2.4.2）得

$$\sigma_{h_{AB}} = \sqrt{\frac{S}{s}}\sigma_{站}$$

如果 $S = 1\text{km}$，s 以 km 为单位，则 1km 的测站数为

$$N_{公里} = 1/s$$

而 1km 观测高差的中误差即为

$$\sigma_{公里} = \sqrt{\frac{1}{s}}\sigma_{站} \tag{2.4.3}$$

所以，距离为 S 的 A、B 两点间的观测高差的中误差为

$$\sigma_{h_{AB}} = \sqrt{S}\sigma_{公里} \tag{2.4.4}$$

式（2.4.2）和式（2.4.4）两式是水准测量中计算高差中误差的基本公式。由式（2.4.2）可知，当各测站高差的观测精度相同时，水准测量高差的中误差与测站数的平方根成正比；由式（2.4.4）知，当各测站的距离大致相等时，水准测量高差的中误差与距离的平方根成正比。

2.4.2 导线边方位角的精度

如图 2.6 所示，一条支导线，以同样的精度测得 n 个转折角（左角）$\beta_1, \beta_2, \cdots, \beta_n$，它们的中误差均为 σ_β。第 n 条导线边的坐标方位角为

$$\alpha_n = \alpha_0 + \beta_1 + \beta_2 + \cdots + \beta_n \pm n \times 180° \tag{2.4.5}$$

式中：α_0 为已知坐标方位角，设为无误差。

则第 n 条边的坐标方位角的中误差为

$$\sigma_{\alpha_n} = \sqrt{n}\sigma_\beta \tag{2.4.6}$$

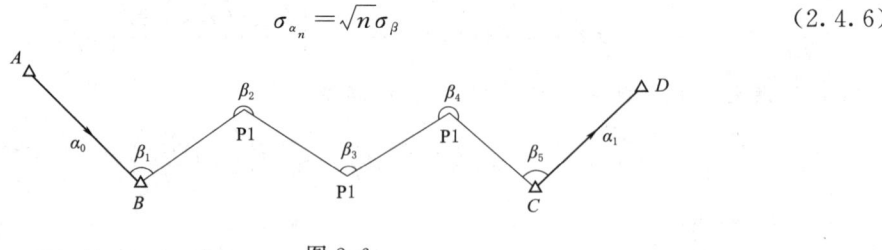

图 2.6

式（2.4.6）表明，支导线中第 n 条导线边的坐标方位角的中误差，等于各转折角之中误差的 $\sqrt{n}$ 倍，n 为转折角的个数。

2.4.3 同精度独立观测值的算术平均值的精度

设对某量以同精度独立了观测了 N 次，得观测值 $L_1, L_2, \cdots, L_N$，它们的中误差均等于 σ。则 N 个观测值的算术平均值 x 为

$$x = \frac{[L]}{N} = \frac{1}{N}L_1 + \frac{1}{N}L_2 + \cdots + \frac{1}{N}L_N \tag{2.4.7}$$

由协方差传播定律知，平均值 x 的方差为

$$\sigma_x^2 = \frac{1}{N^2}\sigma^2 + \frac{1}{N^2}\sigma^2 + \cdots + \frac{1}{N^2}\sigma^2 = \frac{\sigma^2}{N} \qquad (2.4.8)$$

中误差为

$$\sigma_x = \frac{\sigma}{\sqrt{N}} \qquad (2.4.9)$$

即 N 个同精度独立观测值的算术平均值的中误差，等于观测值中误差的 $\frac{1}{\sqrt{N}}$ 倍。

2.4.4 若干独立误差的联合影响

测量工作中经常会遇到这种情况，一个观测结果同时受到许多独立误差的联合影响。例如照准误差、读数误差、目标偏心误差和仪器偏心误差对测角的影响。在这种情况下，观测结果的真误差是各个独立误差的代数和，即

$$\Delta_Z = \Delta_1 + \Delta_2 + \cdots + \Delta_n \qquad (2.4.10)$$

由于这里的真误差是相互独立的，各种误差的出现都是纯属偶然（随机）的，因而也可由式（2.3.11）并顾及 $\sigma_{ij} = 0$ 得出它们之间的方差关系式

$$\sigma_Z^2 = \sigma_1^2 + \sigma_2^2 + \cdots + \sigma_n^2 \qquad (2.4.11)$$

即观测结果的方差 σ_Z^2 等于各独立方差之和。

2.5 权与定权的常用方法

2.5.1 权的概念

在一组不等精度的观测值中，由于观测值的精度不同，观测值的可靠程度也不同。观测值的精度高，可靠程度大，否则，可靠程度小。那么，在数据处理时，就不能将这些观测值等同看待，要根据观测值的精度高低，确定其在计算中所占的比重，为此引入权的概念。为了更好地理解权的概念，先看一个例子。

设对一个已知角 $A(A = 30°25'36'')$ 进行两次不同精度的观测，其观测值为 $A_1 = 30°25'34''$，$A_2 = 30°25'42''$，它们的中误差分别为 $2.0''$、$4.0''$。试求该角的最或是值及其中误差。

第一种处理方法是将 A_1 和 A_2 等同看待，即在计算 A 角的最或是值时，它们所占的份数为 $1:1$，相当于用算术平均值作为 A 角的最或是值，即

$$\hat{A} = \frac{A_1 + A_2}{2} = (30°25'34'' + 30°25'42'')/2 = 30°25'38''$$

计算方差：

$$\sigma_{\hat{A}}^2 = \frac{1}{4}\sigma_{A_1}^2 + \frac{1}{4}\sigma_{A_2}^2 = \frac{1}{4}(2.0'')^2 + \frac{1}{4}(4.0'')^2 = 5('')^2$$

$$\sigma_{\hat{A}} = 2.24''$$

由计算结果可知，按这种方法得到最或是值的中误差还没有观测值 A_1 的精度高。可见，当观测值精度不相同时，不能用算术平均值作为 A 角的最或是值。由于 A_1 的精度高

于 A_2 的,从直观上理解,在数据处理时,A_1 所占分量应该比 A_2 的多,假设它们的分量比 4∶1,其结果如何呢?

第二种处理方法,取二者份额占比为 4∶1,可得出

$$\hat{A} = \frac{4A_1 + A_2}{5} = 30°25'35.6''$$

$$\sigma_{\hat{A}}^2 = \frac{16}{25}\sigma_{A_1}^2 + \frac{1}{25}\sigma_{A_2}^2 = 3.2('')^2$$

$$\sigma_{\hat{A}} = 1.79''$$

可见,这样处理比第一种处理方法要好,最或是值的精度提高了。若进一步提高 A_1 的占比,精度又会如何呢?

第三种处理方法取二者的份数比为 10∶1,计算得到最或是值的精度为

$$\sigma_{\hat{A}} = 1.85''$$

比较发现,第三种方法得到的最或是值精度并没有随着 A_1 的占比增大而提高,甚至比第二个处理方法的精度还低。这揭示了一个规律:对于精度不相同的观测值,在做数据处理时,不能将观测值等同看待,而应该让精度高的观测值在计算中的占比大一些,精度低的观测值占比小一些,并且二者的比重关系还必须适当。这个比重是权衡不同精度观测值在进行数据处理时所占分量的轻重,测量上称它为权,并用符号 P 表示,权的定义式为

$$P_i = \frac{\sigma_0^2}{\sigma_i^2} \tag{2.5.1}$$

式中,P_i 为第 i 个观测值的权;σ_0 为比例常数,可任意选取。

由权的定义式可写出各观测值之间的比例关系为

$$P_1 : P_2 : \cdots : P_n = \frac{\sigma_0^2}{\sigma_1^2} : \frac{\sigma_0^2}{\sigma_2^2} : \cdots : \frac{\sigma_0^2}{\sigma_n^2} = \frac{1}{\sigma_1^2} : \frac{1}{\sigma_2^2} : \cdots : \frac{1}{\sigma_n^2} \tag{2.5.2}$$

可见,对于一组观测值,其权之比等于相应方差的倒数之比,观测值的方差愈小,其权愈大;反之,其权愈小。即观测值的权与其方差成反比。因此,权可以作为衡量观测值之间精度高低的一种指标。

若取 $\sigma_0 = 4.0''$,则 $P_1 = 4$,$P_2 = 1$,A_1 与 A_2 的权之比为 4∶1。

【例 2.9】 在某一水准测量中,观测了 2 段高差:h_1 和 h_2,它们的方差分别为 $\sigma_1^2 = 3$、$\sigma_2^2 = 9$,试计算它们的权。

解:取 $\sigma_0^2 = 18$。

$$P_1 = \frac{\sigma_0^2}{\sigma_1^2} = \frac{18}{3} = 6$$

$$P_2 = \frac{\sigma_0^2}{\sigma_2^2} = \frac{18}{9} = 2$$

2.5.2 单位权中误差

由权的定义式可知,当权 $P_i = 1$ 时,$\sigma_i = \sigma_0$,也就是说 σ_0 相当是权为 1 的观测值的

中误差。在测量中权为 1 的观测值称为单位权观测值，与之相应的中误差称为单位权观测值中误差，简称单位权中误差，可见 σ_0 的真实意义就是单位权中误差。

2.5.3 测量上确定权常用方法举例

前面已经提到，在测量实际工作中，往往是根据事先给定的条件，先确定出各观测值的权，即先确定它们精度的相对数字指标，然后通过平差计算，求出各观测值的最可靠值，并求出它们精度的绝对数字指标。下面由权的定义式（2.5.1）及式（2.5.2），根据测量作业中的几种情况导出定权公式，称为定权的常用方法。

2.5.3.1 水准测量的权

设在图 2.7 所示的水准网中，有 $n(=7)$ 条水准路线，现沿每一条路线测定两点间的高差，得各路线的观测高差为 h_1，h_2，$\cdots$，h_n，各路线的测站数分别为 N_1，N_2，$\cdots$，N_n。

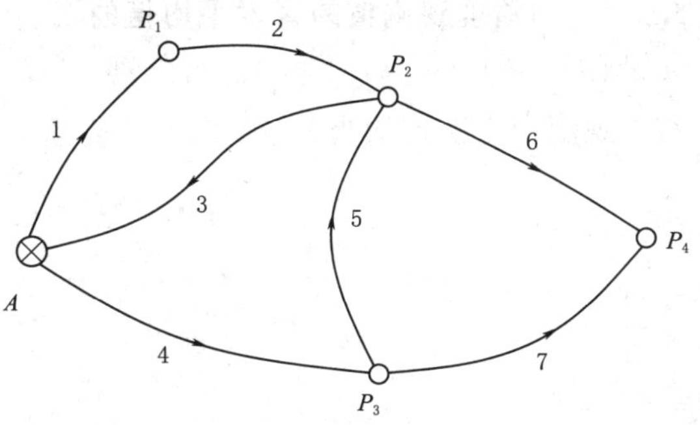

设每一测站观测高差的精度相同，其中误差为 $\sigma_{站}$，则各路线观测高差的中误差为

$$\sigma_i = \sqrt{N_i} \sigma_{站} \quad (i=1,2,\cdots,n) \tag{2.5.3}$$

以 P_i 表示 h_i 的权，并取单位权中误差为

$$\sigma_0 = \sqrt{C} \sigma_{站} \tag{2.5.4}$$

图 2.7

则将式（2.5.3）和式（2.5.4）代入式（2.5.1）可得

$$P_i = \frac{C}{N_i} \quad (i=1,2,\cdots,n) \tag{2.5.5}$$

且有关系

$$P_1 : P_2 : \cdots : P_n = \frac{C}{N_1} : \frac{C}{N_2} : \cdots : \frac{C}{N_n} = \frac{1}{N_1} : \frac{1}{N_2} : \cdots : \frac{1}{N_n} \tag{2.5.6}$$

即当各测站的观测高差为同精度时，各路线的权与测站数成反比。

由式（2.5.6）可知，如果某段高差的测站数 $N_i=1$，则它的权为 $P_i=C$；而当 $P_i=1$ 时，有 $N_i=C$。

可见，常数 C 有两个意义：①C 是一测站的观测高差的权；②C 是单位权观测高差的测站数。

在水准测量中，如果已知 1km 的观测高差的中误差相等，设为 σ_{km}，又已知各路线的距离为 S_1，S_2，$\cdots$，S_n，则由式（2.4.4）知各路线观测高差的中误差为

$$\sigma_i = \sqrt{S_i} \sigma_{km} \tag{2.5.7}$$

若令

$$\sigma_0 = \sqrt{C} \sigma_{km} \tag{2.5.8}$$

则得

$$P_i = \frac{C}{S_i} \quad (i=1,2,\cdots,n) \tag{2.5.9}$$

$$P_1 : P_2 : \cdots : P_n = \frac{C}{S_1} : \frac{C}{S_2} : \cdots : \frac{C}{S_n} = \frac{1}{S_1} : \frac{1}{S_2} : \cdots : \frac{1}{S_n} \tag{2.5.10}$$

即当每公里观测高差精度相同时，各路线观测高差的权与距离的公里数成反比。

由式（2.5.9）可知，若 $S_i=1$ 时，则 $P_i=C$，而当 $P_i=1$ 时，$S_i=C$，可见，这里的 C 的意义是：①C 是 1km 观测高差的权；②C 是单位权观测高差的线路公里数。

在水准测量中，究竟用水准路线的距离 S 定权，还是用测站数 N 定权，这要视具体情况而定。一般说来，起伏不大的地区，每公里的测站数大致相同，可按水准路线的距离定权；而在起伏较大的地区，每公里的测站数相差较大，则按测站数定权为宜。

2.5.3.2 同精度观测值的算术平均值的权

设有 $L_1, L_2, \cdots, L_n$，它们分别为 $N_1, N_2, \cdots, N_n$ 次同精度观测值的平均值，若每次观测的中误差均为 σ，则由误差传播定律可知，L_i 的中误差为

$$\sigma_i = \frac{\sigma}{\sqrt{N_i}} \quad (i=1,2,\cdots,n) \tag{2.5.11}$$

令

$$\sigma_0 = \frac{\sigma}{\sqrt{C'}}$$

则由权的定义可得 L_i 的权 P_i 为

$$P_i = \frac{N_i}{C'} \quad (i=1,2,\cdots,n) \tag{2.5.12}$$

即由不同次数的同精度观测值所算得的算术平均值，其权与观测次数成正比。

若令 $N_i=1$，则 $C'=\frac{1}{P_i}$；而当 $P_i=1$，$C'=N_i$。所以 C' 也有两个意义：①C' 是一次观测的权倒数；②C' 是单位权观测值的观测次数。

虽说 C' 可以任意确定，但不论 C' 取何值，权的比例关系不会改变，C' 一经确定，单位权观测值也就确定了。

以上几种常用的定权方法的共同特点是，虽然它们都是以权的定义式为依据的，但是在实际定权时，并不需要知道各观测值方差的具体数字，而只要应用测站数、线路公里数等就可以定权了。要强调的是，在用这些方法定权时，必须注意前提条件，例如，用测站数来定观测高差的权时，必须满足"每测站观测高差的精度均相等"这一前提条件，否则，就不能应用这个定权公式。

2.6 协因数和协因数传播定律

2.6.1 协因数的概念

由权的定义可知，观测值的权与它的方差成反比，设有观测值 L_i 和 L_j，它们的方差分别为 σ_i^2 和 σ_j^2，它们之间的协方差为 σ_{ij}，定义

$$\begin{cases} Q_{ii} = \dfrac{1}{P_i} = \dfrac{\sigma_i^2}{\sigma_0^2} \\ Q_{jj} = \dfrac{1}{P_j} = \dfrac{\sigma_j^2}{\sigma_0^2} \\ Q_{ij} = = \dfrac{\sigma_{ij}^2}{\sigma_0^2} \end{cases} \quad (2.6.1)$$

式中：Q_{ii} 和 Q_{jj} 分别为 L_i 和 L_j 的协因数或权倒数；Q_{ij} 为 L_i 关于 L_j 的协因数（互协因数）或相关权倒数。

由上述定义可以看出，观测值的协因数与方差成正比，因而协因数与权有类似作用，也是比较观测值精度高低的一种指标。互协因数与协方差成正比，是比较观测值之间相关程度的一种指标。互协因数的绝对值越大，表示观测值相关程度越高，反之越低。互协因数为正，表示观测值之间正相关；互协因数为负，表示观测值之间负相关；互协因数为零，表示观测值之间不相关，也称观测值间独立。

2.6.2 协因数阵和权阵

当一组观测值 L_1，L_2，$\cdots$，L_n 构成观测值向量 $\underset{n\times 1}{L}$，每个观测值均有自己的协因数，任意两个观测值之间也有互协因数，与向量的方差阵类似，也定义协因数阵。

令

$$Q_{LL} = \begin{bmatrix} Q_{11} & Q_{12} & \cdots & Q_{1n} \\ Q_{21} & Q_{22} & \cdots & Q_{2n} \\ \vdots & \vdots & \ddots & \vdots \\ Q_{n1} & Q_{n2} & \cdots & Q_{nn} \end{bmatrix} \quad (2.6.2)$$

Q_{LL} 称为观测值向量 L 的协因数阵。在协因数阵中，主对角线上的元素分别为各个观测值的协因数（权倒数），非主对角线上的元素为相应观测值之间的互协因数（相关权倒数），且 $Q_{ij} = Q_{ji}$。

当观测值之间相互独立时，式（2.6.2）变为

$$Q_{LL} = \begin{bmatrix} Q_{11} & 0 & \cdots & 0 \\ 0 & Q_{22} & \cdots & 0 \\ \vdots & \vdots & \ddots & \vdots \\ 0 & 0 & \cdots & Q_{nn} \end{bmatrix} \quad (2.6.3)$$

协因数阵可以表示观测向量的相对精度，但在平差计算中，常常直接用其逆阵参与运算，定义协因数阵的逆阵为观测向量的权阵，用 P 表示，即

$$P = Q^{-1} = \begin{bmatrix} Q_{11} & Q_{12} & \cdots & Q_{1n} \\ Q_{21} & Q_{22} & \cdots & Q_{2n} \\ \vdots & \vdots & \ddots & \vdots \\ Q_{n1} & Q_{n2} & \cdots & Q_{nn} \end{bmatrix}^{-1} = \begin{bmatrix} P_{11} & P_{12} & \cdots & P_{1n} \\ P_{21} & P_{22} & \cdots & P_{2n} \\ \vdots & \vdots & \ddots & \vdots \\ P_{n1} & P_{n2} & \cdots & P_{nn} \end{bmatrix} \quad (2.6.4)$$

协因数阵与权阵互为逆阵，即 $Q = P^{-1}$。从以上讨论中可以看出，对单个观测值来说，其相对精度指标为权及协因数，二者互为倒数；对观测值向量来说，其相对精度指标

为协因数阵和权阵,二者互为逆阵关系。但要注意的是,观测值的协因数均可在其观测向量的协因数阵中(主对角线上的元素)找出,而观测值的权不一定能在其观测向量的权阵中找出,换句话说,权阵中主对角线上的元素并不一定是观测值的权。这要分两种情况,若观测值之间相互独立,权阵为对角阵,此时,主对角线上的元素为相应观测值的权;当观测值之间不独立时,权阵中的主对角线上的元素不是相应观测值的权,但它们的作用与观测值的权相同,即它们之间的比例关系与观测值权之间的比例关系相同,若要求观测值的权,必须先求出相应的协因数,再利用观测值的权与其协因数互为倒数关系来计算权。

2.6.3 协因数传播定律

观测向量的协方差阵等于单位权方差乘以观测向量的协因数阵,即

$$D_{LL}=\sigma_0^2 Q_{ll}$$

根据协方差传播定律,可以推导出观测向量函数的协因数计算公式——协因数传播定律。

设有观测值向量 X,已知它的协因数阵为 Q_{XX},设有 X 的两个函数 Y 和 Z

$$Y=FX+F^0$$
$$Z=KX+K^0$$

式中:F、F^0、K、K^0 均为常数。

下面根据协方差传播定律,来导出由 Q_{XX} 求 Q_{YY}、Q_{ZZ} 和 Q_{YZ} 的公式。

假定 X 的方差阵为 D_{XX},单位权方差为 σ_0^2,则按协方差传播定律可知,Y 和 Z 的协方差阵为

$$\left. \begin{array}{l} D_{YY}=FD_{XX}F^T \\ D_{ZZ}=KD_{XX}K^T \end{array} \right\} \tag{2.6.5}$$

Y 关于 Z 的互协方差阵为

$$D_{YZ}=FD_{XX}K^T \tag{2.6.6}$$

又因为

$$\left. \begin{array}{l} D_{XX}=\sigma_0^2 Q_{XX},D_{YY}=\sigma_0^2 Q_{YY} \\ D_{ZZ}=\sigma_0^2 Q_{ZZ},D_{YZ}=\sigma_0^2 Q_{YZ} \end{array} \right\} \tag{2.6.7}$$

式(2.6.7)代入式(2.6.5)、式(2.6.6)有

$$\left. \begin{array}{l} \sigma_0^2 Q_{YY}=F(\sigma_0^2 Q_{XX})F^T \\ \sigma_0^2 Q_{ZZ}=K(\sigma_0^2 Q_{XX})K^T \\ \sigma_0^2 Q_{YZ}=F(\sigma_0^2 Q_{XX})K^T \end{array} \right\} \tag{2.6.8}$$

再将式(2.6.8)两边都约去 σ_0^2,即得

$$\left. \begin{array}{l} Q_{YY}=FQ_{XX}F^T \\ Q_{ZZ}=KQ_{XX}K^T \\ Q_{YZ}=FQ_{XX}K^T \end{array} \right\} \tag{2.6.9}$$

这就是由观测值的协因数阵计算其线性函数的协因数的公式,称为协因数传播定律。

对于非线性函数,先线性化,再用协因数传定播公式进行计算。

2.6.4 权倒数传播定律

当观测值 L_1,L_2,…,L_n 之间相互独立时,组成观测向量 L,其协因数阵为对角

阵，即

$$Q_{ll} = \begin{bmatrix} Q_{11} & 0 & \cdots & 0 \\ 0 & Q_{22} & \cdots & 0 \\ \vdots & \vdots & \ddots & \vdots \\ 0 & 0 & \cdots & Q_{nn} \end{bmatrix} = \begin{bmatrix} \frac{1}{p_1} & 0 & \cdots & 0 \\ 0 & \frac{1}{p_2} & \cdots & 0 \\ \vdots & \vdots & \ddots & \vdots \\ 0 & 0 & \cdots & \frac{1}{p_n} \end{bmatrix} \quad (2.6.10)$$

设有独立观测值 $L_i(i=1, 2, \cdots, n)$ 线性函数：

$$Z = k_1 L_1 + k_2 L_2 + \cdots + k_n L_n$$

k 为常数，现计算函数 Z 的权。根据协因数传播定律，有

$$Q_{ZZ} = [k_1 \quad k_2 \quad \cdots \quad k_n] Q_{ll} \begin{bmatrix} k_1 \\ k_2 \\ \vdots \\ k_n \end{bmatrix}$$

$$= [k_1 \quad k_2 \quad \cdots \quad k_n] \begin{bmatrix} \frac{1}{p_1} & 0 & \cdots & 0 \\ 0 & \frac{1}{p_2} & \cdots & 0 \\ \vdots & \vdots & \ddots & \vdots \\ 0 & 0 & \cdots & \frac{1}{p_n} \end{bmatrix} \begin{bmatrix} k_1 \\ k_2 \\ \vdots \\ k_n \end{bmatrix}$$

展开式为

$$Q_{ZZ} = \frac{1}{p_Z} = k_1^2 \frac{1}{p_1} + k_2^2 \frac{1}{p_2} + \cdots + k_n^2 \frac{1}{p_n}$$

该式称为权倒数传播定律，它是观测值间独立时，协因数传播公式展开的代数式形式，它是协因数传播公式的特例。在测量工作中，大部分观测值之间独立，故该公式应用较广。

【例 2.10】 已知独立观测值 $L_i(i=1, 2, \cdots, n)$ 的权均为 P，试求算术平均值 $X = \frac{1}{n}\sum_{i=1}^{n} L_i$ 的权。

解： $X = \frac{1}{n}L_1 + \frac{1}{n}L_2 + \cdots + \frac{1}{n}L_n$，根据权倒数传播定律

$$\frac{1}{P_x} = \left(\frac{1}{n}\right)^2 \frac{1}{P_1} + \left(\frac{1}{n}\right)^2 \frac{1}{P_2} + \cdots + \left(\frac{1}{n}\right)^2 \frac{1}{P_n}$$

$$= \frac{1}{nP}$$

$$P_x = nP$$

【例 2.11】 设有观测向量 $L = [L_1 \quad L_2]^T = [4 \quad 1]^T$，其协因数阵为 $Q_L = \begin{bmatrix} 2 & 0 \\ 0 & 3 \end{bmatrix}$，

试计算以下函数 $F_1=3L_1+L_2$、$F_2=L_1L_2^2+5$ 的协因数。

解：从观测值的协因数阵可以看出，观测值间独立。

（1）F_1 是独立线性函数，应用协因数传播定律的特例——权倒数传播公式：

$$\frac{1}{P_{F1}}=Q_F=K_1^2\frac{1}{P_1}+K_2^2\frac{1}{P_2}=9\times2+1\times3=21$$

（2）F_2 是非线性函数，先全微分，分离出观测量的系数。

$$dF_2=L_2^2\Delta L_1+2L_1L_2\Delta L_2=\Delta L_1+8\Delta L=\begin{bmatrix}1 & 8\end{bmatrix}\begin{bmatrix}\Delta L_1\\ \Delta L_2\end{bmatrix}$$

$$\frac{1}{P_{F2}}=Q_F=kQ_{LL}k^T=\begin{bmatrix}1 & 8\end{bmatrix}\begin{bmatrix}2 & 0\\ 0 & 3\end{bmatrix}\begin{bmatrix}1\\ 8\end{bmatrix}=194$$

因观测值间独立，上面计算也可以用权倒数计算公式。

2.7 由真误差计算中误差及其实际应用

2.7.1 由不同精度的真误差计算单位权中误差

设同精度独立观测 L_i 的真误差 Δ_i，则观测值 L_i 的中误差为

$$\hat{\sigma}=\pm\sqrt{\frac{\sum\Delta_i^2}{n}} \tag{2.7.1}$$

现设有一组不同精度的独立观测 L_i，对应中误差、权分别为 σ_i 和 P_i，则

$$\sigma_i^2=\frac{\sigma_0^2}{P_i} \tag{2.7.2}$$

为了求单位权中误差，应需要得到一组精度相同且其权为 1 的独立的真误差。取 $\Delta_i'=\sqrt{P_i}\Delta_i$，则 $P_i'=1$，可见 Δ_i' 是一组同精度，且权 $P_i'=1$ 真误差。根据中误差定义计算单位权中误差为

$$\hat{\sigma}_0=\pm\sqrt{\frac{\sum P_i\Delta_i^2}{n}} \tag{2.7.3}$$

2.7.2 由真误差计算中误差的实际应用

2.7.2.1 由三角形闭合差求测角中误差

众所周知，平面三角形的三个内角之和的理论值为 180°。因此，三角形闭合差实为三角形三个内角和的真误差。因三角网中的每一个角度都是同精度观测值，所以，每一个三角形的三个内角之和也是等精度的。

设三角形内角和的闭合差分别为：$w_1, w_2, \cdots, w_n$，它是内角和的真误差，根据中误差定义，可得三角形内角和的中误差为

$$\sigma_\Sigma=\pm\sqrt{\frac{[ww]}{n}} \tag{2.7.4}$$

式中：n 为三角形的个数。

设 Σ_i 为第 i 个三角形的内角之和，即

$$\Sigma_i=\alpha_i+\beta_i+\lambda_i \tag{2.7.5}$$

若每一个角度观测值的中误差为 σ_β,则由协方差转播定律知:
$$\sigma_\Sigma = \sqrt{3}\sigma_\beta \tag{2.7.6}$$

将式(2.7.6)代入式(2.7.4),当三角形个数 n 有限时,测角中误差的估值为

$$\hat{\sigma}_\beta = \pm\sqrt{\frac{[ww]}{3n}} \tag{2.7.7}$$

此式称为菲列罗公式,常用于初步评定三角网测角精度。

2.7.2.2 由双观测值之差求中误差

设对量 $L_1, L_2, \cdots, L_n$ 同精度各测两次,得独立观测值为

$$L_1', L_2', \cdots, L_n'$$
$$L_1'', L_2'', \cdots, L_n''$$

其中 L_i' 和 L_i'' 是对 L_i 的两次观测结果,称为观测对。各观测对两次观测结果之差为

$$d_i = L_i' - L_i'' \quad (i=1,2,\cdots,n) \tag{2.7.8}$$

若观测不含误差,则各观测对两观测值之差 d_i 应为零,亦即观测对中双观测值之差数的真值为 0。

设 Δd_i 为各差数的真误差,则

$$\Delta d_i = 0 - d_i = -d_i \tag{2.7.9}$$

由中误差的定义,得

$$\sigma_{\Delta d} = \sigma_d = \pm\sqrt{\frac{[dd]}{n}} \tag{2.7.10}$$

设观测值的中误差为 σ_L,对式(2.7.8)应用协方差传播定律,得

$$\sigma_d = \sqrt{2}\sigma_L$$

即
$$\sigma_L = \sigma_d/\sqrt{2} \tag{2.7.11}$$

将式(2.7.10)代入式(2.7.11),当 n 有限时,得

$$\sigma_L = \pm\sqrt{\frac{[dd]}{2n}} \tag{2.7.12}$$

该式为由观测对之差求观测值中误差的公式。

若对每对取其平均值,则平均值 L_i 的中误差为

$$\sigma_i = \pm\frac{1}{2}\sqrt{\frac{[dd]}{n}} \tag{2.7.13}$$

练 习 题

2.1 描述偶然误差的分布有哪几种方法?

2.2 偶然误差有些什么特性?

2.3 精度的含义是什么?

2.4 为什么不用真误差来衡量观测值的精度而用中误差?

2.5 为什么要研究极限误差?极限误差与真误差有什么关系?

2.6 角度的精度可否用相对误差来衡量?为什么?

2.7 为了比较两种仪器的精度，分别对同一角度各进行了10次观测，其观测结果见表2.3。该角用精密仪器测定，其值为85°42′05″，由于非常精确，可将其看成真值。试求其两种仪器所得观测值的中误差。

表2.3

第1台仪器编号	观 测 值	第2台仪器编号	观 测 值
1	85°42′10″	1	85°42′04″
2	85°42′02″	2	85°42′10″
3	85°42′06″	3	85°42′03″
4	85°42′04″	4	85°42′09″
5	85°42′07″	5	85°42′11″
6	85°42′03″	6	85°42′02″
7	85°42′05″	7	85°42′04″
8	85°42′08″	8	85°42′03″
9	85°42′01″	9	85°42′10″
10	85°42′04″	10	85°42′01″

2.8 为了鉴定经纬仪的精度，对已知精确测定的水平角 $\alpha=45°00′00″$ 做12次同精度观测，结果为

$$45°00′06″ \quad 45°59′55″ \quad 45°59′58″ \quad 45°00′04″$$
$$45°00′03″ \quad 45°00′04″ \quad 45°00′00″ \quad 45°59′58″$$
$$45°59′59″ \quad 45°59′59″ \quad 45°00′06″ \quad 45°00′03″$$

设 α 没有误差，试求观测值的中误差。

2.9 设对某量进行了两组观测，它们的真误差分别为

第一组：3，−3，2，4，−2，−1，0，−4，3，−2

第二组：0，−1，−7，2，−1，8，0，−3，1

试求两组观测值的中误差 $\hat{\sigma}_1$、$\hat{\sigma}_2$，并比较两组观测值的精度。

2.10 已知某长度观测值 $S=500.000\text{m}\pm10\text{mm}$，试求观测值 S 的相对中误差。

2.11 设观测两个长度，分别为 $S_1=500.000\text{m}\pm20\text{mm}$，$S_2=800.000\text{m}\pm25\text{mm}$，试计算两个长度的和及差的相对中误差，并比较和与差哪个精度高？

2.12 已知两段距离的长度及中误差分别为 $300.465\text{m}\pm4.5\text{cm}$ 及 $660.894\text{m}\pm4.5\text{cm}$，试说明这两段距离的真误差是否相等？它们的精度是否相等？

2.13 对30°的一个角观测了10次，每次观测的中误差为±5″。另外，用同样的仪器、同样的方法、同样的次数对60°的一个角观测进行观测，每次观测的中误差为±5″。试问这两个角度观测结果精度一样吗？

2.14 设有观测向量 $X=[L_1 \quad L_2]^T$，已知 $\hat{\sigma}_{L_1}=2\text{s}$，$\hat{\sigma}_{L_2}=3\text{s}$，$\hat{\sigma}_{L_1L_2}=-2\text{s}^2$，试写出其协方差阵 D_{XX}。

2.15 设有观测向量 $\underset{31}{X}=[L_1 \quad L_2 \quad L_3]^T$ 的协方差阵 $\underset{33}{D_{XX}}=\begin{bmatrix} 4 & -2 & 0 \\ -2 & 9 & -3 \\ 0 & -3 & 16 \end{bmatrix}$，试写出观测值 L_1，L_2，L_3 的中误差及其协方差 $\sigma_{L_1L_2}$、$\sigma_{L_1L_3}$ 和 $\sigma_{L_2L_3}$。

2.16 设有观测向量 $\underset{31}{L}=[L_1 \quad L_2 \quad L_3]^T=[2 \quad 2 \quad 3]^T$，其协方差阵为

$$D_{LL}=\begin{bmatrix} 4 & 0 & 0 \\ 0 & 3 & 0 \\ 0 & 0 & 2 \end{bmatrix}$$

分别求下列函数的方差：(1) $F_1=L_1-3L_3$；(2) $F_2=3L_2L_3$。

2.17 已知 L_1、L_2、L_3 的方差矩阵为 $D_{LL}=\begin{bmatrix} 6 & 2 & 1 \\ 2 & 4 & -1 \\ 1 & -1 & 2 \end{bmatrix}$，试求下列函数的中差：

(1) $F_1=L_1+3L_2-L_3$；(2) $F_2=L_1+3L_2\times L_3$。

2.18 下列各式中的 L_i（$i=1$，2，3）均为等精度独立观测值，组成观测向量 $\underset{31}{L}=[L_1 \quad L_2 \quad L_3]^T=[3 \quad 5 \quad 2]^T$，其中误差均为 σ，试求 X 的中误差：(1) $X=\dfrac{1}{2}(L_1+L_2)+L_3$；(2) $X=\dfrac{L_1L_2}{L_3}$。

2.19 设一个三角形观测了 3 个内角，每一个角的测角中误差 $3.5''$，试计算三角形内角和的中误差。

2.20 在一个三角形中观测了 2 个角度，其值分别为 $\alpha=30°20'22''\pm4''$，$\beta=60°24'18''\pm3''$，试求第 3 个角度 γ 的角值及其中误差。

2.21 如图 2.8 所示的四边形中，独立观测 α、β、γ 三内角，它们的中误差分别为 $3.0''$、$4.0''$、$5.0''$，试求：

(1) 第四角 δ 的中误差。

(2) 求 $F=\alpha+\beta+\gamma+\delta$ 的中误差。

2.22 经纬仪测角时，若每一方向一次观测中误差为 σ，试证一测回的测角中误差 σ_β 仍等于 σ。

2.23 用 DJ_6 级光学经纬仪测角，其一个方向的测角中误差为 $\pm6''$，用该仪器观测三角形的 3 内角，求三角形最大的闭合差能达到多少？

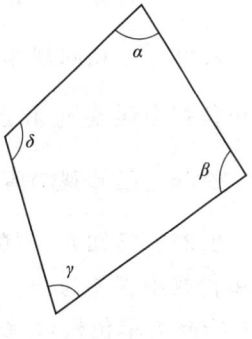

图 2.8

2.24 用 DJ_6 级光学经纬仪作图根三角测量时，要求三角形的最大闭合差不超过 $\pm60''$，问三角形的各内角需测几个测回才能达到上述要求？

2.25 施测一个角度的中误差为 $\pm5''$，试求其三角形的最大闭合差为多少？

2.26 若起始点高程中误差为 10mm，而水准路线中每公里的高差中误差为 10mm，求全长为 25km 的水准路线终点高程中误差。

2.27 A、B、C 为水准点。已知 A 点高程 $H_A=165.547$m，从 A 点出发经过 B 点测水准到 C 点，设观测 A、B 间的高差为 $h_1=12.326$m，其中误差为 $\sigma_{h1}=\pm4$mm；设观

测 B、C 间的高差 $h_2=-5.386$m，其中误差为 $\sigma_{h2}=\pm5$mm，试求 A、C 点间高差及其中误差。

2.28 若用尺面长度为 L 的钢尺量距，测得某段距离 S 恰为 4 个整尺段长，已知丈量一次的中误差为 σ_L，问全长 S 的中误差等于多少？

2.29 设有同精度独立观测值向量 $\underset{31}{L}=[L_1 \quad L_2 \quad L_3]^T$ 的函数为 $Y_1=S_{AB}\dfrac{\sin L_1}{\sin L_3}$，$Y_2=\alpha_{AB}-L_2$，式中 α_{AB} 和 S_{AB} 为无误差的已知值，测角误差 $\sigma=1''$，试求函数的方差 $\sigma_{y_1}^2$、$\sigma_{y_2}^2$ 及其协方差 $\sigma_{y_1y_2}$。

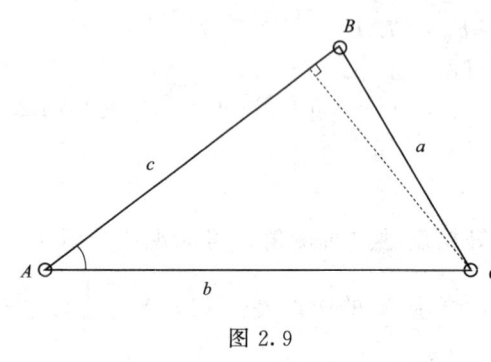

图 2.9

2.30 在图 2.9 中 $\triangle ABC$ 测得 $\angle A \pm \sigma_A$，边长 $b\pm\sigma_b$、$c\pm\sigma_c$，试求三角形面积的中误差 σ_S。

2.31 在水准测量中，设每站观测高差的中误差均为 1mm，今要求从已知点推算待定点的高程中误差不大于 5cm，问可以设多少站？

2.32 角度观测一测回的中误差为 $6''$，为使最后结果的中误差不超过 $3''$，问该角度应至少观测多少测回？

2.33 有一角度测 4 个测回，得中误差为 $0.42''$，问再增加多少个测回其中误差为 $0.28''$？

2.34 在相同观测条件下，应用水准测量测定了三角点 A、B、C 之间的高差，设三角形的边长分别为 $S_1=10$km，$S_2=8$km，$S_3=4$km，令 40km 的高差观测值为单位权观测值，试求各段观测高差之权及单位权中误差。

2.35 以相同观测精度 $\angle A$ 和 $\angle B$，其权分别为 $P_A=\dfrac{1}{4}$，$P_B=\dfrac{1}{2}$，已知 $\sigma_B=8''$，试求单位权中误差 σ_0 和 $\angle A$ 的中误差 σ_A。

2.36 已知观测值向量 $\underset{21}{L}$ 的权阵为 $P_{LL}=\begin{bmatrix} 5 & -2 \\ -2 & 4 \end{bmatrix}$，试求观测值的权 P_{L_1} 和 P_{L_2}。

2.37 已知 h_1 的单位权中误差为 3mm（h_1 以 4km 为单位权），线路长为 4km；h_2 的单位权中误差为 2mm（以 1km 为单位权），线路长为 9km；h_3 的单位权中误差为 4mm（以 4km 为单位权），线路长为 16km。试确定三段高差的权之比。

2.38 同精度独立测得三角形三内角 α、β、γ，权均为 1。试求将闭合差平均分配后，各内角的权及闭合差的权。

2.39 设 L_1、L_2、L_3 为某量不等精度观测值。它们的权之比为 $P_1:P_2:P_3=1:2:3$。已知 L_2 的中误差为 $6''$，求 L_1、L_3 的中误差。

2.40 L 是独立观测值 L_1、L_2 的和。已知 L_1 是观测 16 次的平均值，每次观测中误差为 $12''$，L_2 是观测 25 次的平均值，每次观测中误差为 $20''$。以 $10''$ 作为单位权中误差，试求 L 的权。

2.41 三角形中有两个角用同一经纬仪测 2 测回，每测回中误差为 5″，若第三角用另一经纬仪观测，每测回中误差为 10″，问第三角应测几测回才能使第三角的权与第一、二角的权相等？

2.42 在野外等精度观测了 14 个水平角，各角均独立地观测了两次（重新对中、整平）其数据见表 2.4，求一次观测值中误差及双观测值之算术平均值的中误差。

表 2.4

测站号	角度观测值	测站号	角度观测值
1	62°08′55″ 62°08′30″	8	88°22′30″ 88°22′10″
2	86°25′30″ 86°25′40″	9	91°41′15″ 91°41′30″
3	152°03′55″ 152°04′00″	10	101°19′40″ 101°19′30″
4	162°47′45″ 162°48′10″	11	99°25′10″ 99°25′40″
5	108°37′20″ 108°38′00″	12	82°51′30″ 82°51′20″
6	132°22′50″ 132°22′20″	13	73°25′35″ 73°25′10″
7	120°41′30″ 120°41′10″	14	80°47′20″ 80°47′38″

第 3 章

测量误差处理基本原理

本章学习目标：通过本章的学习，熟悉测量误差处理的基本思路以及误差处理的数学模型，了解误差处理应遵循的基本原则，激发探索自然规律的兴趣。

本章重点：必要观测元素、测量误差处理原则、测量误差处理模型。

3.1 测量误差处理概述

测量数据误差处理，又名测量平差。

在测量工程中，通常要确定某些几何量的大小。例如，为了确定一些点的高程而建立水准网，为了确定某些点的坐标而建立平面控制网或三维控制网。前者包含点间的高差、点的高程元素，后者包含了角度、边长、边的方位角以及点的二维或三维坐标元素。这些元素都是几何量，这些网统称为几何模型。为了确定一个几何模型，并不需要已知模型中所有元素，而只需要知道其中部分元素的大小就可以了，其他元素可以通过它们来确定。

(1) 在图 3.1 中的 △ABC 中，为了确定它的形状（相似形），只要知道其中任意 2 个内角的大小就可以了，如 $\tilde{L}_1$、$\tilde{L}_2$ 或 $\tilde{L}_1$、$\tilde{L}_3$ 或 $\tilde{L}_2$、$\tilde{L}_3$ 等。它们都是同一类型元素（角度）。

(2) 为了确定 △ABC 的形状和大小，只要知道其中任意的两角一边或三边的大小就行了，如 $\tilde{L}_1$、$\tilde{L}_2$、$\tilde{S}_1$ 或 $\tilde{S}_1$、$\tilde{S}_2$、$\tilde{L}_3$ 或 $\tilde{S}_1$、$\tilde{S}_2$、$\tilde{S}_3$ 等。它们包含两种类型的元素（角度和边长）。

(3) 在图 3.2 的水准网中，为了确定 A、B、C、D 这 4 个点之间的相对关系，只要知道其中 3 个高差就可以了，如 $\tilde{h}_1$、$\tilde{h}_2$、$\tilde{h}_6$ 或 $\tilde{h}_1$、$\tilde{h}_3$、$\tilde{h}_4$ 或 $\tilde{h}_4$、$\tilde{h}_5$、$\tilde{h}_6$ 等。它们是同一类型的元素。

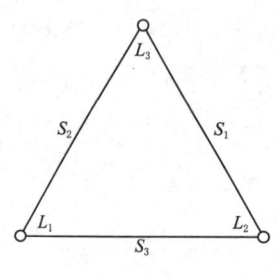

图 3.1 三角网

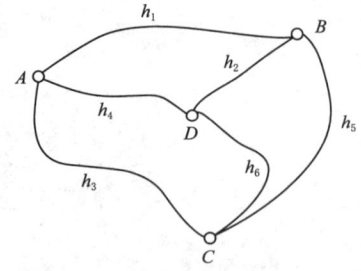

图 3.2 水准网

能够唯一确定一个几何模型所必要的元素，称为必要元素，必要观测元素的个数用 t 来表示。对于上述三种情况，分别是 $t=2$、$t=3$ 和 $t=3$。对于第二种情况，3 个元素中除了有角度外还至少要有一个边长，没有边长仍然只能确定其形状，而无法确定其大小，因此，必要元素不仅要考虑其个数，而且要考虑到它的类型。由此可知，当某个几何模型确定了，就能够唯一确定该模型的必要元素的个数 t 及类型，t 仅与几何模型有关，与实际观测量无关。

对于一个几何模型，它的 t 个必要元素之间必须不存在函数关系，亦即其中任一元素不能表达成其余 $(t-1)$ 个元素的函数。例如对于（1）中的情况，若以 $\tilde{L}_1$ 和 $\tilde{L}_2$ 作为必要元素，则 $\tilde{L}_1$ 与 $\tilde{L}_2$ 之间无函数关系。同样，在（2）情况中，以 $\tilde{L}_1$、$\tilde{L}_2$、$\tilde{S}_1$ 作为必要元素，它们之间也不存在函数关系。如果在（2）情况中，选 $\tilde{L}_1$、$\tilde{L}_2$、$\tilde{L}_3$，则有 $\tilde{L}_1+\tilde{L}_2+\tilde{L}_3=180°$，三者之间存在函数关系，就不能说 $t=3$，实际上必要元素只选了两个，而漏选了一个，因此，必要元素 t 个量为函数独立量，简称独立量。

在一个几何模型中，除了 t 个独立量以外，若再增加一个量，则必然产生一个相应的函数关系式。以（2）情况为例，必要量选为 $\tilde{L}_1$、$\tilde{L}_2$、$\tilde{S}_1$，若增加一个量 $\tilde{L}_3$，则存在 $\tilde{L}_1+\tilde{L}_2+\tilde{L}_3=180°$，若再增加一个量 $\tilde{S}_2$，则有

$$\tilde{S}_2=\tilde{S}_1\frac{\sin\tilde{L}_2}{\sin\tilde{L}_1} \tag{3.1.1}$$

由此可见，一个几何模型的独立量个数最多为 t 个，除此之外，增加一个量必然产生一个相应的函数关系式，这种函数关系式，在测量误差处理中称为条件方程。

在测量工程中，为了求得一个几何模型中各量的大小就必须进行观测。如果总共观测了该模型中 n 个量的大小，若观测个数少于必要元素的个数，即 $n<t$，显然无法确定该模型，即出现了已知数据不足的情况；若观测了 t 个独立量，$n=t$，则可唯一确定该模型。由于它都是独立量，故不存在任何条件方程，在这种情况下，如果观测结果中含有粗差甚至错误，都将无法发现，在测量工作中是不允许这样做的。为了能及时发现粗差和错误，并提高测量成果精度，就必须使 $n>t$。

$$r=n-t \tag{3.1.2}$$

式中：n 为观测值个数；t 为必要观测数；r 为多余观测数。

多余观测数在测量中又称为"自由度"。

一个几何模型如果有 r 个多余观测，就产生 r 个条件方程。由于观测值不可避免地存在观测误差，导致观测值之间应该满足的函数关系不能满足，出现矛盾。以（2）情况为例，若观测了角度 L_1、L_2、L_3 和边长 S_1、S_2，则 $r=n-t=5-3=2$，可建立两个条件方程为

$$\tilde{L}_1+\tilde{L}_2+\tilde{L}_3-180°=0 \tag{3.1.3}$$

及式（3.1.1）。考虑观测误差有

$$\tilde{L}_1=L_1+\Delta_1,\tilde{L}_2=L_2+\Delta_2,\tilde{L}_3=L_3+\Delta_3$$
$$\tilde{S}_1=S_1+\Delta_{S1},\tilde{S}_2=S_2+\Delta_{S2}$$

则条件方程为

$$(L_1+\Delta_1)+(L_2+\Delta_2)+(L_3+\Delta_3)=180°$$

$$(S_2+\Delta_{S2})=(S_1+\Delta_{S1})\frac{\sin(L_2+\Delta_2)}{\sin(L_1+\Delta_1)}$$

若仅由观测值组成条件方程，显然上式不能成立，即

$$L_1+L_2+L_3-180°=W\neq 0$$

$$\frac{S_2\sin L_1}{S_1\sin L_2}-1=W_S\neq 0 \tag{3.1.4}$$

产生闭合差 W 和 W_S。式（3.1.4）中的 W 称为三角形图形条件的闭合差。

由于观测值不可避免地存在偶然误差，当 $n>t$ 时，几何模型中应该满足的 $r=n-t$ 个条件方程因闭合差的存在而不能满足。如何调整观测值，即对观测值合理地加上改正数，使其达到消除闭合差的目的，这就是测量误差处理的主要任务。

一个测量误差处理问题，首先要由观测值和未知量组成函数模型，然后采取一定的测量误差处理原则对未知量进行估计，这种估计要求最优的，最后计算成果并分析成果的精度。

3.2 测量误差处理原则

测量总是存在误差的，为了能及时发现错误和提高测量成果的精度，常常多观测一些数据，即进行多余观测。由于各观测值中均含有误差，因而，观测值之间就会出现矛盾，也就是测量值之间不满足应有的几何关系，必须进行数据处理，处理这些误差。那么，处理的原则是什么呢？

平面几何中要确定一个三角形的形状，需要观测三角形三内角中的两个角，但为了提高精度，常常观测三个内角 α、β、γ。由于测量有误差，这三个内角之和一般不等于 $180°$，在三个内角中分别加上改正数 v_α、v_β、v_γ，使改正后角值之和等于 $180°$。但满足条件的改正数有无数多组，最后必须选取一组解，要求该组精度最高。可以证明，在观测值精度相同且独立时，各观测值改正数的平方和为最小的那组改正数使平差结果精度最高，称为最或然值。即

$$[vv]=\min(最小) \tag{3.2.1}$$

这就是测量误差处理遵循的原则——最小二乘法原理。其实质是求函数的条件极值。

若将改正数用向量表示，即

$$V=\begin{bmatrix}v_1\\v_2\\\vdots\\v_n\end{bmatrix}$$

则式（3.2.1）用矩阵形式表示为

$$V^\mathrm{T}V=\min \tag{3.2.2}$$

当观测值的精度不相同，但相互独立时，设各观测值的权为 P_i，则最小二乘法原理

的纯量式为
$$[pvv] = \min(\text{最小}) \quad (3.2.3)$$
矩阵式
$$V^\mathrm{T}PV = \min \quad (3.2.4)$$
式中
$$P = \begin{bmatrix} P_1 & 0 & \cdots & 0 \\ 0 & P_2 & \cdots & 0 \\ \vdots & \vdots & \ddots & 0 \\ 0 & 0 & \cdots & P_n \end{bmatrix}$$

当观测值为不同精度相关值时，其权阵为
$$P = Q^{-1} = \begin{bmatrix} P_{11} & P_{12} & \cdots & P_{1n} \\ P_{21} & P_{22} & \cdots & P_{2n} \\ \vdots & \vdots & \ddots & \vdots \\ P_{n1} & P_{n2} & \cdots & P_{nn} \end{bmatrix}$$

最小二乘法原理的矩阵式为
$$V^\mathrm{T}PV = \min \quad (3.2.5)$$

综上所述，测量误差处理的原则为：①用一组改正数来消除不符值；②改正数必须满足 $V^\mathrm{T}PV = \min$。

【例 3.1】 设对某量 $\widetilde{X}$ 进行了 n 次同精度观测，观测向量为 L，试按最小二乘原理求该量的最或是值。

解：设该量的平差值为 $\hat{X}$，有
$$v_i = \hat{X} - L_i$$

按最小二乘原理，组成函数：
$$\Phi = [vv] = (\hat{X} - L_1)^2 + (\hat{X} - L_2)^2 + \cdots + (\hat{X} - L_n)^2 = \min$$

将上式对 $\hat{X}$ 求一阶导数，令其等于零
$$2(\hat{X} - L_1) + 2(\hat{X} - L_2) + \cdots + 2(\hat{X} - L_n) = 0$$

解此方程，得
$$\hat{X} = \frac{1}{n} \sum L_i$$

上面求解过程，就是应用最小二乘原理来解决问题的思路。

3.3　测量误差处理的数学模型

由于测量误差处理中涉及的观测量是随机变量，因此，测量误差处理的数学模型与一般数学中只考虑函数模型不同，它同时包括函数模型和随机模型两种，在研究任何测量误差处理问题时必须同时考虑这两种不同的数学模型，这是测量误差处理的主要特点。

函数模型描述观测量与待求量间的数学函数关系，是确定客观实际的本质或特征的模

型。随机模型是描述观测量及其相互间统计相关性质的模型。建立这两种模型是测量误差处理中最基本的问题。

对于一个实际测量误差处理问题,可以建立不同形式的函数模型,与此相应,就产生了不同的误差处理方法。函数模型分为线性函数模型和非线性函数模型两类。测量误差处理通常是基于线性函数模型的,当函数模型为非线性时,总是将其用泰勒公式展开,并取其一次项化为线性形式。下面简述各类基本测量误差处理方法的线性函数模型和随机模型。

3.3.1 随机模型

随机模型是描述平差问题中的随机量(观测值)及其相互间统计相关性质的模型。

观测值不可避免地带有偶然误差,使观测结果具有随机性,从统计学的观点来看,观测量是一个随机变量,描述随机变量的精度指标是方差(中误差),描述两个随机变量之间相关性的是协方差,方差和协方差是随机变量的主要统计量。

对于观测向量 $L=(L_1,L_2,\cdots,L_n)^T$,随机模型是指 L 的方差——协方差阵,简称方差阵或协方差阵。观测向量 L 的方差阵为

$$D_{LL}=\sigma_0^2 Q=\sigma_0^2 P^{-1} \tag{3.3.1}$$

式中:σ_0^2 为单位权方差;Q 为 L 的协因数阵;P 为 L 的权阵;P 与 Q 互为逆阵。

L 的随机性是由观测误差 Δ 的随机性所决定的,Δ 是随机向量。Δ 的方差就是 L 的方差,即 $D_{LL}=D_\Delta$。式(3.3.1)称为平差的随机模型。

以上讨论是基于误差处理函数模型中的 L(即 Δ)是随机量,而模型中的参数是非随机量的情况,这是测量误差处理问题中最为普遍的情形。

如果测量误差处理问题中所选的参数也是随机量,此时的随机模型除式(3.3.1)外,还要考虑参数的先验方差阵以及参数与观测量间的协方差等。

3.3.2 数学模型

测量误差处理的数学模型包含函数模型和随机模型两部分。依据函数模型中给出的观测值与未知量之间的函数关系,顾及观测量的先验方差和协方差,确定观测值的协因数阵或权阵,按最小二乘原理作出未知量的最佳估计值,这就是数学模型的作用。

下面给出四种基本测量误差处理的数学模型。

(1) 条件平差模型:

$$A\Delta+W=0 \tag{3.3.2}$$

式中

$$W=AL+A_0 \tag{3.3.3}$$

(2) 间接平差模型:

$$L+\Delta=B\tilde{X}+d \tag{3.3.4}$$

$$l=L-BX^0-d=L-L^0 \quad \tilde{x}=\tilde{X}-X^0 \tag{3.3.5}$$

式中:$\tilde{X}$ 为参数直值,X^0 为其近似值,$\overline{X}$ 为 X^0 改正数。

在式(3.3.4)中 Δ 的数学期望 $E(\Delta)=0$,数学模型式(3.3.4)称为高斯-马尔柯夫(Gauss-Markoff)模型,简称 G-M 模型。

(3) 附有参数的条件平差模型：
$$A\Delta + B\tilde{X} + W = 0 \tag{3.3.6}$$
式中
$$W = AL + BX^0 + A_0 \tag{3.3.7}$$
(4) 附有限制条件的间接平差模型
$$L + \Delta = B\tilde{X} + d, C\tilde{X} + W = 0 \tag{3.3.8}$$
式中
$$l = L - BX^0 - d = L - L^0 \quad W_x = CX_0 + A_0 \tag{3.3.9}$$
式（3.3.8）称为具有约束的高斯-马尔柯夫模型。

以上测量误差处理模型都是用真误差 Δ（观测量 $\tilde{L} = L + \Delta$）和未知量真值 $\tilde{X}$（$\tilde{X} = X^0 + \tilde{x}$）表达的。真值是未知的，通过平差，即按最小二乘原理，可以求出 Δ 和 $\tilde{x}$ 的最佳估值，称为平差值。$\tilde{L}$ 的平差值记为 $\hat{L}$，$\tilde{X}$ 的平差值记为 $\hat{X}$。定义
$$\hat{L} = L + V \quad \hat{X} = X^0 + \hat{x} \tag{3.3.10}$$
V 是 Δ 的平差值，称为 $\hat{L}$ 的改正数，简称改正数，在讨论 V 的统计性质时，又称 V 为残差。$\hat{x}$ 为 $\tilde{x}$ 的平差值，它是 X^0 的改正数。

在以下各章阐述基本平差方法的原理时，在平差函数模型中，一般将直接用平差值代替真值。在这种情况下，各函数模型如下。

条件平差：
$$AV + W = 0 \tag{3.3.11}$$
间接平差：
$$V = B\hat{x} - l \tag{3.3.12}$$
附有参数的条件平差法：
$$AV + B\tilde{x} + W = 0 \tag{3.3.13}$$
附有限制条件的间接平差法：
$$V = B\hat{x} - l \tag{3.3.14}$$
$$C\tilde{x} + W_x = 0 \tag{3.3.15}$$

练 习 题

3.1 几何模型的必要元素与什么有关？必要元素就是必要观测数吗？为什么？

3.2 必要观测值的特性是什么？在进行平差前，首先要确定哪些量？如何确定几何模型中的必要元素？试举例说明。

3.3 在平差的函数模型中，n、t、r、c 等字母代表什么量？它们之间有什么关系？

3.4 测量误差处理的函数模型和随机模型分别表示哪些量之间的什么关系？

第 4 章

条 件 平 差

本章学习目标：通过本章的学习，掌握条件平差的基本原理，牢记条件平差的基本步骤及主要公式，掌握一般水准网、三角网条件方程的列立原则与方法、法方程的组成以及精度计算的公式，提高深入研究问题的能力。

本章重点：条件平差步骤，必要观测数计算方法，条件方程列立方法，法方程组成规律，平差值精度计算公式。

4.1 条件平差原理

4.1.1 概述

第 3 章学习了确定一个几何模型所作的必要观测量、必要观测数 t、多余观测量、多余观测数 r 等概念，了解了总观测数 n、必要观测数 t、多余观测数 r 之间的关系：

$$r = n - t \tag{4.1.1}$$

r 个多余观测，使观测值之间产生 r 个函数关系，本章就是介绍根据这 r 个函数方程式，应用条件平差方法求解观测值的平差值的原理。

4.1.2 条件平差原理

在图 4.1 的三角形中，观测了三个角度 L_1、L_2、L_3，如果为了确定三角形的形状，只要观测任意两个角度就够了，所以必要观测数 $t=2$，实际观测了三个内角，则观测总数 $n=3$，多余观测数 $r=3-2=1$。有了 1 个多余观测，观测值的最或然值 $\hat{L}_1$、$\hat{L}_2$、$\hat{L}_3$ 之间就产生了一个函数关系，即

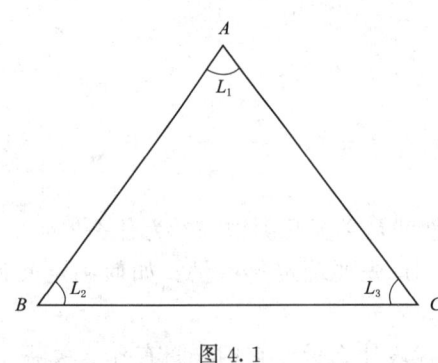

图 4.1

$$\hat{L}_1 + \hat{L}_2 + \hat{L}_3 = 180° \tag{4.1.2}$$

式 (4.1.2) 称为平差值条件方程。由于存在观测误差，所以有

$$L_1 + L_2 + L_3 - 180° = W \neq 0 \tag{4.1.3}$$

W 称为闭合差或自由项。观测量最或然值等于观测值加改正数，即

$$\hat{L}_i = L_i + v_i \quad (i = 1, 2, 3) \tag{4.1.4}$$

v_i 为改正数。将式 (4.1.4) 代入式 (4.1.2)：

$$L_1 + v_1 + L_2 + v_2 + L_3 + v_3 - 180° = 0 \tag{4.1.5}$$

将式(4.1.3)代入式(4.1.5)得

$$v_1+v_2+v_3+W=0 \tag{4.1.6}$$

式(4.1.6)称为改正数条件方程,简称条件方程。条件平差就是要根据条件方程求出改正数,进而求出观测值的最或然值。显然,要根据上面一个条件方程来确定三个待定的改正数,其解不是唯一的,有无穷多组。根据最小二乘原理,就是要找出其中一组,使其能满足条件$[pvv]=\min$。数学上把这类问题归为求条件极值问题,利用拉格朗日乘数法求解。下面从平差值方程的一般形式来推导这一方法。

设在一个平差问题中,有 n 个观测值 L_1、L_2、$\cdots$、L_n,对应的平差值为 $\hat{L}_1$、$\hat{L}_2$、$\cdots$、$\hat{L}_n$,观测值对应的权为 p_1、p_2、$\cdots$、p_n,观测值改正数为 v_1、v_2、$\cdots$、v_n。

r 个平差值条件方程为

$$\left.\begin{array}{l} a_1\hat{L}_1+a_2\hat{L}_2+\cdots+a_n\hat{L}_n+a_0=0 \\ b_1\hat{L}_1+b_2\hat{L}_2+\cdots+b_n\hat{L}_n+b_0=0 \\ \cdots \\ r_1\hat{L}_1+r_2\hat{L}_2+\cdots+r_n\hat{L}_n+r_0=0 \end{array}\right\} \tag{4.1.7}$$

a_i、b_i、c_i、$\cdots$、$r_i(i=1,2,\cdots,n)$ 为平差值条件方程的系数,随平差模型的不同而取不同的值,a_0、b_0、$\cdots$、r_0 为自由项,这些系数和自由项可以根据具体模型和观测值确定,属于常量。平差值条件方程有线性形式,也有非线性形式。下面在进行公式推导时,是基于线性形式的,对于非线性形式的,用泰勒公式展开取一次项,进行线性化。

将 $\hat{L}_i=L_i+v_i(i=1,2,\cdots,n)$ 代入式(4.1.7)得

$$\left.\begin{array}{l} a_1(L_1+v_1)+a_2(L_2+v_2)+\cdots+a_n(L_n+v_n)+a_0=0 \\ b_1(L_1+v_1)+b_2(L_2+v_2)+\cdots+b_n(L_n+v_n)+b_0=0 \\ \cdots \\ r_1(L_1+v_1)+r_2(L_2+v_2)+\cdots+r_n(L_n+v_n)+r_0=0 \end{array}\right\} \tag{4.1.8}$$

令

$$\left.\begin{array}{l} a_1L_1+a_2L_2+\cdots+a_nL_n+a_0=w_a \\ b_1L_1+b_2L_2+\cdots+b_nL_n+b_0=w_b \\ \cdots \\ r_1v_1+r_2v_2+\cdots+r_nv_n+r_0=w_r \end{array}\right\} \tag{4.1.9}$$

w_a、w_b、$\cdots$、w_r 称为条件方程闭合差,代入具体观测值计算后,成为已知量。

将式(4.1.9)代入式(4.1.8),得

$$\left.\begin{array}{l} a_1v_1+a_2v_2+\cdots+a_nv_n+w_a=0 \\ b_1v_1+b_2v_2+\cdots+b_nv_n+w_b=0 \\ \cdots \\ r_1v_1+r_2v_2+\cdots+r_nv_n+w_r=0 \end{array}\right\} \tag{4.1.10}$$

式(4.1.10)即为有 n 个改正数 v_i 的条件方程。现写成矩阵形式,令

$$A=\begin{pmatrix} a_1 & a_2 & \cdots & a_n \\ b_1 & b_2 & \cdots & b_n \\ \vdots & \vdots & \ddots & \vdots \\ r_1 & r_2 & \cdots & r_n \end{pmatrix}, L=\begin{pmatrix} L_1 \\ L_2 \\ \vdots \\ L_n \end{pmatrix}, \hat{L}=\begin{pmatrix} \hat{L}_1 \\ \hat{L}_2 \\ \vdots \\ \hat{L}_n \end{pmatrix}$$

$$V=\begin{pmatrix} v_1 \\ v_2 \\ \vdots \\ v_n \end{pmatrix}, W=\begin{pmatrix} w_a \\ w_b \\ \vdots \\ w_r \end{pmatrix}, A_0=\begin{pmatrix} a_0 \\ b_0 \\ \vdots \\ r_0 \end{pmatrix}$$

$$AV+W=0 \tag{4.1.11}$$
$$W=AL+A_0$$

条件方程的个数等于多余观测数，而多余观测量只是总观测量 n 中的一部分，所以，未知数的数目总是大于条件方程的数目，即 $n>r$。故式（4.1.10）的解是不唯一的。而需要的是其中能满足 $[pvv]=\min$（最小）的一组 v 值。为了求得一组既能满足条件方程式（4.1.10），而又能使 $[pvv]=$ 最小的 v 值，根据拉格朗日乘数法求极值步骤，先构成新函数：

$$\begin{aligned} \Phi=F(v_1,v_2,\cdots,v_n) &= (p_1v_1^2+p_2v_2^2+\cdots+p_nv_n^2) \\ &\quad -2k_a(a_1v_1+a_2v_2+\cdots+a_nv_n+w_a) \\ &\quad -2k_b(b_1v_1+b_2v_2+\cdots+b_nv_n+w_b) \\ &\quad \cdots \\ &\quad -2k_r(r_1v_1+r_2v_2+\cdots+r_nv_n+w_r) \end{aligned} \tag{4.1.12}$$

式中 $-2k_a$、$-2k_b$、$\cdots$、$-2k_r$ 系数在数学中称为拉格朗日乘数，在测量平差中，称 k 为联系数，其个数与条件方程的个数相同，有 r 个。

再对新函数 Φ 求极值。将函数式（4.1.12）对各个变量 v_i 求其一阶偏导数，并令其等于零。有

$$\left.\begin{aligned} \frac{\partial \Phi}{\partial v_1} &= 2p_1v_1-2a_1k_a-2b_1k_b-\cdots-2r_1k_r=0 \\ \frac{\partial \Phi}{\partial v_2} &= 2p_2v_2-2a_2k_a-2b_2k_b-\cdots-2r_2k_r=0 \\ &\cdots \\ \frac{\partial \Phi}{\partial v_n} &= 2p_nv_n-2a_nk_a-2b_nk_b-\cdots-2r_nk_r=0 \end{aligned}\right\} \tag{4.1.13}$$

由式（4.1.13）可得

$$\left.\begin{aligned} v_1 &= \frac{1}{p_1}(a_1k_a+b_1k_b+\cdots+r_1k_r) \\ v_2 &= \frac{1}{p_2}(a_2k_a+b_2k_b+\cdots+r_2k_r) \\ &\cdots \\ v_n &= \frac{1}{p_n}(a_nk_a+b_nk_b+\cdots+r_nk_r) \end{aligned}\right\} \tag{4.1.14}$$

式（4.1.14）称为改正数方程。

为了求得各改正数 v 值，必须先求出联系数 k_a、k_b、$\cdots$、k_r 的值。为此将式（4.1.14）回代入式（4.1.10），并按 k 集项，可得

$$\left(\frac{a_1a_1}{p_1}+\frac{a_2a_2}{p_2}+\cdots+\frac{a_na_n}{p_n}\right)k_a+\left(\frac{a_1b_1}{p_1}+\frac{a_2b_2}{p_2}+\cdots+\frac{a_nb_n}{p_n}\right)k_b$$
$$+\cdots+\left(\frac{a_1r_1}{p_1}+\frac{a_2r_2}{p_2}+\cdots+\frac{a_nr_n}{p_n}\right)k_r+w_a=0$$
$$\left(\frac{a_1b_1}{p_1}+\frac{a_2b_2}{p_2}+\cdots+\frac{a_nb_n}{p_n}\right)k_a+\left(\frac{b_1b_1}{p_1}+\frac{b_2b_2}{p_2}+\cdots+\frac{b_nb_n}{p_n}\right)k_b$$
$$+\cdots+\left(\frac{b_1r_1}{p_1}+\frac{b_2r_2}{p_2}+\cdots+\frac{b_nr_n}{p_n}\right)k_r+w_b=0$$
$$\cdots$$
$$\left(\frac{a_1r_1}{p_1}+\frac{a_2r_2}{p_2}+\cdots+\frac{a_nr_n}{p_n}\right)k_a+\left(\frac{b_1r_1}{p_1}+\frac{b_2r_2}{p_2}+\cdots+\frac{b_nr_n}{p_n}\right)k_b$$
$$+\cdots+\left(\frac{r_1r_1}{p_1}+\frac{r_2r_2}{p_2}+\cdots+\frac{r_nr_n}{p_n}\right)k_r+w_r=0$$

分别以 $\left[\dfrac{aa}{p}\right]$、$\left[\dfrac{ab}{p}\right]$、$\left[\dfrac{ac}{p}\right]$、$\cdots$、$\left[\dfrac{ar}{p}\right]$ 表示上式中圆括号内的和数，则上式可写成

$$\left.\begin{array}{l}\left[\dfrac{aa}{p}\right]k_a+\left[\dfrac{ab}{p}\right]k_b+\cdots+\left[\dfrac{ar}{p}\right]k_r+w_a=0\\[2mm]\left[\dfrac{ab}{p}\right]k_a+\left[\dfrac{bb}{p}\right]k_b+\cdots+\left[\dfrac{br}{p}\right]k_r+w_b=0\\[2mm]\cdots\\[2mm]\left[\dfrac{ar}{p}\right]k_a+\left[\dfrac{br}{p}\right]k_b+\cdots+\left[\dfrac{rr}{p}\right]k_r+w_r=0\end{array}\right\} \quad (4.1.15)$$

这就是联系数 k 的方程组，称为法方程组。

法方程组是多元线性方程组，有 r 个方程，r 个未知数 k，解唯一。解算法方程组，求出联系数 k 后，代入改正数方程，求出改正数，然后计算观测值最或然值。

上述平差过程也可用矩阵式推导。现设观测值的权阵 P 为 $n\times n$ 的对角阵，又设联系数矩阵为 $K=(k_a、k_b、\cdots、k_r)^{\mathrm{T}}$，则式（4.1.12）矩阵式为

$$\Phi=V^{\mathrm{T}}PV-2K^{\mathrm{T}}(AV+W)$$

将上函数式对变量 V 求其一阶偏导数，并令其等于零。有

$$\frac{\mathrm{d}\Phi}{\mathrm{d}V}=2V^{\mathrm{T}}P-2K^{\mathrm{T}}A=0$$

等式两边同除以 2，转置，移项，左乘 P^{-1} 则有

$$\begin{aligned}V^{\mathrm{T}}P&=K^{\mathrm{T}}A\\PV&=A^{\mathrm{T}}K\\V&=P^{-1}A^{\mathrm{T}}K\end{aligned} \quad (4.1.16)$$

式（4.1.16）是改正数方程，纯量形式见式（4.1.14）。

将式（4.1.16）代入式（4.1.11）可得法方程的矩阵式：

$$AP^{-1}A^{\mathrm{T}}K+W=0 \qquad (4.1.17)$$

$$W=AL+A_0$$

令

$$N=AP^{-1}A^{\mathrm{T}}$$

则式（4.1.17）可表示为

$$NK+W=0$$
$$K=-N^{-1}W \qquad (4.1.18)$$

如果是同精度观测，则 $P_1=P_2=\cdots=P_n=1$，这时的法方程为

$$\left.\begin{array}{l}[aa]k_a+[ab]k_b+\cdots+[ar]k_r+w_a=0\\ [ab]k_a+[bb]k_b+\cdots+[br]k_r+w_b=0\\ \cdots\\ [ar]k_a+[br]k_b+\cdots+[rr]k_r+w_r=0\end{array}\right\} \qquad (4.1.19)$$

其相应的改正数方程为

$$v_i=a_ik_a+b_ik_b+\cdots+r_ik_r \quad (i=1,2,\cdots,n) \qquad (4.1.20)$$

式（4.1.19）、式（4.1.20）分别可用矩阵表示为

$$AA^{\mathrm{T}}K+W=0 \qquad (4.1.21)$$
$$V=A^{\mathrm{T}}K \qquad (4.1.22)$$

由式（4.1.15）可以看出，法方程具有明显的规律：

(1) 它是一组线性对称方程组，系数排列沿对角线对称。

(2) 在主对角线上的系数都是自乘系数。

(3) 它的系数阵由条件方程的系数阵与对应权矩阵相乘所组成，闭合差是对应条件方程的闭合差。

在实际计算时，并不需要由条件方程及 $[pvv]$ 组成新的函数 Φ，而可以直接由条件方程组成法方程，由法方程解得联系数 K，再将 K 代入改正数方程求出 V，最后求得平差值 $\hat{L}_i=L_i+V_i$。

4.1.3 条件平差的计算步骤

综上所述，条件平差法主要步骤可归纳如下：

(1) 确定条件方程的个数，条件方程的个数等于多余观测数 r。

(2) 根据平差的具体问题，列出条件方程式，非线性的方程要线性化。

(3) 根据条件方程系数、闭合差及观测值的权组成法方程。

(4) 解算法方程，求出联系数 K 值。

(5) 将 K 代入改正数方程求改正数。

(6) 计算平差值 $\hat{L}=L+V$，并将平差值代入原方程，检核平差计算结果的正确性。

(7) 评定成果的精度。

【例 4.1】 设等精度观测了图 4.1 中三角形的三个内角，得观测值为 $L_1=42°38'17''$，$L_2=60°15'24''$，$L_3=77°06'31''$。试按条件平差法求三个内角的平差值。

解： 本题只有一个多余观测，$r=3-2=1$，故仅有一个平差值条件方程，即

$$\hat{L}_1+\hat{L}_2+\hat{L}_3-180°=0$$

以 $\hat{L}_i=L_i+v_i$ 代入，并将观测值数据代入，得条件方程：

$$v_1+v_2+v_3-12=0$$

由于观测精度相同，故令 $p_1=p_2=p_3=1$。条件方程中的系数均为 $+1$，$[aa]=3$。组成的法方程为

$$3k_a+12=0$$

解之得

$$k_a=-4$$

代入式（4.1.20）求得改正数为

$$v_1=a_1k_a=-4''$$
$$v_2=a_2k_a=-4''$$
$$v_3=a_3k_a=-4''$$

由此得各角的平差值为

$$\hat{L}_1=42°38'17''-4''=42°38'13''$$
$$\hat{L}_2=60°15'24''-4''=60°15'20''$$
$$\hat{L}_3=77°06'31''-4''=77°06'27''$$

将平差值代入平差值条件方程进行检核：

$$\hat{L}_1+\hat{L}_2+\hat{L}_3-180°=42°38'13''+60°15'20''+77°06'27''-180°=0$$

各角的平差值满足了三角形内角和的几何条件，不再存在闭合差，故知计算无误。

4.2 条件方程

4.2.1 必要观测数的计算

在条件平差中，条件方程的个数等于多余观测的个数，即 $r=n-t$，n 是观测值的总个数，t 是必要观测值的个数。因此，确定条件方程的个数，关键就是确定必要观测值的个数 t。在一个平差问题中，必要观测值个数的多少取决于测量问题的本身，而不在于观测值的个数多少。下面就不同形式的测量模型，讨论必要观测值的个数计算问题。

4.2.1.1 水准网

在图 4.2 所示的水准网中，A 为已知高程点，B、C、D 为待定点，要确定 B、C、D 三点高程，必须观测 3 段高差，如 h_1、h_3、h_6 或 h_1、h_2、h_4 等，可见，在有已知点的水准网中，必要观测值个数等于网中未知点的个数，即在图 4.2 中，$t=3$。

若图 4.2 中 A 也是待定点，即水准网中无已知高程点，这时只能假定某一点的高程为已知，并以

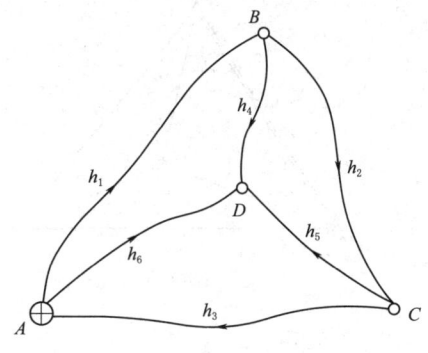

图 4.2

它为基准去推算其余三点的相对高程。因此，必要观测数等于网中未知点个数减1，本例中仍为3。

由以上讨论可以得知，水准网平差时，必要观测值个数的确定规则如下：

（1）当水准网中有已知高程点时，其必要观测数等于网中待定高程点的个数，即 $t=p$（p 为待定点数）。

（2）当水准网中无已知高程点时，则必要观测数等于全部待定点数减1，即 $t=p-1$。

4.2.1.2　三角网（测角网、测边网、边角网）

根据不同的观测量，三角网分为仅观测角度的测角网、仅观测边长的测边网和既测角度又测边长的边角网。

1. 测角网

三角测量的目的是要确定三角点在平面坐标系中的坐标最或然值。要使测角网能计算，则必须已知一个点的坐标、一条边的长度和它的方位角，即测角网必要的起算数据是4个。在保证了这样的起算数据的前提下，来确定必要观测的个数，从而得出测量问题中条件方程式的个数。在实际工作中，由于具体的测量问题的不同，已知数据的多少和表现形式的不一样等，其条件方程式的个数的确定方法也不一样。

图 4.3 为一测角网，其已知数据表现为两个相邻已知三角点的平面坐标，即 A、B 点坐标已知，C 和 D 为待定点。在此基础上，若要确定一个未知点的平面坐标，需要观测 2 个观测值，即确定一个未知点的平面坐标，其必要观测数是 2。当测角网中有 p 个未知点时，其必要观测数 $t=2p$。

由此可以理解，当测角网中有两个以上的已知平面坐标三角点时，其必要观测数等于网中未知坐标点个数的 2 倍。图 4.3 所示三角网，共观测了 9 个水平角，即 a_i、b_i、c_i（$i=1,2,3$），则 $n=9$，$t=2p=2\times 2=4$，$r=n-t=n-2p=5$。

如图 4.4 所示测角网中，没有已知数据，若要能计算该测角网，则必须假定一个点的坐标、一条边的方位角，还必须测定一条边长。这就等价于已知两个点的坐标。以此为基础，再要确定一个点的平面坐标，就必须观测两个观测值。因此，对于测角网中已知平面坐标点个数少于两个的情况下，设网中共有 z 个三角点，必要观测数为

$$t=2(z-2)=2z-4$$

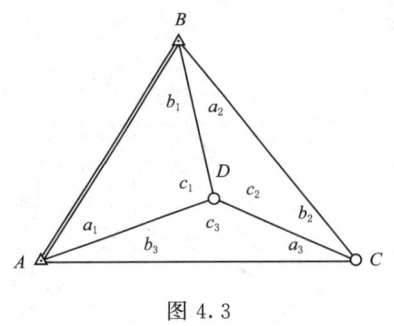

图 4.3　　　　　　　　　　　图 4.4

2. 测边网

在测边网中，为了确定未知点的位置，必要的起算数据为一个点的平面坐标和一条边

的方位角。当网中仅有必要的起算数据上，该网称为独立网。测边网的基本图形为三角形、大地四边形、中点多边形。在独立测边网中，在确定第一个待定点与起点间相对位置时，只要测量一条边长，以后每确定一个待定点，需要观测两条边长，所以必要观测数等于网中待定点个数的2倍减1，即若网中待定点的个数为 p，则必要观测数 $t=2p-1$，多余观测数 $r=n-2p+1$。若是非独立网，必要观测数等于网中待定点个数的2倍，即 $t=2p$，$r=n-2p$。

3. 边角网

对于独立边角网，要确定第一个待定点的位置，需要观测一条边或一个角度，以后每增加一个待定点，需要边角中任意两个元素、两个角、两条边或一个角和一条边，所以独立边角网中必要观测数等于网中待定点个数的2倍减1，即若网中待定点的个数为 p，则必要观测数 $t=2p-1$，多余观测数 $r=n-2p+1$。对于非独立网，必要观测数等于网中待定点个数的2倍，即 $t=2p$，$r=n-2p$。

4.2.1.3 单一附合导线

在单一附合导线中，确定一个待定点必须观测一条边和一个角两个量。对于有 n 个未知点的附合导线，总观测量为 $N=2n+3$，必要观测数 $t=2n$，多余观测数 $r=3$。因此，单一附合导线必要观测数都是3。

4.2.2 条件方程的列立原则

用条件平差法求观测值的平差值时，首先要从确定条件方程的个数和列条件方程入手。如果条件方程的个数确定不正确，或条件方程列立不正确，即使在后面的解算过程中不发生计算错误，通过平差求得的改正数，仍不能消除观测值之间存在的不符值。因此，在条件平差中正确确定条件方程的个数，掌握条件方程的列立是非常重要的。

在列立条件方程时，必须列立足数而又彼此线性无关的条件方程。条件方程不能少列，列少了，通过平差计算不能达到消除不符值的目的。条件方程也不能多列，多列条件方程之间就线性相关了。所列的条件方程必须线性无关，因此，条件方程的列立应遵循以下几点原则：

(1) 条件方程数量应足够，即条件方程的个数等于多余观测数，不能多，也不能少。

(2) 条件方程式之间互相独立。

(3) 在确保条件方程总数不变的前提下，应选择形式简单、便于计算的条件方程来代替较为复杂的条件方程。

4.2.3 条件方程的列立

4.2.3.1 水准网

对于水准网，通常选择闭合和附合路线，列出平差值方程式，然后转换成条件方程。要注意的是，在水准网中能列立方程的线路很多，一定要选择相互独立的方程。

【例4.2】 在图4.2所示的水准网中，测得各段高差 h_1、h_2、…、h_6，试列出条件方程。

解：题中 $n=6$，有一个已知水准点，三个待定点，故 $t=3$，$r=n-t=3$，应列出3个条件方程。但按图4.2可列出如下7个条件方程：

$$\left.\begin{array}{l}v_1+v_4-v_6+w_a=0(a)\\v_2-v_4+v_5+w_b=0(b)\\v_3-v_5+v_6+w_c=0(c)\\v_1+v_2+v_5-v_6+w_d=0(d)\\v_2+v_3-v_4+v_6+w_e=0(e)\\v_1+v_3+v_4-v_5+w_f=0(f)\\v_1+v_2+v_3+w_g=0(g)\end{array}\right\} \quad (4.2.1)$$

本题只需列出 3 个条件方程，也就是说在全部可能列出的条件方程中，只有 3 个条件方程是线性无关的，因为在上面的条件方程中，各式间存在下列关系：

$$(a)+(b)=(d);(b)+(c)=(e);(c)+(a)=(f);(a)+(b)+(c)=(g)$$

显然，当 (a)、(b)、(c) 3 个条件方程得到满足时，其余 4 个方程也必然可以满足，因而在平差计算时可以取 (a)、(b)、(c) 3 个条件方程，当然也可取另外 3 个线性无关的条件方程。

$$\left.\begin{array}{l}v_1+v_4-v_6+w_a=0(a)\\v_2-v_4+v_5+w_b=0(b)\\v_3-v_5+v_6+w_c=0(c)\end{array}\right\} \quad (4.2.2)$$

式中

$$\left.\begin{array}{l}w_a=h_1+h_4-h_6\\w_b=h_2-h_4+h_5\\w_c=h_3-h_5+h_6\end{array}\right\} \quad (4.2.3)$$

【例 4.3】 如图 4.5 所示附合水准网，A、B 为已知高程点，C、D 为未知高程点，为了求得 C、D 点高程，观测了 4 段高差，根据线路，列出条件方程。

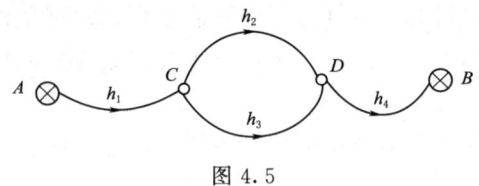

图 4.5

解： 从图中可知，该水准网有 2 个已知高程点，未知点个数为 2，故必要观测数 $t=2$，多余观测数 $r=n-t=2$，条件方程个数为 2。

按找"闭合路线、附合路线"思路先列出平差值方程如下：

闭合路线： $\hat{h}_2-\hat{h}_3=0$

附合路线： $H_A+\hat{h}_1+\hat{h}_2+\hat{h}_4-H_B=0$

待入观测值及已知点高程，写成条件方程形式：

$$v_2-v_3+w_1=0$$
$$v_1+v_2+v_4+w_2=0$$

其中，
$$w_1=h_2-h_3$$
$$w_2=H_A+h_1+h_2+h_4+HB$$

【例 4.4】 在图 4.6 中，A、B、C 三点在一直线上，测出了 AB、BC 及 AC 的距离，得 4 个独立观测值：$l_1=200.010$m，$l_2=300.050$m，$l_3=300.070$m，$l_4=500.090$m，若令 100m 量距的权为单位权，试按条件平差法确定 A、C 之间各段距离的平差值。

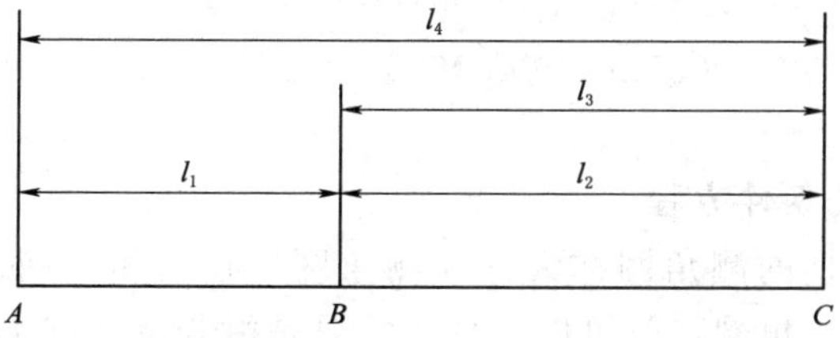

图 4.6

解： 本题 $n=4$，$t=2$，故 $r=n-t=2$，可列出以下两个条件方程：

$$\hat{l}_1+\hat{l}_2-\hat{l}_4=0$$
$$\hat{l}_2-\hat{l}_3=0$$

以 $\hat{l}_i=l_i+v_i$ 代入上式，经计算得条件方程为

$$v_1+v_2-v_4-3=0$$
$$v_2-v_3-2=0$$

上列条件用矩阵表示为

$$\begin{bmatrix} 1 & 1 & 0 & -1 \\ 0 & 1 & -1 & 0 \end{bmatrix}\begin{bmatrix} v_1 \\ v_2 \\ v_3 \\ v_4 \end{bmatrix}+\begin{bmatrix} -3 \\ -2 \end{bmatrix}=0$$

式中闭合差单位是 cm。

令 100m 量距的权为单位权，即 $p_i=\dfrac{100}{s_i}$，于是有

$$\frac{1}{p_1}=\frac{S_1}{100}=2,\ \frac{1}{p_2}=\frac{S_2}{100}=3,\ \frac{1}{p_3}=\frac{S_3}{100}=3,\ \frac{1}{p_4}=\frac{S_4}{100}=5$$

法方程系数

$$N_{aa}=AP^{-1}A=\begin{bmatrix} 1 & 1 & 0 & -1 \\ 0 & 1 & -1 & 0 \end{bmatrix}\begin{bmatrix} 2 & 0 & 0 & 0 \\ 0 & 3 & 0 & 0 \\ 0 & 0 & 3 & 0 \\ 0 & 0 & 0 & 5 \end{bmatrix}\begin{bmatrix} 1 & 0 \\ 1 & 1 \\ 0 & -1 \\ -1 & 0 \end{bmatrix}=\begin{bmatrix} 10 & 3 \\ 3 & 6 \end{bmatrix}$$

法方程为

$$\begin{bmatrix} 10 & 3 \\ 3 & 6 \end{bmatrix}\begin{bmatrix} k_a \\ k_b \end{bmatrix}+\begin{bmatrix} -3 \\ -2 \end{bmatrix}=0$$

解得 $k_a=0.235$，$k_b=0.216$ 代入改正数方程计算 V，得

$$V=QA^{\mathrm{T}}K=\begin{bmatrix} 0.47 & 1.35 & -0.65 & -1.18 \end{bmatrix}^{\mathrm{T}}(\mathrm{cm})$$

观测量的平差值为

$$\hat{l}_1=200.0147\mathrm{m},\ \hat{l}_2=300.0635\mathrm{m},\ \hat{l}_3=300.0635\mathrm{m},\ \hat{l}_4=500.0782\mathrm{m}$$

为了检核，将平差值 $\hat{l}$ 重新组成平差值条件方程，得

$$200.0147\text{m}+300.0635\text{m}-500.0782\text{m}=0$$
$$300.0635\text{m}-300.0635\text{m}=0$$

故知以上平差计算无误。

4.2.3.2 独立测角网的条件方程

仅具有必要起算数据的测角网称为独立测角网。独立测角网的布设有各种形式，但是，仔细分析任何一个三角网，就可以发现，它总是由若干种基本图形，如三角形、四边形和不同边数的中点多边形互相邻接或互相重叠而成，三角形则是构成所有图形的基础。在任何闭合图形中，各内角之间、内角与边长之间，都存在一定的几何关系，只要有多余观测，根据这些几何关系，便构成一定的条件，它的数学表达式就成为测角网的几何条件方程。

独立测角网的几何条件有：图形条件、圆周条件和极条件三类。

1. 图形条件（内角和条件）

图形条件是指每个闭合的平面多边形中诸内角平差值之和应等于其理论值。例如，平面上任意三角形的内角和应等于 $180°$，n 边多边形内角和应等于 $(n-2)×180°$。

在图 4.1 中，单三角形的图形条件方程为
$$\hat{L}_1+\hat{L}_2+\hat{L}_3-180°=0$$

将 $\hat{L}_i=L_i+v_i(i=1，2，3)$ 代入上式得
$$L_1+v_1+L_2+v_2+L_3+v_3-180°=0$$

式中
$$L_1+L_2+L_3-180°=w$$

故有
$$v_1+v_2+v_3+w=0 \tag{4.2.4}$$

式中：w 为三角形闭合差。

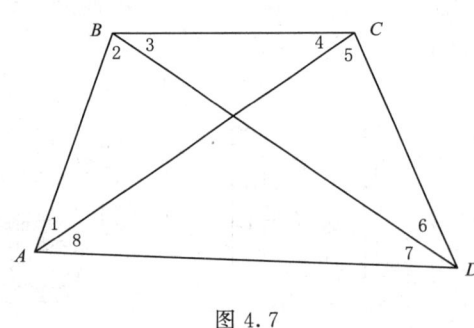

图 4.7

式（4.2.4）就是一个单三角形的图形条件方程。

又如图 4.7 中的大地四边形中，三角形 ABC 的图形条件方程式为
$$\left.\begin{array}{l}v_1+v_2+v_3+v_4+w=0\\w=L_1+L_2+L_3+L_4-180°\end{array}\right\} \tag{4.2.5}$$

式（4.2.5）中因为 B 角是由 L_2 和 L_3 组成，每一个独立观测值应有一个改正数，所以条件方程中出现了 4 个改正数。此外还可列出其他 3 个三角形的图形条件方程式和 1 个多边形内角和条件方程式。

大地四边形的内角和条件方程式为
$$\left.\begin{array}{l}v_1+v_2+v_3+v_4+v_5+v_6+v_7+v_8+w=0\\w=L_1+L_2+L_3+L_4+L_5+L_6+L_7+L_8-360°\end{array}\right\} \tag{4.2.6}$$

并不是把所有能列出的图形条件方程式都参与平差计算，而只要选择其中三个独立的条件方程式就够了。

中点多边形的图形条件的列法与上述相同，即按每个三角形列出 1 个图形条件方程。图 4.7 可列出 4 个图形条件方程。

2. 圆周条件（水平条件）

中点多边形，常见的有中点三边形、中点四边形、中点五边形等，并且在中心点上观测了所有角度，那么各中心角的平差值之和应等于 360°，这个条件称为圆周条件，也称水平条件。平差时，若只考虑图形条件而不考虑圆周条件，则平差后各三角形的几何条件虽说得到满足，但中心点 O 的各中心角之和不能满足等于 360° 的这一几何条件。此时这一中点多边形的图形将不闭合；当圆周角小于 360° 时，则产生如图 4.9 所示的缺口；当圆周角大于 360° 时，则产生有三角形的重叠。因而，在平差计算时，必须考虑圆周条件，使每个中心点上各中心角平差值的和等于 360°。

如图 4.8 列出的圆周条件方程为

$$\left.\begin{array}{r}v_3+v_6+v_9+v_{12}+w_{\text{圆}}=0\\w_{\text{圆}}=L_3+L_6+L_9+L_{12}-360°\end{array}\right\} \tag{4.2.7}$$

式中：$w_{\text{圆}}$ 为圆周条件闭合差。

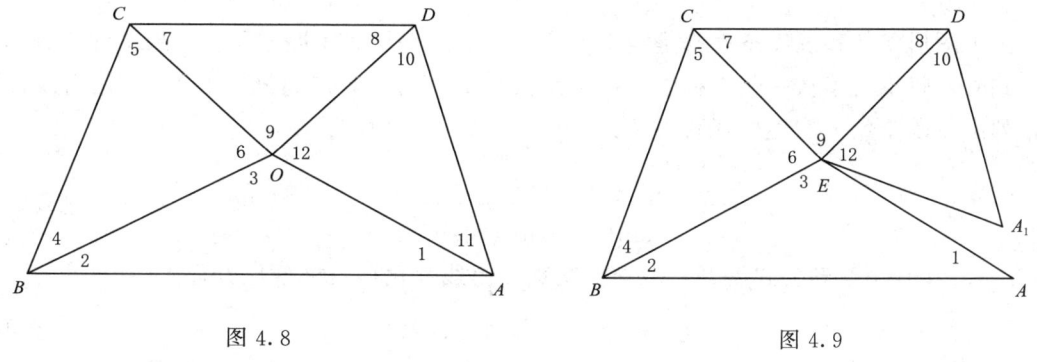

图 4.8　　　　　　　　　　　图 4.9

3. 极条件（边长条件）

在大地四边形、中点多边形等图形中，虽然图形条件和圆周条件都已经满足，但还不能保证几何图形的完全闭合。因为，几何图形还与三角形的边长有关。因此，还必须考虑满足边长条件的问题。

在一定的图形中，若以三角形的公共顶点为极，由任一边出发，围绕极点，用平差值推算各边长再回复到起始边，推算值应与起算值相等。凡满足这一几何关系而构成的条件，称为极条件。

(1) 中点多边形的极条件式。

图 4.10 是由 4 个三角形组成的中点多边形，设以中心点 O 为极，由 OA 边出发，根据正弦定理，用平差后的角度推算 OB、OC、OD 边，再回到 OA 边时，其推算长度应等于该边原来的长度，即

$$\frac{\sin\hat{L}_1\cdot\sin\hat{L}_4\cdot\sin\hat{L}_7\cdot\sin\hat{L}_{10}}{\sin\hat{L}_2\cdot\sin\hat{L}_5\cdot\sin\hat{L}_8\cdot\sin\hat{L}_{11}}=1 \tag{4.2.8}$$

这便是图 4.10 极条件方程的初步形式。

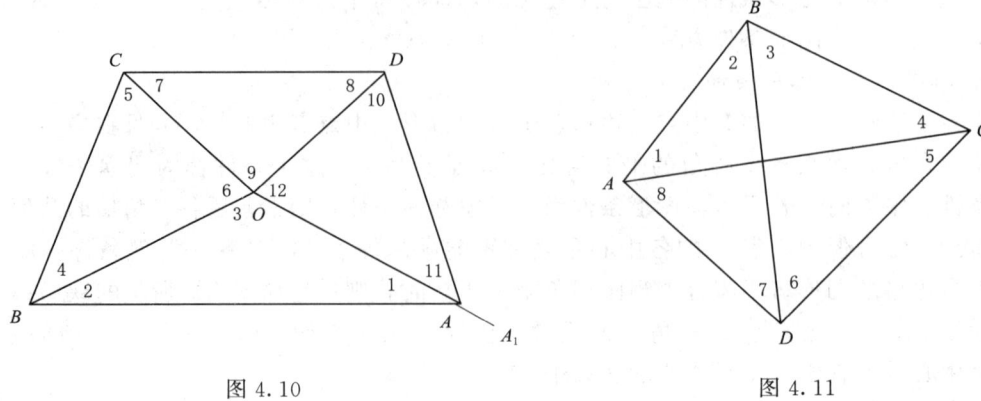

图 4.10　　　　　　　　　　图 4.11

如果用观测值 L_i 代入式（4.2.8），如图 4.10 那样，虽然 OA_1 能与 OA 重合，但 $OA_1 \neq OA$，AA_1 就是极条件的闭合差。

对于中点多边形来说，平差角不仅满足图形条件和圆周条件，而且应同时满足极条件。

由于图形条件和圆周条件都是线性方程，而极条件是非线性方程。如果条件式是非线性形式时，就不便于从一些方程中直接确定其系数，为此，应将式（4.2.8）化为线性形式，列出以改正数 v 表达的条件方程式。式（4.2.8）可写为

$$\frac{\sin\hat{L}_1 \cdot \sin\hat{L}_4 \cdot \sin\hat{L}_7 \cdot \sin\hat{L}_{10}}{\sin\hat{L}_2 \cdot \sin\hat{L}_5 \cdot \sin\hat{L}_8 \cdot \sin\hat{L}_{11}} - 1 = 0 \tag{4.2.9}$$

对式（4.2.9）用泰勒公式展开，取至一次项，得线性化形式极条件方程。

$$\hat{L}_i = L_i + v_i \quad (i=1,2,\cdots,11) \tag{4.2.10}$$

将式（4.2.10）代入式（4.2.9），得

$$\begin{aligned}
&\frac{\sin(L_1+v_1) \cdot \sin(L_4+v_4) \cdot \sin(L_7+v_7) \cdot \sin(L_{10}+v_{10})}{\sin(L_2+v_2) \cdot \sin(L_5+v_5) \cdot \sin(L_8+v_8) \cdot \sin(L_{11}+v_{11})} - 1 \\
&= \frac{\sin L_1 \cdot \sin L_4 \cdot \sin L_7 \cdot \sin L_{10}}{\sin L_2 \cdot \sin L_5 \cdot \sin L_8 \cdot \sin L_{11}} - 1 + \frac{\sin L_1 \cdot \sin L_4 \cdot \sin L_7 \cdot \sin L_{10}}{\sin L_2 \cdot \sin L_5 \cdot \sin L_8 \cdot \sin L_{11}} \cot L_1 \frac{v_1}{\rho''} \\
&+ \frac{\sin L_1 \cdot \sin L_4 \cdot \sin L_7 \cdot \sin L_{10}}{\sin L_2 \cdot \sin L_5 \cdot \sin L_8 \cdot \sin L_{11}} \cot L_4 \frac{v_4}{\rho''} + \frac{\sin L_1 \cdot \sin L_4 \cdot \sin L_7 \cdot \sin L_{10}}{\sin L_2 \cdot \sin L_5 \cdot \sin L_8 \cdot \sin L_{11}} \cot L_7 \frac{v_7}{\rho''} \\
&+ \frac{\sin L_1 \cdot \sin L_4 \cdot \sin L_7 \cdot \sin L_{10}}{\sin L_2 \cdot \sin L_5 \cdot \sin L_8 \cdot \sin L_{11}} \cot L_{10} \frac{v_{10}}{\rho''} \\
&- \frac{\sin L_1 \cdot \sin L_4 \cdot \sin L_7 \cdot \sin L_{10}}{\sin L_2 \cdot \sin L_5 \cdot \sin L_8 \cdot \sin L_{11}} \cot L_2 \frac{v_2}{\rho''} - \frac{\sin L_1 \cdot \sin L_4 \cdot \sin L_7 \cdot \sin L_{10}}{\sin L_2 \cdot \sin L_5 \cdot \sin L_8 \cdot \sin L_{11}} \cot L_5 \frac{v_5}{\rho''} \\
&- \frac{\sin L_1 \cdot \sin L_4 \cdot \sin L_7 \cdot \sin L_{10}}{\sin L_2 \cdot \sin L_5 \cdot \sin L_8 \cdot \sin L_{11}} \cot L_8 \frac{v_8}{\rho''} - \frac{\sin L_1 \cdot \sin L_4 \cdot \sin L_7 \cdot \sin L_{10}}{\sin L_2 \cdot \sin L_5 \cdot \sin L_8 \cdot \sin L_{11}} \cot L_{11} \frac{v_{11}}{\rho''} = 0
\end{aligned} \tag{4.2.11}$$

经化简式（4.2.11），整理后得

$$\cot L_1 v_1 - \cot L_2 v_2 + \cot L_4 v_4 - \cot L_5 v_5 + \cot L_7 v_7$$
$$- \cot L_8 v_8 + \cot L_{10} v_{10} - \cot L_{11} v_{11} + \rho'' \left(1 - \frac{\sin L_2 \sin L_5 \sin L_8 \sin L_{11}}{\sin L_1 \sin L_4 \sin L_7 \sin L_{10}}\right) = 0 \quad (4.2.12)$$

令 $w_{极} = \rho'' \left(1 - \frac{\sin L_2 \sin L_5 \sin L_8 \sin L_{11}}{\sin L_1 \sin L_4 \sin L_7 \sin L_{10}}\right)$，称为极条件闭合差。其中，$\rho'' = 206265''$，式（4.2.12）简写成

$$\cot L_1 v_1 - \cot L_2 v_2 + \cot L_4 v_4 - \cot L_5 v_5 + \cot L_7 v_7$$
$$- \cot L_8 v_8 + \cot L_{10} v_{10} - \cot L_{11} v_{11} + w_{极} = 0 \quad (4.2.13)$$

式（4.2.12）或式（4.2.13）为极条件的线性化方程。

非线性条件方程线性化问题，也可以先取对数，再按泰勒公式展开形成线性形式。

(2) 大地四边形的极条件式。

大地四边形中也存在着极条件。如图4.11所示，以 A 点为极，以 AB 边为起算边，在 $\triangle ABC$ 中可求得 AC，在 $\triangle ACD$ 中可求得 AD，再在 $\triangle ABD$ 中又可求得（回复到）AB。按边长比例，列出其关系式为

$$\frac{AC}{AB} \cdot \frac{AD}{AC} \cdot \frac{AB}{AD} = \frac{(\sin \hat{L}_2 + \hat{L}_3) \cdot \sin \hat{L}_5 \cdot \sin \hat{L}_7}{\sin \hat{L}_4 \cdot \sin(\hat{L}_6 + \hat{L}_7) \cdot \sin \hat{L}_2} = 1 \quad (4.2.14)$$

参照式（4.2.13），式（4.2.14）写成线性化后的极条件式为

$$\cot(L_2 + L_3)(v_2 + v_3) + \cot L_5 v_5 + \cot L_7 v_7 - \cot L_4 v_4$$
$$- \cot(L_6 + L_7)(v_6 + v_7) - \cot L_2 v_2 + w_{极} = 0 \quad (4.2.15)$$

用同样的方法还可列出以 B、C、D 为极的其他3个极条件式。不仅如此，还可以选择大地四边形的对角线交点 O（O 点不是三角点）为极列出极条件式。其列出的方法与形式和中点多边形类同。

图4.12是扇形，扇形是中点多边形的一种特例，即中心点落到多边形以外的折叠状中点多边形。此时以 O 点为极点 $(AO \to BO \to CO \to DO \to AO)$ 可直接列出极条件。

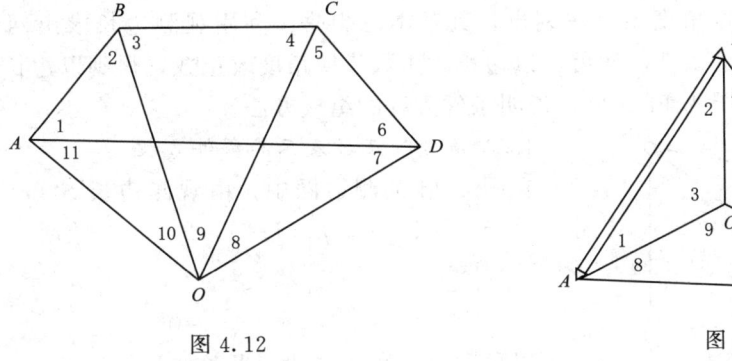

图 4.12　　　　　　　　图 4.13

【例 4.5】 图4.13为独立测角网，9个同精度观测值为：$L_1 = 30°52'39.2''$；$L_2 = 42°16'41.2''$；$L_3 = 105°50'40.6''$；$L_4 = 33°40'54.8''$；$L_5 = 20°58'26.4''$；$L_6 = 125°20'37.2''$；$L_7 = 23°45'12.5''$；$L_8 = 28°26'07.9''$；$L_9 = 127°48'39.0''$。试列出条件方程。

解：图形条件：
$$v_1 + v_2 + v_3 + 1.0 = 0$$

$$v_4+v_5+v_6-1.6=0$$
$$v_7+v_8+v_9-0.6=0$$

圆周条件：
$$v_3+v_6+v_9-3.2=0$$

极条件：以 O 点为极，列出极条件方程为
$$\frac{\overline{OA}}{\overline{OB}} \cdot \frac{\overline{OB}}{\overline{OC}} \cdot \frac{\overline{OC}}{\overline{OA}}=1$$

转化成三角函数比：
$$\frac{\sin\hat{L}_2 \cdot \sin\hat{L}_5 \cdot \sin\hat{L}_8}{\sin\hat{L}_1 \sin\hat{L}_4 \sin\hat{L}_7}-1=0$$

线性化：
$$-\cot L_1 v_1+\cot L_2 v_2-\cot L_4 v_4+\cot L_5 v_5-\cot L_7 v_7+\cot L_8 v_8+$$
$$\rho''\left(1-\frac{\sin\hat{L}_1 \cdot \sin\hat{L}_4 \cdot \sin\hat{L}_7}{\sin\hat{L}_2 \sin\hat{L}_5 \sin\hat{L}_8}\right)=0$$

代入观测数据计算系数，得
$$3.52v_1-2.31v_2+3.15v_4-5.49v_5+4.79v_7-3.89v_8-69.7=0$$

4.2.3.3 测边网条件方程

和测角网一样，测边网也可分解为三角形、大地四边形和中点多边形等三种基本图形。对于测边三角形，决定其形状和大小的必要观测为三条边长，即 $t=3$，此时 $r=n-t=3-3=0$，说明测边三角形不存在条件方程。对于大地四边形，要确定第一个三角形，必须观测其中 3 条边长，确定第二个三角形只需再增加 2 条边长，所以确定一个四边形的图形，必须观测 5 条边长，即 $t=5$，所以 $r=n-t=6-5=1$，存在一个条件方程。对于中点多边形，例如中点五边形，它由四个独立三角形组成，此时 $t=3+2\times 3=9$，故有 $r=n-t=10-9=1$。因此，测边网中的中点多边形与大地四边形个数之和，即为该网条件方程的总数，这类条件称为图形条件。

图形条件的列出，可利用角度闭合法、边长闭合法和面积闭合法等，本节仅介绍角度闭合法。

测边网的图形条件按角度闭合法列出，其基本思想是：利用观测边长求出网中的内角，列出角度间应满足的条件，然后，以边长改正数代换角度改正数，得到以边长改正数表示的图形条件。现以图 4.14 为例，说明条件方程的组成方法。

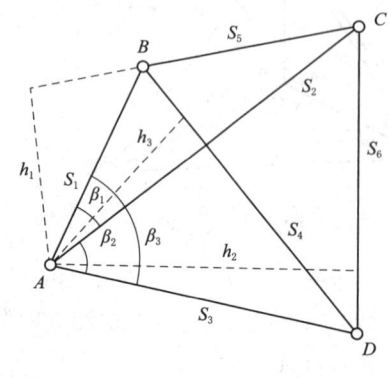

图 4.14

1. 以角度改正数表示的条件方程

在图 4.14 的测边网中，由观测边长 $S_i(i=1,2,3,\cdots,6)$ 算出角值 $\beta_j(j=1,2,3)$，此时，平差值条件方程为
$$\hat{\beta}_1+\hat{\beta}_2-\hat{\beta}_3=0$$

以角度改正数表示的图形条件为
$$v_{\beta_1}+v_{\beta_2}-v_{\beta_3}+w=0 \qquad (4.2.16)$$

式中
$$w=\beta_1+\beta_2-\beta_3$$

同样，在图 4.15 的测边中点三边形中，以角度改

正数表示的图形条件为

$$v_{\beta_1}+v_{\beta_2}+v_{\beta_3}+w=0 \tag{4.2.17}$$

式中

$$w=\beta_1+\beta_2+\beta_3-360°$$

上述条件中的角度改正数必须代换成观测值（边长）的改正数，才是图形条件的最终形式。为此，必须找出边长改正数和角度改正数之间的关系式。

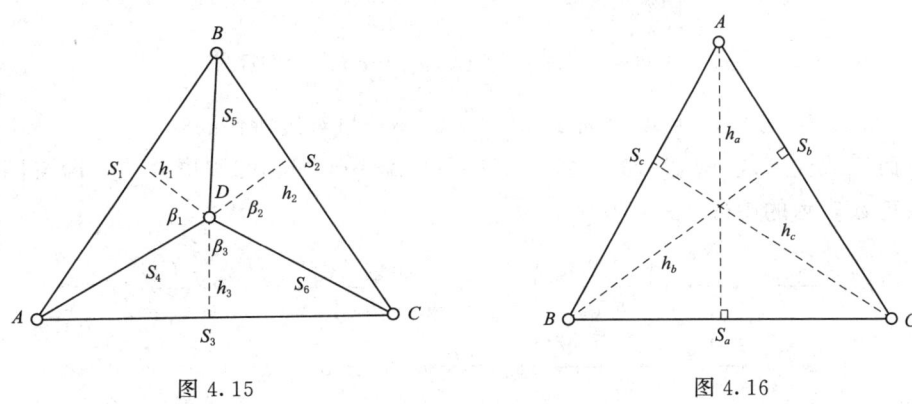

图 4.15　　　　　　　　　　图 4.16

2. 角度改正数与边长改正数的关系式

在图 4.16 中，由余弦定理可知

$$\hat{S}_a^2=\hat{S}_b^2+\hat{S}_c^2-2\hat{S}_b\hat{S}_c\cos A$$

微分得

$$2S_a dS_a=(2S_b-2S_c\cos A)dS_b+(2S_c-2S_b\cos A)dS_c+2S_bS_c\sin A\, dA$$

$$dA=\frac{1}{S_bS_c\sin A}[S_a dS_a-(S_b-S_c\cos A)dS_b-(S_c-S_b\cos A)dS_c] \tag{4.2.18}$$

由图 4.16 可知

$$S_bS_c\sin A=S_b h_b=（2\text{倍三角形面积}）=S_a h_a$$

$$S_b-S_c\cos A=S_a\cos C,\ S_c-S_b\cos A=S_a\cos B$$

故有

$$dA=\frac{1}{h_a}(dS_a-\cos C\, dS_b-\cos B\, dS_c) \tag{4.2.19}$$

将式（4.2.19）中的微分换成相应的改正数，同时考虑到式中 dA 的单位是弧度，而角度改正数是以秒为单位，故式（4.2.19）可写成

$$v_A''=\frac{\rho''}{h_a}(v_{S_a}-\cos C v_{S_b}-\cos B v_{S_c}) \tag{4.2.20}$$

这就是角度改正数与三个边长改正数之间的关系式，以后称该式为角度改正数方程。式（4.2.20）规律极为明显，即任意一角（例如 A 角）的改正数等于其对边（S_a 边）的改正数与两个夹边（S_b、S_c 边）的改正数分别与其邻角余弦（S_b 边邻角为 C 角，S_c 边邻角为 B 角）乘积负值之和，再乘以 ρ'' 为分子，以该角至其对边之高（h_a）为分母的

分数。

3. 以边长改正数表示的图形条件方程

按照上述规律，可以写出图 4.14 中角 β_1、β_2、β_3 的角度改正数方程分别为

$$v_{\beta_1} = \frac{\rho''}{h_1}(v_{s_5} - \cos\angle ABC\, v_{s_1} - \cos\angle ACB\, v_{s_2})$$

$$v_{\beta_2} = \frac{\rho''}{h_2}(v_{s_6} - \cos\angle ACD\, v_{s_2} - \cos\angle ADC\, v_{s_3})$$

$$v_{\beta_3} = \frac{\rho''}{h_3}(v_{s_4} - \cos\angle ABD\, v_{s_1} - \cos\angle ADB\, v_{s_3})$$

式中：h_1、h_2、h_3 分别是从 A 点向 β_i（$i=1$，2，3）角对边所作的高。

将上面三式代入式（4.2.16），按 v_{s_i}（$i=1$，2，$\cdots$，6）的顺序并项，即得四边形的以边长改正数表示的图形条件：

$$\rho''\left(\frac{\cos\angle ABD}{h_3} - \frac{\cos\angle ABC}{h_1}\right)v_{s_1} - \rho''\left(\frac{\cos\angle ACB}{h_1} + \frac{\cos\angle ACD}{h_2}\right)v_{s_2} + \\ \rho''\left(\frac{\cos\angle ADB}{h_3} - \frac{\cos\angle ADC}{h_2}\right)v_{s_3} - \frac{\rho''}{h_3}v_{s_4} + \frac{\rho''}{h_1}v_{s_5} + \frac{\rho''}{h_2}v_{s_6} + w = 0 \quad (4.2.21)$$

如果图形中出现已知边时，在条件方程中要把相应于该边的改正数项舍去。

对于图 4.15 中的中点三边形来说，β_1、β_2、β_3 的改正数与各边改正数的关系式为

$$v_{\beta_1} = \frac{\rho''}{h_1}(v_{s_1} - \cos\angle DAB\, v_{s_4} - \cos\angle DBA\, v_{s_5})$$

$$v_{\beta_2} = \frac{\rho''}{h_2}(v_{s_2} - \cos\angle DBC\, v_{s_5} - \cos\angle DCB\, v_{s_6})$$

$$v_{\beta_3} = \frac{\rho''}{h_3}(v_{s_3} - \cos\angle DCA\, v_{s_6} - \cos\angle DAC\, v_{s_4})$$

将上述关系代入式（4.2.17），并按 v_{s_i}（$i=1$，2，$\cdots$，6）的顺序并项，即得中点三边形的图形条件：

$$\frac{\rho''}{h_1}v_{s_1} + \frac{\rho''}{h_2}v_{s_2} + \frac{\rho''}{h_3}v_{s_3} - \rho''\left(\frac{\cos\angle DAB}{h_1} + \frac{\cos\angle DAC}{h_3}\right)v_{s_4} \\ -\rho''\left(\frac{\cos\angle DBA}{h_1} + \frac{\cos\angle DBC}{h_2}\right)v_{s_5} - \rho''\left(\frac{\cos\angle DCB}{h_2} + \frac{\cos\angle DCA}{h_3}\right)v_{s_6} + w = 0$$

$$(4.2.22)$$

$$w = \beta_1 + \beta_2 + \beta_3 - 360°$$

在具体计算图形条件的系数和闭合差时，一般取边长改正数的单位为 cm，高 h 的单位为 km，ρ'' 取 2.062，而闭合差 w 的单位为（″）。由观测边长计算系数中的角值（图 4.16），可按余弦定理或下式计算

$$\tan\frac{A}{2} = \frac{r}{p - S_a}, \quad \tan\frac{B}{2} = \frac{r}{p - S_b}, \quad \tan\frac{C}{2} = \frac{r}{p - S_c} \quad (4.2.23)$$

式中

$$p=(S_a+S_b+S_c)/2,\ r=\sqrt{\frac{(p-S_a)(p-S_b)(p-S_c)}{p}}$$

而高 h 为

$$h_a=S_b\sin C=S_c\sin B$$
$$h_b=S_a\sin C=S_c\sin A \quad (4.2.24)$$
$$h_c=S_a\sin ab=S_b\sin A$$

【例 4.6】 如图 4.17 是一个测边中点四边形，其中 A 点坐标 (X_A,Y_A) 和 AB 边坐标方位角 α_{AB} 为已知，B、C、D、E 点为待定点，现观测边长 $s_i(i=1,2,\cdots,8)$，试列立条件方程。

解： 本题中，观测总数 $n=8$，必要观测数 $t=7$，多余观测数 $r=1$。

设 L_1、L_2、$\cdots$、L_{12} 是根据边长观测值计算而得的相应角度，h_2、h_5、h_8、h_{11} 分别为角 L_2、L_5、L_8、L_{11} 在相应三角形中的高，由计算得到。则测边中点四边形条件方程为

$$\hat{L}_2+\hat{L}_5+\hat{L}_8+\hat{L}_{11}-360°=0 \quad (4.2.25)$$

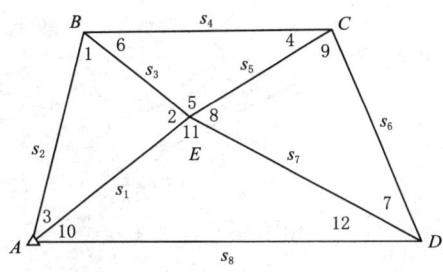

图 4.17

式 (4.2.25) 仍称为圆周角条件方程式。因为

$$\hat{L}_i=L_i+v_i \quad (4.2.26)$$

将式 (4.2.26) 代入式 (4.2.25) 得

$$L_2+v_2+L_5+v_5+L_8+v_8+L_{11}+v_{11}-360°=0$$

令

$$w=L_2+L_5+L_8+L_{11}-360°$$

所以角度改正数表示的条件方程为

$$v_2+v_5+v_8+v_{11}+w=0 \quad (4.2.27)$$

因为

$$\begin{aligned}
v_2&=\frac{\rho''}{h_2}(v_{s_2}-\cos L_3\,v_{s_1}-\cos L_1\,v_{s_3})\\
v_5&=\frac{\rho''}{h_5}(v_{s_4}-\cos L_6\,v_{s_3}-\cos L_4\,v_{s_5})\\
v_8&=\frac{\rho''}{h_8}(v_{s_6}-\cos L_9\,v_{s_5}-\cos L_7\,v_{s_7})\\
v_{11}&=\frac{\rho''}{h_{11}}(v_{s_8}-\cos L_{12}\,v_{s_7}-\cos L_{10}\,v_{s_1})
\end{aligned} \quad (4.2.28)$$

将式 (4.2.28) 代入式 (4.2.27)，并整理得以边长改正数表示的条件方程

$$\begin{aligned}
&-\left(\frac{\rho''}{h_2}\cos L_3+\frac{\rho''}{h_{11}}\cos L_{10}\right)v_{s_1}+\frac{\rho''}{h_2}v_{s_2}-\left(\frac{\rho''}{h_2}\cos L_1+\frac{\rho''}{h_5}\cos L_6\right)v_{s_3}\\
&+\frac{\rho''}{h_5}v_{s_4}-\left(\frac{\rho''}{h_5}\cos L_4+\frac{\rho''}{h_8}\cos L_9\right)v_{s_5}+\frac{\rho''}{h_8}v_{s_6}-\left(\frac{\rho''}{h_8}\cos L_7+\frac{\rho''}{h_{11}}\cos L_{12}\right)v_{s_7}\\
&+\frac{\rho''}{h_{11}}v_{s_8}+w=0
\end{aligned}$$

4.2.4 以坐标为观测值的条件方程

数字化所得数据是数字化仪或扫描仪对地面点坐标数字化得出的坐标值，该坐标值是仪器机械坐标系统的坐标，经坐标变换得到地面坐标系统中的坐标值。由于数字化过程有误差，这些坐标被认为是一组观测值而参与平差。下面举例说明。

4.2.4.1 直角与直线型的条件方程

设有数字化坐标观测值 (X_h, Y_h)、(X_j, Y_j) 和 (X_k, Y_k)，如图 4.18 所示。坐标平差值为 $\hat{X} = X + v_x$，$\hat{Y} = Y + v_y$，β_0 为应有值，如果两条直线垂直，则 $\beta_0 = 90°$ 或 $270°$；如 h、j、k 三个点在同一条直线上，则 $\beta_0 = 180°$ 或 $0°$。

故有条件方程为

$$\hat{\alpha}_{jk} - \hat{\alpha}_{jh} = \beta_0 \quad (4.2.29)$$

或

$$\arctan\frac{(Y_k + v_{y_k}) - (Y_j + v_{y_j})}{(X_k + v_{x_k}) - (X_j + v_{x_j})}$$
$$-\arctan\frac{(Y_h + v_{y_h}) - (Y_j + v_{y_j})}{(X_h + v_{x_h}) - (X_j + v_{x_j})} - \beta_0 = 0$$

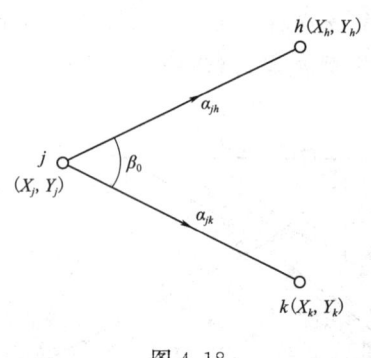

图 4.18

式中左端的第一项为

$$\hat{\alpha}_{jk} = \arctan\frac{(Y_k + v_{y_k}) - (Y_j + v_{y_j})}{(X_k + v_{x_k}) - (X_j + v_{x_j})}$$

将上式右端按泰勒公式展开，得

$$\hat{\alpha}_{jk} = \arctan\frac{Y_k - Y_j}{X_k - X_j} + \left(\frac{\partial \hat{\alpha}_{jk}}{\partial \hat{X}_j}\right)_0 v_{x_j} + \left(\frac{\partial \hat{\alpha}_{jk}}{\partial \hat{Y}_j}\right)_0 v_{y_j} + \left(\frac{\partial \hat{\alpha}_{jk}}{\partial \hat{X}_k}\right)_0 v_{x_k} + \left(\frac{\partial \hat{\alpha}_{jk}}{\partial \hat{Y}_k}\right)_0 v_{y_k}$$

(4.2.30)

令

$$\alpha_{jk}^0 = \arctan\frac{Y_k - Y_j}{X_k - X_j}$$

$$\delta\alpha_{jk} = \left(\frac{\partial \hat{\alpha}_{jk}}{\partial \hat{X}_j}\right)_0 v_{x_j} + \left(\frac{\partial \hat{\alpha}_{jk}}{\partial \hat{Y}_j}\right)_0 v_{y_j} + \left(\frac{\partial \hat{\alpha}_{jk}}{\partial \hat{X}_k}\right)_0 v_{x_k} + \left(\frac{\partial \hat{\alpha}_{jk}}{\partial \hat{Y}_k}\right)_0 v_{y_k}$$

式中 $()_0$ 表示用坐标观测值代替坐标平差值计算的偏导数值。于是式（4.2.30）又可写为

$$\hat{\alpha}_{jk} = \alpha_{jk}^0 + \delta\alpha_{jk}$$

因为

$$\left(\frac{\partial \hat{\alpha}_{jk}}{\partial \hat{X}_j}\right)_0 = \frac{Y_k - Y_j}{(X_k - X_j)^2 + (Y_k - Y_j)^2} = \frac{\Delta Y_{jk}^0}{(S_{jk}^0)^2}$$

$$\left(\frac{\partial \hat{\alpha}_{jk}}{\partial \hat{Y}_j}\right)_0 = -\frac{\Delta X_{jk}^0}{(S_{jk}^0)^2}$$

$$\left(\frac{\partial \hat{\alpha}_{jk}}{\partial \hat{X}_k}\right)_0 = -\frac{\Delta Y_{jk}^0}{(S_{jk}^0)^2}$$

$$\left(\frac{\partial \hat{\alpha}_{jk}}{\partial \hat{Y}_k}\right)_0 = \frac{\Delta X_{jk}^0}{(S_{jk}^0)^2}$$

将上列结果代入式（4.2.30），并顾及全式的单位得

$$\hat{\alpha}_{jk} = \alpha_{jk}^0 + \frac{\rho'' \Delta Y_{jk}^0}{(S_{jk}^0)^2} v_{x_j} - \frac{\rho'' \Delta X_{jk}^0}{(S_{jk}^0)^2} v_{y_j} - \frac{\rho'' \Delta Y_{jk}^0}{(S_{jk}^0)^2} v_{x_k} + \frac{\rho'' \Delta X_{jk}^0}{(S_{jk}^0)^2} v_{y_k} \quad (4.2.31)$$

同理可得

$$\hat{\alpha}_{jh} = \alpha_{jh}^0 + \frac{\rho'' \Delta Y_{jh}^0}{(S_{jh}^0)^2} v_{x_j} - \frac{\rho'' \Delta X_{jh}^0}{(S_{jh}^0)^2} v_{y_j} - \frac{\rho'' \Delta Y_{jh}^0}{(S_{jh}^0)^2} v_{x_h} + \frac{\rho'' \Delta X_{jh}^0}{(S_{jh}^0)^2} v_{y_h} \quad (4.2.32)$$

将式（4.2.31）、式（4.2.32）两式代入式（4.2.29），即得条件方程为

$$\begin{aligned}\rho''\left[\frac{\Delta Y_{jk}^0}{(S_{jk}^0)^2} - \frac{\Delta Y_{jh}^0}{(S_{jh}^0)^2}\right]v_{x_j} - \rho''\left[\frac{\Delta X_{jk}^0}{(S_{jk}^0)^2} - \frac{\Delta X_{jh}^0}{(S_{jh}^0)^2}\right]v_{y_j} \\ -\rho''\frac{\Delta Y_{jk}^0}{(S_{jk}^0)^2}v_{x_k} + \rho''\frac{\Delta X_{jk}^0}{(S_{jk}^0)^2}v_{y_k} + \frac{\Delta Y_{jh}^0}{(S_{jh}^0)^2}v_{x_h} - \frac{\Delta X_{jh}^0}{(S_{jh}^0)^2}v_{y_h} + w = 0\end{aligned} \quad (4.2.33)$$

及

$$w = \alpha_{jk}^0 - \alpha_{jh}^0 - \beta_0 \quad (4.2.34)$$

4.2.4.2 距离型的条件方程

数字化所得两点间距离应与已知值相符合，为此所组成的条件方程称为距离型条件方程。设点 $(\hat{X}_j, \hat{Y}_j)$ 与点 $(\hat{X}_k, \hat{Y}_k)$ 之间的距离已知值为 S_0，则其条件方程为

$$\sqrt{(\hat{X}_k - \hat{X}_j)^2 + (\hat{Y}_k - \hat{Y}_j)^2} = S_0$$

将数字化坐标观测值及其改正数代入，并用泰勒公式展开取至一次项，得条件方程为

$$-\frac{\Delta X_{jk}^0}{S_{jk}^0}v_{x_j} - \frac{\Delta Y_{jk}^0}{S_{jk}^0}v_{y_j} + \frac{\Delta X_{jk}^0}{S_{jk}^0}v_{x_k} + \frac{\Delta Y_{jk}^0}{S_{jk}^0}v_{y_k} + w_s = 0 \quad (4.2.35)$$

其中

$$w_s = S_{jk}^0 - S_0 = \sqrt{(X_k - X_j)^2 + (Y_k - Y_j)^2} - S_0 \quad (4.2.36)$$

4.3 条件平差法方程

条件方程列出以后，下一步工作就是组成法方程。法方程系数的计算必须仔细、认真，不能出错。

法方程的系数由条件方程系数和观测值的权组成，法方程的自由项就是条件方程的自由项，法方程的个数等于多余观测数 r。

4.3.1 法方程系数计算

法方程式为

$$AP^{-1}A^\mathrm{T}K + W = 0$$

由 4.1 可知，法方程系数为

$$N_{aa}=AP^{-1}A^{\mathrm{T}}=\begin{bmatrix} a_1 & a_2 & \cdots & a_n \\ b_1 & b_2 & \cdots & b_n \\ \vdots & \vdots & \ddots & \vdots \\ r_1 & r_2 & \cdots & r_n \end{bmatrix}\begin{bmatrix} \dfrac{1}{p_1} & 0 & 0 & 0 \\ 0 & \dfrac{1}{p_2} & 0 & 0 \\ \vdots & \vdots & \ddots & \vdots \\ 0 & 0 & 0 & \dfrac{1}{p_n} \end{bmatrix}\begin{bmatrix} a_1 & a_2 & \cdots & a_n \\ b_1 & b_2 & \cdots & b_n \\ \vdots & \vdots & \ddots & \vdots \\ r_1 & r_2 & \cdots & r_n \end{bmatrix}^{\mathrm{T}}$$

$$=\begin{bmatrix} \left[\dfrac{aa}{p}\right] & \left[\dfrac{ab}{p}\right] & \cdots & \left[\dfrac{ar}{p}\right] \\ \left[\dfrac{ab}{p}\right] & \left[\dfrac{bb}{p}\right] & \cdots & \left[\dfrac{br}{p}\right] \\ \vdots & \vdots & \ddots & \vdots \\ \left[\dfrac{ar}{p}\right] & \left[\dfrac{br}{p}\right] & \cdots & \left[\dfrac{rr}{p}\right] \end{bmatrix} \tag{4.3.1}$$

法方程系数是以对角线为对称的。

记住法方程系数计算的代数公式：

$$\begin{aligned}
\left[\frac{aa}{p}\right] &= \frac{a_1 a_1}{p_1}+\frac{a_2 a_2}{p_2}+\cdots+\frac{a_n a_n}{p_n} & \left[\frac{bb}{p}\right] &= \frac{b_1 b_1}{p_1}+\frac{b_2 b_2}{p_2}+\cdots+\frac{b_n b_n}{p_n} \\
\left[\frac{ab}{p}\right] &= \frac{a_1 b_1}{p_1}+\frac{a_2 b_2}{p_2}+\cdots+\frac{a_n b_n}{p_n}, & \left[\frac{bc}{p}\right] &= \frac{b_1 c_1}{p_1}+\frac{b_2 c_2}{p_2}+\cdots+\frac{b_n c_n}{p_n} \\
&\cdots \\
\left[\frac{ar}{p}\right] &= \frac{a_1 r_1}{p_1}+\frac{a_2 r_2}{p_2}+\cdots+\frac{a_n r_n}{p_n} & \left[\frac{br}{p}\right] &= \frac{b_1 r_1}{p_1}+\frac{b_2 r_2}{p_2}+\cdots+\frac{b_n r_n}{p_n} \\
&\cdots \\
\left[\frac{rr}{p}\right] &= \frac{r_1 r_1}{p_1}+\frac{r_2 r_2}{p_2}+\cdots+\frac{r_n r_n}{p_n}
\end{aligned} \tag{4.3.2}$$

这些系数计算，表面上看项数很多，实际计算中，很多对应项为零的，并不复杂。

条件方程较多时，法方程系数用矩阵计算，工作量较大，容易出错。这时，可以用特定的表格计算或用 VB、VC 编写计算机程序计算。

下面两个例题分别用矩阵和代数公式计算法方程系数。

【例 4.7】 根据某一平差问题，所列条件方程为

$$v_1+v_2+v_3+8=0$$
$$v_4+v_5+v_6-9=0$$
$$v_1+v_4+7=0$$
$$1.8v_2-0.3v_3+v_5-v_6-5=0$$

观测值的权倒数阵为

$$\frac{1}{P}=\begin{bmatrix} 2 & 0 & 0 & 0 & 0 & 0 \\ 0 & 1 & 0 & 0 & 0 & 0 \\ 0 & 0 & 1 & 0 & 0 & 0 \\ 0 & 0 & 0 & 4 & 0 & 0 \\ 0 & 0 & 0 & 0 & 3 & 0 \\ 0 & 0 & 0 & 0 & 0 & 2.5 \end{bmatrix}$$

试组成法方程。

解：条件方程系数阵和常数项阵为

$$A = \begin{bmatrix} 1 & 1 & 1 & 0 & 0 & 0 \\ 0 & 0 & 0 & 1 & 1 & 1 \\ 1 & 0 & 0 & 0 & 1 & 0 \\ 0 & 1.8 & -0.3 & 0 & 1 & -1 \end{bmatrix}, \quad W = \begin{bmatrix} 8 \\ -9 \\ 7 \\ -5 \end{bmatrix}$$

法方程为

$$AP^{-1}A^{\mathrm{T}}K + W = 0$$

应用矩阵相乘计算系数阵：

$$N_{aa} = AP^{-1}A^{\mathrm{T}} = \begin{bmatrix} 1 & 1 & 1 & 0 & 0 & 0 \\ 0 & 0 & 0 & 1 & 1 & 1 \\ 1 & 0 & 0 & 0 & 1 & 0 \\ 0 & 1.8 & -0.3 & 0 & 1 & -1 \end{bmatrix} \begin{bmatrix} 2 & 0 & 0 & 0 & 0 & 0 \\ 0 & 1 & 0 & 0 & 0 & 0 \\ 0 & 0 & 1 & 0 & 0 & 0 \\ 0 & 0 & 0 & 4 & 0 & 0 \\ 0 & 0 & 0 & 0 & 3 & 0 \\ 0 & 0 & 0 & 0 & 0 & 2.5 \end{bmatrix} \begin{bmatrix} 1 & 0 & 1 & 0 \\ 1 & 0 & 0 & 1.8 \\ 1 & 0 & 0 & -0.3 \\ 0 & 1 & 0 & 0 \\ 0 & 1 & 1 & 1 \\ 0 & 1 & 0 & -1 \end{bmatrix}$$

$$= \begin{bmatrix} 4 & 0 & 2 & 1.5 \\ 0 & 9.5 & 3 & 0.5 \\ 2 & 3 & 5 & 3 \\ 1.5 & 0.5 & 3 & 8.83 \end{bmatrix}$$

法方程为

$$\begin{bmatrix} 4 & 0 & 2 & 1.5 \\ 0 & 9.5 & 3 & 0.5 \\ 2 & 3 & 5 & 3 \\ 1.5 & 0.5 & 3 & 8.83 \end{bmatrix} \begin{bmatrix} k_1 \\ k_2 \\ k_3 \\ k_4 \end{bmatrix} + \begin{bmatrix} 8 \\ -9 \\ 7 \\ -5 \end{bmatrix} = 0$$

【例 4.8】 在如图 4.19 所示水准网中，已知 A、B、C 点的高程为 $H_A = 10.000$m，$H_B = 10.500$m，$H_C = 12.000$m，P_1、P_2 点为待定点，四段观测高差为

$$h = [2.500, \ 2.000, \ 1.352, \ 1.851]^{\mathrm{T}} \mathrm{m},$$

权阵为：$P = \begin{bmatrix} 0.5 & 0 & 0 & 0 \\ 0 & 0.5 & 0 & 0 \\ 0 & 0 & 1 & 0 \\ 0 & 0 & 0 & 1 \end{bmatrix}$，试列出条件方程，

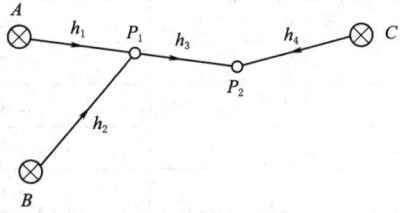

图 4.19

并组成法方程。

解：$t = 2$，$r = 4 - 2 = 2$，有 2 个条件方程。

平差值条件方程：

$$H_A + \hat{h}_1 - \hat{h}_2 - H_B = 0$$
$$H_A + \hat{h}_1 + \hat{h}_3 - \hat{h}_4 - H_C = 0$$

代入已知数值，得到条件方程：

$$v_1 - v_2 = 0$$
$$v_1 + v_3 - v_4 + 1 = 0$$

法方程系数计算
$$\left[\frac{aa}{p}\right] = \frac{a_1^2}{p_1} + \frac{a_2^2}{p_2} + \frac{a_3^2}{p_3} + \frac{a_4^2}{p_4} = 2 + 2 + 0 + 0 = 4$$
$$\left[\frac{ab}{p}\right] = \frac{a_1 b_1}{p_1} + \frac{a_2 b_2}{p_2} + \frac{a_3 b_3}{p_3} + \frac{a_4 b_4}{p_4} = 2 + 0 + 0 + 0 = 2$$
$$\left[\frac{bb}{p}\right] = \frac{b_1^2}{p_1} + \frac{b_2^2}{p_2} + \frac{b_3^2}{p_3} + \frac{b_4^2}{p_4} = 2 + 0 + 1 + 1 = 4$$

组成法方程
$$4k_1 + 2k_2 = 0$$
$$2k_1 + 4k_2 + 1 = 0$$

4.3.2 法方程解算

法方程组成无误后,接着就是解算法方程,求出联系数 K 值。法方程解算方法很多,可分为两大类:直接法和迭代法。本节介绍直接法。

法方程的矩阵表达式为

$$AP^{-1}A^{\mathrm{T}}K + W = 0 \qquad (4.3.3)$$
$$N_{aa} = AP^{-1}A^{\mathrm{T}}$$
$$N_{aa}K + W = 0$$

方程两边同时左乘 N_{aa}^{-1},并移项,得

$$K = -N_{aa}^{-1} W$$

N_{aa}^{-1} 是法方程系数阵的逆阵。解算出联系数 K 后,代入改正数方程,计算观测值的改正数,进而求出观测值的平差值。

【**例 4.9**】 如图 4.20 所示,A、B 是已知的高程点,P_1、P_2、P_3 是待定点。已知数据与观测数据列于表 4.1。按条件平差法组成法方程,求出联系数 K,并计算高差平差值及待定点高程。

表 4.1

路 线 号	观测高差/m	路线长度/km	已知高程/m
1	+1.359	1.1	
2	+2.009	1.7	
3	+0.363	2.3	$H_A = 5.016$
4	+1.012	2.7	$H_B = 6.016$
5	+0.657	2.4	
6	+0.238	1.4	
7	-0.595	2.6	

解:1. 列条件方程

$$t = 5 - 1 - 1 = 3$$
$$r = n - t = 7 - 3 = 4$$

4.3 条件平差法方程

$$\hat{h}_1 - \hat{h}_2 + \hat{h}_5 = 0 \qquad v_1 - v_2 + v_5 + 7 = 0$$
$$\hat{h}_3 - \hat{h}_4 + \hat{h}_5 = 0 \qquad v_3 - v_4 + v_5 + 8 = 0$$
$$\hat{h}_3 + \hat{h}_6 + \hat{h}_7 = 0 \qquad v_3 + v_6 + v_7 + 6 = 0$$
$$H_A + \hat{h}_2 - \hat{h}_4 - H_B = 0 \qquad v_2 - v_4 - 3 = 0$$

$$A = \begin{bmatrix} 1 & -1 & 0 & 0 & 1 & 0 & 0 \\ 0 & 0 & 1 & -1 & 1 & 0 & 0 \\ 0 & 0 & 1 & 0 & 0 & 1 & 1 \\ 0 & 1 & 0 & -1 & 0 & 0 & 0 \end{bmatrix} \quad W = \begin{bmatrix} -7 \\ -8 \\ -6 \\ +3 \end{bmatrix}$$

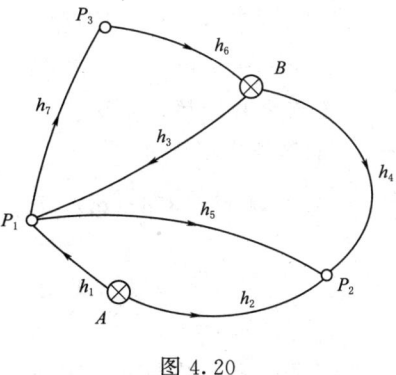

图 4.20

2. 定权

取 $C=1$，则：

$$\frac{1}{P} = \begin{bmatrix} 1.1 & & & & & & \\ & 1.7 & & & & & \\ & & 2.3 & & & & \\ & & & 2.7 & & & \\ & & & & 2.4 & & \\ & & & & & 1.4 & \\ & & & & & & 2.6 \end{bmatrix}$$

3. 形成法方程

$$\begin{bmatrix} 5.2 & 2.4 & 0 & -1.7 \\ 2.4 & 7.4 & 2.3 & 2.7 \\ 0 & 2.3 & 6.3 & 0 \\ -1.7 & 2.7 & 0 & 4.1 \end{bmatrix} \begin{bmatrix} k_1 \\ k_2 \\ k_3 \\ k_4 \end{bmatrix} - \begin{bmatrix} -7 \\ -8 \\ -6 \\ +3 \end{bmatrix} = 0$$

4. 解算法方程

$$K^T = \begin{bmatrix} -0.2226 & -1.4028 & -0.4414 & 1.4568 \end{bmatrix}^T$$

5. 计算高差改正数

$$v_i = \frac{1}{p_i}(a_i k_a + b_i k_b + \cdots + r_i k_r)$$

$$v_1 = \frac{1}{p_1}(a_1 k_1 + b_1 k_2 + c_1 k_3 + d_1 k_4) = 1.1 \times (1 \times -0.2226 + 0 + 0 + 0) = -0.245 (\text{mm})$$

$$v_2 = \frac{1}{p_2}(a_2 k_1 + b_2 k_2 + c_2 k_3 + d_2 k_4) = 1.7 \times (-1 \times -0.2226 + 0 + 0 + 1 \times 1.4568) = 2.855 (\text{mm})$$

$$v_3 = \frac{1}{p_2}(a_3 k_1 + b_3 k_2 + c_3 k_3 + d_3 k_4) = 2.3 \times (0 + 1 \times -1.4028 + 1 \times -0.4414 + 0) = -4.242 (\text{mm})$$

依次算得

$$v_4 = -0.146 \text{mm}, \quad v_5 = -3.90 \text{mm}, \quad v_6 = -0.618 \text{mm}, \quad v_7 = -1.148 \text{mm}$$

6. 观测值平差值计算

$$\hat{h}_1 = h_1 + v_1 = 1.3588(\text{m}), \quad \hat{h}_2 = h_2 + v_2 = 2.0119(\text{m}), \quad \hat{h}_3 = h_3 + v_3 = 0.3588(\text{m})$$

$\hat{h}_4 = h_4 + v_4 = 1.0119(\text{m})$, $\hat{h}_5 = h_5 + v_5 = 0.6531(\text{m})$, $\hat{h}_6 = h_6 + v_6 = 0.2374(\text{m})$

$\hat{h}_7 = h_7 + v_7 = -0.5962(\text{m})$

代入平差值方程检核，无误。

7. 未知点高程计算

$H_{P_1} = H_A + \hat{h}_1 = 6.3748(\text{m})$，$H_{P_2} = H_A + \hat{h}_2 = 7.0279(\text{m})$，$H_{P_3} = H_B - \hat{h}_6 = 5.7786(\text{m})$

4.4　条件平差的精度评定

为了了解平差结果是否达到预期的精度，是否满足生产要求，还必须对平差结果评定精度。

4.4.1　单位权中误差的计算

单位权中误差的计算公式：

$$\sigma_0 = \pm\sqrt{\frac{[pvv]}{n-t}} = \pm\sqrt{\frac{[pvv]}{r}} \tag{4.4.1}$$

式中：n 为观测量的总数；t 是必要观测的个数。

为了计算单位权中误差，先必须计算 $[pvv] = V^T P V$。$[pvv]$ 可用下列几种方法计算。

（1）用改正数 v_i 直接计算。

$$V^T P V = [pvv] = p_1 v_1^2 + p_2 v_2^2 + \cdots + p_n v_n^2 \tag{4.4.2}$$

（2）用法方程的联系数及自由项计算。

r 个条件方程：

$$\left.\begin{array}{l}[av] = -w_a \\ [bv] = -w_b \\ \cdots \\ [rv] = -\omega_r\end{array}\right\} \tag{4.4.3}$$

其改正数方程为

$$\left.\begin{array}{l}v_1 = \dfrac{1}{p_1}(a_1 k_a + b_1 k_b + \cdots + r_1 k_r) \\ v_2 = \dfrac{1}{p_2}(a_2 k_a + b_2 k_b + \cdots + r_2 k_r) \\ \cdots \\ v_n = \dfrac{1}{p_n}(a_n k_a + b_n k_b + \cdots + r_n k_r)\end{array}\right\} \tag{4.4.4}$$

以 $p_i v_i (i = 1, 2, \cdots, n)$ 分别乘上列改正数相应各式，再纵列相加后得

$$[pvv] = [av] k_a + [bv] k_b + \cdots + [rv] k_r \tag{4.4.5}$$

将式（4.4.3）代入上式，便得

$$[pvv] = -w_a k_a - w_b k_b - \cdots - w_r k_r \tag{4.4.6}$$

即 $[pvv]$ 等于法方程自由项与相应联系数的乘积和,并将其反号。

（3）用矩阵计算。

若用矩阵公式推导同样可得上面的结果。

式（4.4.3）表示为：$AV=-W$，而改正数方程 $V=P^{-1}A^TK$，故

$$V^TPV=V^TPP^{-1}A^TK=V^TA^TK=(AV)^TK=-W^TK \qquad (4.4.7)$$

这就是式（4.4.6）的矩阵计算式。

4.4.2 平差值函数的中误差计算

在进行精度评定时,除了计算单位权中误差、观测值中误差外,还要计算平差值函数的中误差。所谓平差值函数,就是用平差值计算的某些函数量。在条件平差中,经平差计算,首先得到的是各个观测量的平差值。例如水准网平差先得到的是观测高差的平差值,测角网先得到的是观测角度的平差值。但是,水准网平差后要求得到的是各待定点的平差高程,测角网平差后要求边长方位角、边长、坐标等平差值,这些都是平差值的函数。评定这类量值的精度,就是求平差值函数中误差。

由第 2 章可知,在推导方差传播律的过程中,是以独立自变量为前提的。因此,在应用协方差传播定律求平差值函数的中误差时,首先要将平差值函数化为独立观测值的函数。例如,求测角网平差值函数的中误差时,应当注意,该平差值 $\hat{L}$ 相互并不独立,这是因为平差值 $\hat{L}$ 等于独立观测值 L 加改正数 V，V 是由改正数方程求得。因此,V 是联系数 K 的函数,而 K 又是从同一法方程组中解算得出的,因此 K 又是闭合差 W 的函数,而 W 才是独立观测值 L 的函数。所以,$\hat{L}$ 是 L 的复合函数。

为了求平差值函数的中误差,首先必须将以平差值 $\hat{L}$ 为自变量的函数化为以独立观测值 L 为自变量的函数。平差值函数有线性和非线性两种形式。下面先讨论平差值的线性函数,然后推广到非线性函数。

计算这些函数的方差,先要计算这些函数的协因数,再用协因数公式计算方差。

4.4.2.1 平差值的协因数计算

观测值向量 L，其协因数阵为 $Q=P^{-1}$，根据条件平差,有

$$V=P^{-1}A^TK=QA^TK$$
$$K=-N^{-1}W=-N^{-1}(AL+A_0)$$
$$V=-QA^TN^{-1}(AL+A_0)=-QA^TN^{-1}AL-QA^TN^{-1}A_0$$

有

$$\hat{L}=L+V=L-QA^TN^{-1}AL-QA^TN^{-1}A_0=(I-QA^TN^{-1}A)L-QA^TN^{-1}A_0$$

应用协因数传播定律计算,并整理后得

$$Q_{\hat{L}\hat{L}}=Q-QA^TN^{-1}AQ$$

4.4.2.2 平差值函数的协因数计算

设平差值线性函数的一般形式为

$$F=f_1\hat{L}_1+f_2\hat{L}_2+\cdots+f_n\hat{L}_n+f_0 \qquad (4.4.8)$$

式中：f_i 为平差值 $\hat{L}_i$ 的系数；f_0 为不包含误差的自由项。

令
$$f = \begin{pmatrix} f_1 \\ f_2 \\ \vdots \\ f_n \end{pmatrix} \quad \hat{L} = \begin{pmatrix} \hat{L}_1 \\ \hat{L}_2 \\ \vdots \\ \hat{L}_n \end{pmatrix}$$

$$F = f^\mathrm{T} \hat{L} + f_0$$

求平差值函数的协因数一种方法是应用平差值协因数阵 $Q_{\hat{L}\hat{L}}$ 计算。根据协因数传播定律，有

$$\frac{1}{P_F} = Q_{FF} = f^\mathrm{T} Q_{\hat{L}\hat{L}} f \tag{4.4.9}$$

对于非线性函数，线性化后，用观测值计算出 f_i，再应用该公式计算。

实际上，$Q_{\hat{L}\hat{L}}$ 是几个矩阵运算，计算量很大，适用于编程计算。如果应用观测值协因数阵 Q_{LL} 计算，可以减小计算量。下面介绍用观测值协因数阵 Q_{LL} 计算平差值函数的协因数第二种方法。

为了将平差值函数 F 逐步化为观测值的函数，现将 $\hat{L} = L + V$ 代入式（4.4.8），得

$$F = f_1 L_1 + f_2 L_2 + \cdots + f_n L_n + f_0 + f_1 v_1 + f_2 v_2 + \cdots + f_n v_n \tag{4.4.10}$$

令
$$f = \begin{pmatrix} f_1 \\ f_2 \\ \vdots \\ f_n \end{pmatrix} \quad L = \begin{pmatrix} L_1 \\ L_2 \\ \vdots \\ L_n \end{pmatrix} \quad v = \begin{pmatrix} v_1 \\ v_2 \\ \vdots \\ v_n \end{pmatrix}$$

平差值函数式写成矩阵式：

$$F = f^\mathrm{T} L + f^\mathrm{T} V + f_0 \tag{4.4.11}$$

为了将 F 化为观测值的函数，需将式（4.4.11）中的 V 化为联系数 K 的函数，进一步化为观测值 L 的函数。

改正数方程为

$$V_i = \frac{1}{p_i}(a_i k_a + b_i k_b + \cdots + r_i k_r) \quad i = 1, 2, \cdots, n$$

即
$$V = P^{-1} A^\mathrm{T} K$$

将改正数方程代入式（4.4.11），则有

$$F = f^\mathrm{T} L + f^\mathrm{T} P^{-1} A^\mathrm{T} K + f_0 \tag{4.4.12}$$

$K = -N^{-1} W$，将此式代入式（4.4.12），则有

$$F = f^\mathrm{T} L - f^\mathrm{T} P^{-1} A^\mathrm{T} N^{-1} W + f_0 \tag{4.4.13}$$

将 W 的计算式代入式（4.4.13），得

$$\begin{aligned} F &= f^\mathrm{T} L - f^\mathrm{T} P^{-1} A^\mathrm{T} N^{-1} (AL + A_0) + f_0 \\ &= f^\mathrm{T} L - f^\mathrm{T} P^{-1} A^\mathrm{T} N^{-1} AL - f^\mathrm{T} P^{-1} A^\mathrm{T} N^{-1} A_0 + f_0 \\ &= (f^\mathrm{T} - f^\mathrm{T} P^{-1} A^\mathrm{T} N^{-1} A) L - f^\mathrm{T} P^{-1} A^\mathrm{T} N^{-1} A_0 + f_0 \end{aligned} \tag{4.4.14}$$

式中：f、P、A、A_0、f_0 都是与观测值无关的常数。

至此，已将平差值函数 F 化为观测值 L 的函数。为了便于计算，令

$$q^T = -f^T P^{-1} A^T N^{-1} \tag{4.4.15}$$

由于式（4.4.15）中的 N^{-1} 和 P^{-1} 都是对称方阵，所以 $(N^{-1})^T = N^{-1}$，$(P^{-1})^T = P^{-1}$。于是将式（4.4.15）转置后得

$$q = -(f^T P^{-1} A^T N^{-1})^T = -N^{-1} A P^{-1} f \tag{4.4.16}$$

两边同时左乘 N 并移项得

$$Nq + AP^{-1}f = 0 \tag{4.4.17}$$

将式（4.4.17）与条件平差的法方程进行比较，不难看出，式（4.4.17）是与法方程的系数相同的线性对称方程组，通常称式（4.4.17）为转换系数方程组，而 q 是由 r 个元素 q_a、q_b、$\cdots$、q_r 组成的列矩阵，称为转换系数。因为

$$AP^{-1}f = \begin{pmatrix} a_1 & a_2 & \cdots & a_n \\ b_1 & b_2 & \cdots & b_n \\ \vdots & \vdots & \ddots & \vdots \\ r_1 & r_2 & \cdots & r_n \end{pmatrix} \begin{pmatrix} \frac{1}{p_1} & & & \\ & \frac{1}{p_2} & & \\ & & \ddots & \\ & & & \frac{1}{p_n} \end{pmatrix} \begin{pmatrix} f_1 \\ f_2 \\ \vdots \\ f_n \end{pmatrix} = \begin{pmatrix} \left[\frac{af}{p}\right] \\ \left[\frac{bf}{p}\right] \\ \vdots \\ \left[\frac{rf}{p}\right] \end{pmatrix} \tag{4.4.18}$$

则式（4.4.17）表示：

$$\begin{pmatrix} \left[\frac{aa}{p}\right] & \left[\frac{ab}{p}\right] & \cdots & \left[\frac{ar}{p}\right] \\ \left[\frac{ab}{p}\right] & \left[\frac{bb}{p}\right] & \cdots & \left[\frac{br}{p}\right] \\ \vdots & \vdots & \ddots & \vdots \\ \left[\frac{ar}{p}\right] & \left[\frac{br}{p}\right] & \cdots & \left[\frac{rr}{p}\right] \end{pmatrix} \begin{pmatrix} q_a \\ q_b \\ \vdots \\ q_r \end{pmatrix} + \begin{pmatrix} \left[\frac{af}{p}\right] \\ \left[\frac{bf}{p}\right] \\ \vdots \\ \left[\frac{rf}{p}\right] \end{pmatrix} = \begin{pmatrix} 0 \\ 0 \\ \vdots \\ 0 \end{pmatrix} \tag{4.4.19}$$

其纯量形式为

$$\left. \begin{aligned} \left[\frac{aa}{p}\right]q_a + \left[\frac{ab}{p}\right]q_b + \cdots + \left[\frac{ar}{p}\right]q_r + \left[\frac{af}{p}\right] &= 0 \\ \left[\frac{ab}{p}\right]q_a + \left[\frac{bb}{p}\right]q_b + \cdots + \left[\frac{br}{p}\right]q_r + \left[\frac{bf}{p}\right] &= 0 \\ \cdots & \\ \left[\frac{ar}{p}\right]q_a + \left[\frac{br}{p}\right]q_b + \cdots + \left[\frac{rr}{p}\right]q_r + \left[\frac{rf}{p}\right] &= 0 \end{aligned} \right\} \tag{4.4.20}$$

式中未知数 q_a、q_b、$\cdots$、q_r 可从上列方程组解得，且仅与观测值的权、条件方程系数和函数式的系数 f_i 有关。

将式（4.4.15）代入式（4.4.14），得

$$F = (f^T + q^T A)L + q^T A_0 + f_0 = (f + A^T q)^T L + q^T A_0 + f_0 \tag{4.4.21}$$

根据协因数传播定律，可得平差值函数的权倒数（协因数）：

第 4 章 条件平差

$$\frac{1}{P_F} = (f + A^T q)^T P^{-1}(f + A^T q)$$
$$= (f^T + q^T A)(P^{-1} f + P^{-1} A^T q)$$
$$= f^T P^{-1} f + f^T P^{-1} A^T q + q^T A P^{-1} f + q^T A P^{-1} A^T q \quad (4.4.22)$$

由于 $-Nq = AP^{-1}f$，而 $AP^{-1}A^T = N$，则式（4.4.22）为

$$\frac{1}{P_F} = f^T P^{-1} f + f^T P^{-1} A^T q - q^T Nq + q^T Nq$$
$$= f^T P^{-1} f + f^T P^{-1} A^T q$$

即
$$\frac{1}{P_F} = f^T P^{-1} f + (AP^{-1}f)^T q \quad (4.4.23)$$

式（4.4.23）的纯量形式为

$$\frac{1}{P_F} = \left[\frac{ff}{p}\right] + \left[\frac{af}{p}\right] q_a + \left[\frac{bf}{p}\right] q_b + \cdots + \left[\frac{rf}{p}\right] q_r \quad (4.4.24)$$

式（4.4.23）、式（4.4.24）也称为平差值函数的权倒数代数计算式。

4.4.2.3 平差值函数的中误差

根据权与中误差的关系有

$$\sigma_F = \pm \sigma_0 \sqrt{\frac{1}{P_F}} \quad (4.4.25)$$

式（4.4.25）便是求平差值函数的中误差公式。

综上所述，求平差值函数的中误差的计算步骤可归纳如下：
(1) 列平差值函数式。按题意要求，将欲求中误差的量表达成平差值的函数式。
(2) 求平差值函数的权倒数。
(3) 求平差值函数的中误差。

【例 4.10】 图 4.21 所示的水准网中，各水准路线的距离为 $s_1 = 4\text{km}$，$s_2 = 2\text{km}$，$s_3 = 4\text{km}$，$s_4 = 4\text{km}$，$s_5 = 2\text{km}$。试求 B 点最或然高程的权倒数。

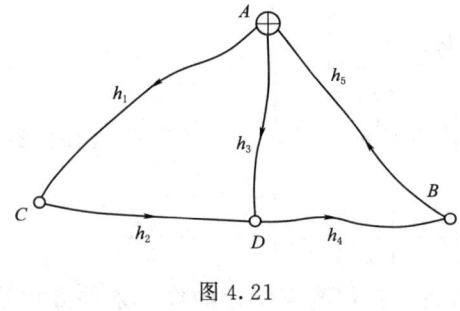

图 4.21

解：(1) 由图知 $r = 2$，两个条件方程分别为
$$v_1 + v_2 - v_3 + w_a = 0$$
$$v_3 + v_4 + v_5 + w_b = 0$$

按题意列平差值函数式为
$$H_B = H_A - \hat{L}_5$$

所以，$f_5 = -1$，$f_1 = f_2 = f_3 = f_4 = f_6 = 0$

(2) 令 $c = 1$，即以 1km 观测高差为单位权观测值，所以有：$\frac{1}{p_i} = s_i$。

于是

$$\left[\frac{aa}{p}\right] = +10, \left[\frac{ab}{p}\right] = -4, \left[\frac{bb}{p}\right] = +10$$

$$\left[\frac{af}{p}\right]=0,\quad \left[\frac{bf}{p}\right]=-2,\quad \left[\frac{ff}{p}\right]=+2$$

转换系数方程为

$$\left.\begin{array}{r}10q_a-4q_b-0=0\\-4q_a+10q_b-2=0\end{array}\right\}$$

解之得

$$q_a=0.238,\quad q_b=-0.095$$

代入式（4.4.24），得

$$\frac{1}{p_{H_8}}=1.81$$

(3) 用矩阵公式计算权倒数。因为

$$N=\begin{pmatrix}1 & 1 & -1 & 0 & 0\\0 & 0 & 1 & 1 & 1\end{pmatrix}\begin{pmatrix}4 & & & & \\ & 2 & & & \\ & & 4 & & \\ & & & 4 & \\ & & & & 2\end{pmatrix}\begin{pmatrix}1 & 0\\1 & 0\\-1 & 1\\0 & 1\\0 & 1\end{pmatrix}=\begin{pmatrix}10 & -4\\-4 & 10\end{pmatrix}$$

$$AP^{-1}f=\begin{pmatrix}1 & 1 & -1 & 0 & 0\\0 & 0 & 1 & 1 & 1\end{pmatrix}\begin{pmatrix}4 & & & & \\ & 2 & & & \\ & & 4 & & \\ & & & 4 & \\ & & & & 2\end{pmatrix}\begin{pmatrix}0\\0\\0\\0\\-1\end{pmatrix}=\begin{pmatrix}0\\-2\end{pmatrix}$$

由于 $Nq+AP^{-1}f=0$，得

$$\begin{pmatrix}10 & -4\\-4 & 10\end{pmatrix}\begin{pmatrix}q_a\\q_b\end{pmatrix}+\begin{pmatrix}0\\-2\end{pmatrix}=\begin{pmatrix}0\\0\end{pmatrix}$$

用矩阵求逆的方法同样可以解得：$q_a=0.238$，$q_b=0.095$。

按式（4.4.23），得

$$\frac{1}{p_{H_B}}=(0\ \ 0\ \ 0\ \ 0\ \ -1)\begin{pmatrix}4 & & & & \\ & 2 & & & \\ & & 4 & & \\ & & & 4 & \\ & & & & 2\end{pmatrix}\begin{pmatrix}0\\0\\0\\0\\-1\end{pmatrix}+(0\ \ -2)\begin{pmatrix}0.238\\0.095\end{pmatrix}=1.81$$

【例 4.11】 图 4.22 中的 6 个同精度观测值为：$L_1=45°30'46''$，$L_2=67°22'03''$，$L_3=67°07'14''$，$L_4=69°03'14''$，$L_5=52°32'22''$，$L_6=58°24'18''$。AB 边长为已知并设无误差。已知观测角的权均为 1 时的测角中误差为：$\sigma_0=\pm\sqrt{\dfrac{[pvv]}{r}}=\pm 4''.8$。试求 CD 边的边长相对中误差 $\dfrac{\sigma_{CD}}{CD}$。

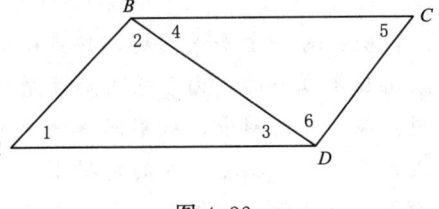

图 4.22

第 4 章 | 条件平差

解：(1) 由图知 $r=2$，其条件方程为

$$\left.\begin{array}{l}v_1+v_2+v_3+w_a=0\\v_4+v_5+v_6+w_b=0\end{array}\right\}$$

平差后，CD 边长的函数式为

$$\overline{CD}=S_{AB}\frac{\sin\hat{L}_1\sin\hat{L}_4}{\sin\hat{L}_3\sin\hat{L}_5}$$

求其全微分，则得权函数式：

$$d\hat{S}_{CD}=S_{CD}\,ctgL_1\frac{d\hat{L}_1}{\rho''}+S_{CD}\,ctgL_4\frac{d\hat{L}_4}{\rho''}-S_{CD}\,ctgL_3\frac{d\hat{L}_3}{\rho''}-S_{CD}\,ctgL_5\frac{d\hat{L}_5}{\rho''}$$

令

$$dF=\frac{d\hat{S}_{CD}}{S_{CD}}\rho''=ctgL_1d\hat{L}_1+ctgL_4d\hat{L}_4-ctgL_3d\hat{L}_3-ctgL_5d\hat{L}_5$$
$$=0.98dL_1-0.42dL_3+0.38dL_4-0.77dL_5$$

于是有

$$f_1=0.98,\ f_2=0,\ f_3=-0.42,\ f_4=0.38,\ f_5=-0.77,\ f_6=0$$

(2) 组成系数：

$$[aa]=+3,\ [ab]=0,\ [bb]=+3,\ [af]=+0.56,\ [bf]=-0.39$$

组成转换系数方程：

$$\left.\begin{array}{l}3q_a+0.56=0\\3q_b-0.39=0\end{array}\right\}$$

解得

$$q_a=-0.19,\ q_b=0.13$$

故

$$\frac{1}{p_F}=1.71$$

$$\sigma_F=\sigma_0\sqrt{\frac{1}{p_F}}=\pm6.28''$$

由于

$$dF=\frac{dS_{CD}}{S_{CD}}\rho''$$

根据传播定律：

$$\frac{\sigma_{CD}}{S_{CD}}=\frac{\sigma_F}{\rho''}=\frac{6.28}{206265}=\frac{1}{33000}$$

说明：对一个平差问题，按最小二乘法原理平差，不论采用何种平差方法，观测值的平差值应是唯一的。由于平差后矛盾已经消除，所以平差值的函数也是完全确定的。不难证明：在平差图形中，从不同路线求某元素平差值的权倒数即平差值函数的权倒数与推算路线无关。在观测量不变的前提下，平差值及平差值函数的精度也是相同的。可见同一个量的平差值函数的权倒数，与推算路线无关。

4.5 条件平差实例

4.5.1 水准网计算示例

【例 4.12】 图 4.23 所示的水准网中，A、B 为已知高程的水准点，P_1，P_2 及 P_3 为待定点，观测数据和已知数据见表 4.2，试按条件平差求：

（1）各待定点的最或然高程；

（2）P_1 至 P_2 点间平差后高差中误差。

表 4.2

线路号	观测高差 /m	路线长 /km	已知点高程 /m	线路号	观测高差 /m	路线长 /km	已知点高程 /m
1	+1.359	1.1		5	+0.657	2.4	
2	+2.009	1.7	$H_A=5.016$	6	+0.238	1.4	
3	+0.363	2.3	$H_B=6.016$	7	−0.595	2.6	
4	+1.012	2.7					

解：（1）列条件方程和平差值函数式。

本题 $n=7$，$t=3$，故有条件 $r=n-t=4$

$$\left.\begin{array}{l} v_1-v_2+v_5+7=0 \text{ (a)} \\ v_3-v_4+v_5+8=0 \text{ (b)} \\ v_3+v_6+v_7+6=0 \text{ (c)} \\ v_2-v_4-3=0 \quad\quad\text{ (d)} \end{array}\right\}$$

条件方程闭合差以毫米（mm）为单位。

平差值函数式为 $F=\hat{h}_5$

即 $f_5=+1$，$f_1=f_2=f_3=f_4=f_6=f_7=0$

（2）确定观测值的权。

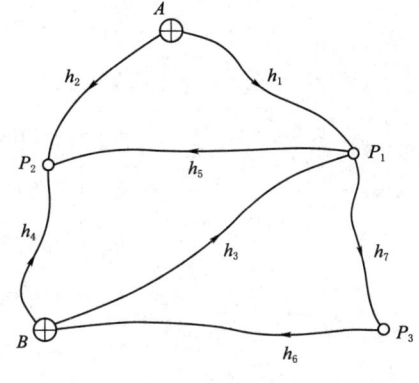

图 4.23

选定 $C=1$，故有 $\dfrac{1}{p_i}=S_i$，则观测值的权倒数（协因数）阵为

$$P^{-1}=\begin{pmatrix} 1.1 & & & & & & \\ & 1.7 & & & & & \\ & & 2.3 & & & & \\ & & & 2.7 & & & \\ & & & & 2.4 & & \\ & & & & & 1.4 & \\ & & & & & & 2.6 \end{pmatrix}$$

（3）法方程式的组成与解算。

由条件方程及闭合差可知其矩阵分别为

$$A=\begin{pmatrix} 1 & -1 & 0 & 0 & 1 & 0 & 0 \\ 0 & 0 & 1 & -1 & 1 & 0 & 0 \\ 0 & 0 & 1 & 0 & 0 & 1 & 1 \\ 0 & 1 & 0 & -1 & 0 & 0 & 0 \end{pmatrix}, W=\begin{pmatrix} 7.0 \\ 8.0 \\ 6.0 \\ -3.0 \end{pmatrix}$$

组成法方程为

$$AP^{-1}A^{\mathrm{T}}K+W=\begin{pmatrix} 5.2 & 2.4 & 0 & -1.7 \\ 2.4 & 7.4 & 2.3 & 2.7 \\ 0 & 2.3 & 6.3 & 0 \\ -1.7 & 2.7 & 0 & 4.4 \end{pmatrix}\begin{pmatrix} k_a \\ k_b \\ k_c \\ k_d \end{pmatrix}+\begin{pmatrix} 7.0 \\ 8.0 \\ 6.0 \\ -3.0 \end{pmatrix}=\begin{pmatrix} 0 \\ 0 \\ 0 \\ 0 \end{pmatrix}$$

解算法方程，得

$$k_a=-0.2226,\ k_b=-1.4028,\ k_c=-0.4414,\ k_d=1.4568$$

(4) 改正数 v_i 的计算。

$$v_1=-0.2\text{mm},\ v_2=2.9\text{mm},\ v_3=-4.2\text{mm},\ v_4=-0.1\text{mm},$$
$$v_5=-3.9\text{mm},\ v_6=-0.6\text{mm},\ v_7=-1.2\text{mm}$$

(5) 平差值的计算。

$$\hat{h}_1=1.359-0.0002=1.3588(\text{m})$$
$$\hat{h}_2=2.009+0.0029=2.0119(\text{m})$$
$$\hat{h}_3=0.363-0.0042=0.3588(\text{m})$$
$$\hat{h}_4=1.012-0.0001=1.0119(\text{m})$$
$$\hat{h}_5=0.657-0.0039=0.6531(\text{m})$$
$$\hat{h}_6=0.238-0.0006=0.2374(\text{m})$$
$$\hat{h}_7=-0.595-0.0012=-0.5962(\text{m})$$

(6) 检核。

$$\left.\begin{aligned} \hat{h}_1-\hat{h}_2+\hat{h}_5&=0 \\ \hat{h}_3-\hat{h}_4+\hat{h}_5&=0 \\ \hat{h}_3-\hat{h}_6+\hat{h}_7&=0 \\ H_A+\hat{h}_2-\hat{h}_4-H_B&=0 \end{aligned}\right\}$$

(7) 待定点高程计算。

$$\hat{H}_{P_1}=H_A+\hat{h}_1=6.3748(\text{m})$$
$$\hat{H}_{P_2}=H_A+\hat{h}_2=7.0279(\text{m})$$
$$\hat{H}_{P_3}=H_B-\hat{h}_7=6.6121(\text{m})$$

(8) 单位权中误差计算。

$$\sigma_0 = \pm\sqrt{\frac{[pvv]}{r}} = \pm\sqrt{\frac{19.8}{4}} = \pm 2.2 (\text{mm})$$

这就是说,1km 水准路线高差的中误差为±2.2mm。

(9) 平差后 P_1 到 P_2 点间高差的中误差。

由平差值函数式可知其系数矩阵为 $f = (0 \ 0 \ 0 \ 0 \ 1 \ 0 \ 0)^T$。

组成转换系数方程:

$$AP^{-1}A^T q + AP^{-1}f = \begin{pmatrix} 5.2 & 2.4 & 0 & -1.7 \\ 2.4 & 7.4 & 2.3 & 2.7 \\ 0 & 2.3 & 6.3 & 0 \\ -1.7 & 2.7 & 0 & 4.4 \end{pmatrix} \begin{pmatrix} q_a \\ q_b \\ q_c \\ q_d \end{pmatrix} + \begin{pmatrix} 2.40 \\ 2.40 \\ 0 \\ 0 \end{pmatrix} = \begin{pmatrix} 0 \\ 0 \\ 0 \\ 0 \end{pmatrix}$$

解转换系数方程得

$q_a = -0.336, q_b = -0.253, q_c = 0.093, q_d = 0.026$

计算平差值函数的权倒数及其中误差:

$$\frac{1}{p_F} = 0.99$$

$$\sigma_{\hat{h}_5} = \sigma_0 \sqrt{\frac{1}{p_F}} = \pm 2.2\sqrt{0.99} = \pm 2.2 (\text{mm})$$

4.5.2 测角网平差示例

【例 4.13】 如图 4.24 所示控制网,观测值见表 4.3,起算数据列入表 4.4,试求各观测值的平差值,并求最弱边的相对中误差。

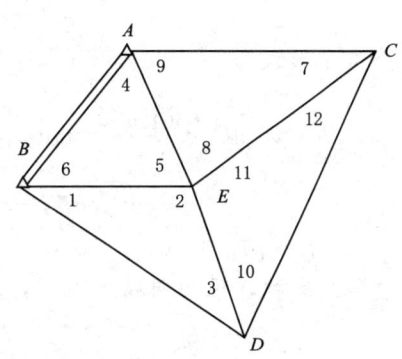

图 4.24

表 4.3

角号	观测角 /(° ′ ″)	角号	观测角 /(° ′ ″)	角号	观测角 /(° ′ ″)
1	58 33 13.8	5	123 26 42.3	9	56 27 54.6
2	78 55 03.3	6	31 33 40.7	10	53 31 54.4
3	42 31 42.6	7	46 41 46.9	11	80 47 54.7
4	24 59 36.3	8	76 50 19.7	12	45 40 08.9

表 4.4

等级	起点	坐标		坐标方位角 α /(° ′ ″)	终点	边长 /m
		X/m	Y/m			
Ⅱ	A	3 553 106.74	412 513.61	15 08 44.6	B	11 532.48
Ⅱ	B	3 564 238.63	415 526.76			

解:根据题意:$n=12$;$p=3$;$r=n-2p=12-6=6$。

(1) 列条件方程式及权函数式。

图形条件 4 个:

$$v_1 + v_2 + v_3 - 0.3 = 0$$

$$v_4+v_5+v_6-0.7=0$$
$$v_7+v_8+v_9+1.2=0$$
$$v_{10}+v_{11}+v_{12}-2.0=0$$

圆周条件 1 个：
$$v_2+v_5+v_8+v_{11}+0=0$$

极条件 1 个：
$$0.61v_1-1.09v_3+2.15v_4-1.63v_6+0.94v_7-0.66v_9+0.74v_{10}-0.98v_{12}-3.77=0$$

距离起算边最远的边，因其传播误差最大，所以称最弱边，图 4.24 的最弱边为 CD 边，最弱边的计算式为

$$\hat{S}_{CD}=S_{AB}\frac{\sin\hat{L}_6\sin\hat{L}_9\sin\hat{L}_{11}}{\sin\hat{L}_5\sin\hat{L}_7\sin\hat{L}_{10}}$$

其全微分形式为

$$\mathrm{d}F=\frac{\mathrm{d}\hat{S}_{CD}}{S_{CD}}\rho''=\cot L_6\mathrm{d}\hat{L}_6+\cot L_9\mathrm{d}\hat{L}_9+\cot L_{11}\mathrm{d}\hat{L}_{11}-\cot L_5\mathrm{d}\hat{L}_5$$
$$-\cot L_7\mathrm{d}\hat{L}_7-\cot L_{10}\mathrm{d}\hat{L}_{10}$$

$$f=[0\ \ 0\ \ 0\ \ 0\ \ 0.66\ \ 1.63\ \ -0.94\ \ 0\ \ 0.66\ \ -0.74\ \ 0.16\ \ 0]^\mathrm{T}$$

（2）定权。设为同精度观测，所以
$$p_i=1\quad(i=1,\cdots,12)$$

（3）组成法方程并解算。

$$A=\begin{bmatrix}1 & 1 & 1 & 0 & 0 & 0 & 0 & 0 & 0 & 0 & 0 & 0\\0 & 0 & 0 & 1 & 1 & 1 & 0 & 0 & 0 & 0 & 0 & 0\\0 & 0 & 0 & 0 & 0 & 0 & 1 & 1 & 1 & 0 & 0 & 0\\0 & 0 & 0 & 0 & 0 & 0 & 0 & 0 & 0 & 1 & 1 & 1\\0 & 1 & 0 & 0 & 1 & 0 & 0 & 1 & 0 & 0 & 1 & 0\\0.61 & 0 & -1.09 & 2.15 & 0 & -1.63 & 0.94 & 0 & -0.66 & 0.74 & 0 & -0.98\end{bmatrix}$$

$$W=\begin{bmatrix}-0.3\\-0.7\\1.2\\-2.0\\0\\-3.77\end{bmatrix}$$

组成法方程为

$$\begin{bmatrix}3 & 0 & 0 & 0 & 1 & -0.48\\0 & 3 & 0 & 0 & 1 & 0.52\\0 & 0 & 3 & 0 & 1 & 0.28\\0 & 0 & 0 & 3 & 1 & -0.24\\1 & 1 & 1 & 1 & 4 & 0\\-0.48 & 0.52 & 0.28 & -0.24 & 0 & 11.67\end{bmatrix}\begin{bmatrix}k_a\\k_b\\k_c\\k_d\\k_e\\k_f\end{bmatrix}+\begin{bmatrix}-0.3\\-0.7\\1.2\\-2.0\\0\\-3.77\end{bmatrix}=\begin{bmatrix}0\\0\\0\\0\\0\\0\end{bmatrix}$$

解得
$$k_a = 0.2292, \ k_b = 0.2472, \ k_c = 0.3584,$$
$$k_d = 0.7682, \ k_e = -0.2215, \ k_f = 0.3459$$

（4）计算改正数。利用改正数方程可求得
$$V = [0.4 \quad 0.0 \quad -0.1 \quad 1.0 \quad 0.0 \quad -0.3 \quad 0 \quad -0.6 \quad -0.6 \quad 1.0 \quad 0.6 \quad 0.4]^T(")$$

（5）计算平差值。根据以上结果，求得平差值见表 4.5。

表 4.5

角 号	平差后角度 /(° ′ ″)	角 号	平差后角度 /(° ′ ″)	角 号	平差后角度 /(° ′ ″)
1	58 33 14.2	5	123 26 42.3	9	56 27 54.0
2	78 55 03.3	6	31 33 40.4	10	53 31 55.4
3	42 31 42.5	7	46 41 46.9	11	80 47 55.3
4	24 59 37.3	8	76 50 19.1	12	45 40 09.3

以平差值重列条件方程进行检核，经检验满足所有条件方程。

（6）单位权中误差计算。
$$\sigma_0 = \sqrt{\frac{V^T P V}{r}} = \sqrt{\frac{3.50}{6}} = 0.76''$$

（7）计算平差后 C 点至 D 点间高差的中误差。

转换系数方程自由项为

$$AP^{-1}f = \begin{bmatrix} 0 \\ 1.63 \\ -0.28 \\ -0.58 \\ 0.82 \\ -4.52 \end{bmatrix}$$

组成转换系数方程

$$\begin{bmatrix} 3 & 0 & 0 & 0 & 1 & -0.48 \\ 0 & 3 & 0 & 0 & 1 & 0.52 \\ 0 & 0 & 3 & 0 & 1 & 0.28 \\ 0 & 0 & 0 & 3 & 1 & -0.24 \\ 1 & 1 & 1 & 1 & 4 & 0 \\ -0.48 & 0.52 & 0.28 & -0.24 & 0 & 11.67 \end{bmatrix} \begin{bmatrix} q_a \\ q_b \\ q_c \\ q_d \\ q_e \\ q_f \end{bmatrix} + \begin{bmatrix} 0 \\ 1.63 \\ -0.28 \\ -0.58 \\ 0.82 \\ -4.52 \end{bmatrix} = \begin{bmatrix} 0 \\ 0 \\ 0 \\ 0 \\ 0 \\ 0 \end{bmatrix}$$

解得转换系数为
$$q_a = -0.0385, \ q_b = -0.7224, \ q_c = -0.0520,$$
$$q_d = 0.1211, \ q_e = 0.3810, \ q_f = 0.4217$$

计算权倒数，得

$$\frac{1}{P_F} = 2.15$$

则

$$\sigma_F = \sigma_0 \sqrt{\frac{1}{P_F}} = 0.76\sqrt{2.15} = 1.11''$$

$$\frac{\sigma_{S_{CD}}}{S_{CD}} = \frac{\sigma_F}{\rho''} = \frac{1.11}{206265} \approx \frac{1}{185000}$$

4.5.3 导线网示例

【例 4.14】 在图 4.25 中，A、B、C、D 为已知点，已知数据及观测数据均列于表 4.6 中。测角中误差 $m = \pm 5\sqrt{2}''$，边长测量中误差 $m_{S_i} = \pm 0.5\sqrt{S_i(m)}$ mm。试按条件平差法求各点的坐标平差值，并评定 4 号点的点位精度和 3～4 号边的坐标方位角精度。

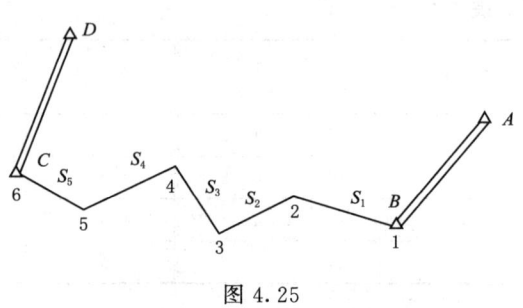

图 4.25

表 4.6

点 号	已知坐标/m		编 号	已知坐标方位角 /(° ′ ″)
	x	y		
B	3020.348	−9049.801	α_{AB}	226 44 59
C	3702.437	−10133.399	α_{CD}	57 59 31
编 号	观测角度 /(° ′ ″)	编 号	观测边长/m	
1	230 32 37	1	204.952	
2	180 00 42	2	200.130	
3	170 39 22	3	345.153	
4	236 48 37	4	278.059	
5	192 14 25	5	451.692	
6	260 59 01			

解：（1）权的确定。设单位权中误差 $m_0 = \pm 5.0''$，则角度的权为

$$p_\beta = \frac{\sigma_0^2}{\sigma_\beta^2} = \frac{5^2}{(5\sqrt{2})^2} = \frac{1}{2}$$

因该导线的边长不超过 500m，测边中误差不超过 12mm，为使观测边的权与观测角度的权不致相差太大，定权时测边中误差以毫米为单位，则观测边的权为

$$p_{S_i} = \frac{\sigma_0^2}{\sigma_{S_i}^2} = \frac{25}{0.25 S_i(m)} = \frac{100}{S_i(m)} \, [('')^2 / mm^2]$$

或

$$\frac{1}{p_{S_i}} = \frac{S_i(m)}{100} \, [mm^2 / ('')^2]$$

注意：若定权时，测边中误差取毫米（mm）为单位，则条件方程中的观测边改正数 v_{S_i} 及坐标闭合差 w_x、w_y 均应取毫米（mm）为单位；定权时，测角中误差取秒（″）为单位，则条件方程中角度改正数 v_{β_i} 及坐标方位角闭合差 w_α 均取秒（″）为单位。

（2）列条件方程式。在计算条件式系数时，近似坐标取米（m）为单位，ρ 取 206.265。

根据题意：$r=3$。

方位角条件一个

$$v_1+v_2+v_3+v_4+v_5+v_6+12''=0$$

纵、横坐标条件式各一个

$$5.2532v_1+4.2676v_2+3.3052v_3+1.6329v_4+0.8553v_5+0.1269v_{S_1}$$
$$+0.1272v_{S_2}-0.0356v_{S_3}+0.8169v_{S_4}+0.9206v_{S_5}+51.50=0$$

$$3.3071v_1+3.1810v_2+3.0577v_3+3.1172v_4+2.016v_5-0.9919v_{S_1}$$
$$-0.9919v_{S_2}-0.9994v_{S_3}-0.5768v_{S_4}-0.3905v_{S_5}+63.03=0$$

平差值函数式为

$$\alpha_{3\sim4}=\alpha_{AB}+\hat{\beta}_1+\hat{\beta}_2+\hat{\beta}_3\pm3\times180°$$

权函数式为

$$F_{\alpha_{3\sim4}}=v_1+v_2+v_3$$

另外二个权函数式为

$$F_{x_4}=3.6204v_1+2.6347v_2+1.6723v_3+0.1269v_{S_1}+0.1272v_{S_2}-0.0356v_{S_3}$$

$$F_{y_4}=0.1900v_1+0.0638v_2-0.0595v_3-0.9919v_{S_1}-0.9919v_{S_2}-0.9994v_{S_3}$$

（3）法方程的组成和解算。

$$\left.\begin{array}{l}12.0000k_a+30.6276k_b+29.3576k_c+12.0000=0\\30.6276k_a+126.0117k_b+92.4118k_c+51.5000=0\\29.3576k_a+92.4118k_b+97.4150k_c+63.0300=0\end{array}\right\}$$

解得：

$$k_a=2.1666,\ k_b=0.0593,\ k_c=-1.3562$$

（4）改正数和平差值的计算。利用改正数方程可求得

$V=[-4.0\quad-3.8\quad-3.6\quad-3.9\quad-1.0\quad4.3\quad2.8\quad2.7\quad4.7\quad2.3\quad2.6]$

（5）计算平差值。根据以上结果，求得平差值及点的坐标平差值见表4.7。

表 4.7

点 号	边平差值 /m	坐标方位角平差值 /(° ′ ″)	坐标平差值/m	
			x	y
1	204.9548	277 17 31.99	3020.348	−9049.801
2	200.1327	277 18 10.20	3046.363	−9253.098

续表

点号	边平差值/m	坐标方位角平差值/(° ′ ″)	坐标平差值/m	
			x	y
3	345.1577	267 57 28.63	3071.802	−9451.607
4	278.0613	324 46 01.70	3059.504	−9796.546
5	451.6946	337 00 25.67	3286.628	−9956.960
6			3702.437	−10133.399

(6) 精度评定。计算得

$$[pvv]=56.43$$

于是计算单位权中误差 σ_0 得

$$\sigma_0=\pm\sqrt{\frac{[pvv]}{r}}=\pm\sqrt{\frac{56.43}{3}}=\pm 4''.3$$

由法方程的系数，组成转换系数方程，由

$$\left.\begin{array}{l}12.0000q_a^\alpha+30.6276q_b^\alpha+29.3576q_c^\alpha+6.0000=0\\ 30.6276q_a^\alpha+126.0117q_b^\alpha+92.4118q_c^\alpha+25.6514=0\\ 29.3576q_a^\alpha+92.4118q_b^\alpha+97.4150q_c^\alpha+19.0914=0\end{array}\right\}$$

解得

$$q_a^\alpha=0.1016,\quad q_b^\alpha=-0.2040,\quad q_c^\alpha=-0.0331$$

$$\frac{1}{p_\alpha}=6+6q_a^\alpha-25.6514q_b^\alpha-19.0914q_c^\alpha=0.74$$

由

$$\left.\begin{array}{l}12.0000q_a^x+30.6276q_b^x+29.3576q_c^x+15.8546=0\\ 30.6276q_a^x+126.0117q_b^x+92.4118q_c^x+71.6467=0\\ 29.3576q_a^x+92.4118q_b^x+97.4150q_c^x+50.5462=0\end{array}\right\}$$

解得

$$q_a^x=0.2674,\quad q_b^x=-0.6734,\quad q_c^x=0.0532$$

$$\frac{1}{p_x}=45.7594+15.8546q_a^x-71.6467q_b^x+50.5462q_c^x=4.44$$

由

$$\left.\begin{array}{l}12.0000q_a^y+30.6276q_b^y+29.3576q_c^y+0.3886=0\\ 30.6276q_a^y+126.0117q_b^y+92.4118q_c^y+1.7598=0\\ 29.3576q_a^y+92.4118q_b^y+97.4150q_c^y+8.7293=0\end{array}\right\}$$

解得

$$q_a^y=0.5996,\quad q_b^y=-0.1266,\quad q_c^y=-0.3904$$

$$\frac{1}{p_y}=7.5179+0.3886q_a^y+1.7598q_b^y-8.7293q_c^y=4.57$$

计算3~4边的坐标方位角中误差：

$$\sigma_{\alpha(3-4)} = \pm\sigma_0\sqrt{\frac{1}{p_\alpha}} = \pm 4.3\sqrt{0.74} = \pm 3.7''$$

4 点的纵、横坐标中误差和点位中误差分别为

$$\sigma_{x_4} = \pm\sigma_0\sqrt{\frac{1}{p_x}} = \pm 4.3\sqrt{4.44} = \pm 9.1(\text{mm})$$

$$\sigma_{y_4} = \pm\sigma_0\sqrt{\frac{1}{p_y}} = \pm 4.3\sqrt{4.57} = \pm 9.2(\text{mm})$$

$$\sigma_4 = \sqrt{9.1^2 + 9.2^2} = \pm 12.9(\text{mm})$$

练 习 题

4.1 在平差问题中，条件方程的个数是多少？法方程个数是多少？改正数方程的个数是多少？

4.2 试用一般符号写出两个条件的条件方程、改正数方程和法方程组，这些方程组的用途是什么？

4.3 怎样由条件方程组成法方程？

4.4 如何确定测角网的必要观测数？独立测角网由哪些条件构成？

4.5 指出图 4.26 中各水准网条件方程的个数（图中 P_i 为待定点）。

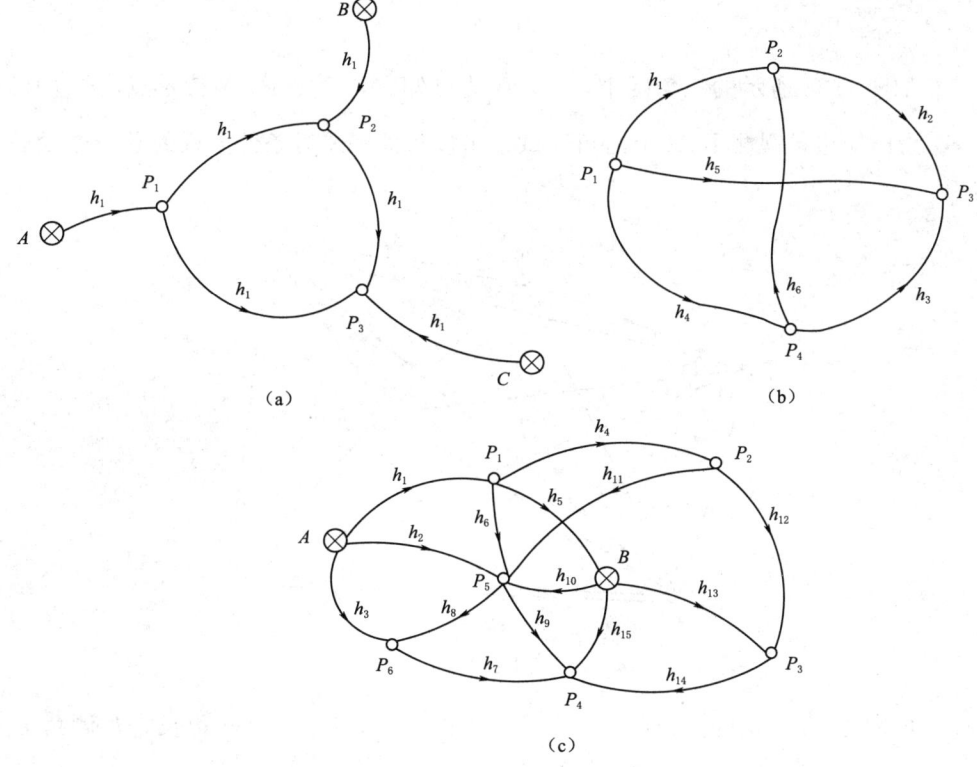

图 4.26

4.6 指出图 4.27 中条件方程的总数及各类条件的个数（图中 P_i 为未知点）。

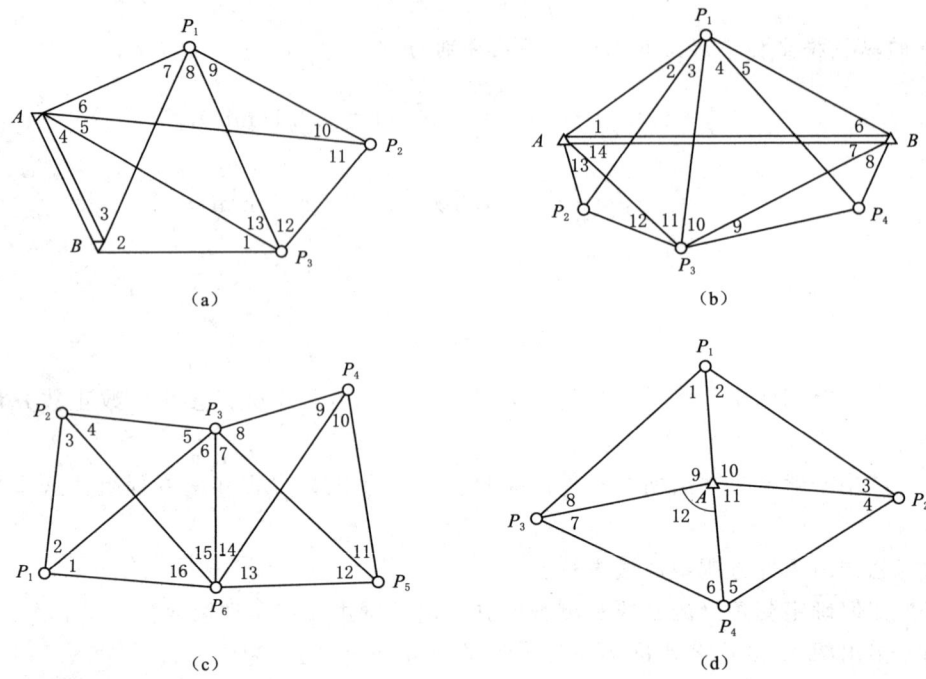

图 4.27

4.7 如图 4.28 所示的三角网中，A、B 为已知点，$P_1 \sim P_4$ 为待定点，$\hat{\alpha}_0$ 为已知方位角，$\hat{S}_0$ 为已知边，观测了 23 个内角，试指出按条件平差时条件方程的总个数及各类条件的个数。

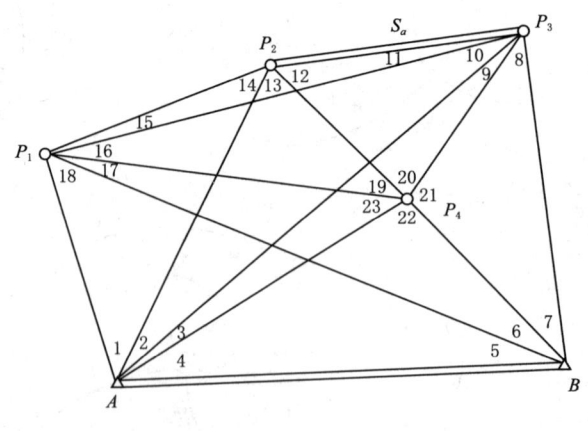

图 4.28

4.8 如图 4.29 所示的三角网中，A、B 为已知点，F_g 为已知边长，观测角 $L_i(i=1,2,\cdots)$，观测边长 $S_j(j=1,2,\cdots)$，则：

(1) 在对该网平差时，共有几种条件，每种条件各有几个？

(2) 用符号列出全部条件方程。

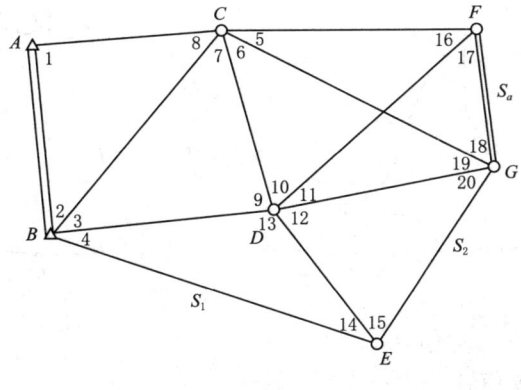

图 4.29

4.9 某水准网如图 4.30 所示。已知 $H_A=5.000\text{m}$，$H_B=5.000\text{m}$，$H_C=5.000\text{m}$，各路线的观测高差及各路线的长度列于表 4.8，列出条件方程，并组成法方程。

表 4.8

序号	1	2	3	4	5	6	7	8
h/m	+1.359	+2.008	+0.363	+1.000	−0.657	+0.357	+0.304	−1.654
S/km	2	2	2	2	4	4	4	4

4.10 图 4.31 中，测得 $L_1=35°20'15''$，$L_2=65°19'28''$，$L_3=29°59'10''$。已知 L_1、L_2、L_3 相互独立。试求出观测值的平差值及平差后 AOB 的权倒数。

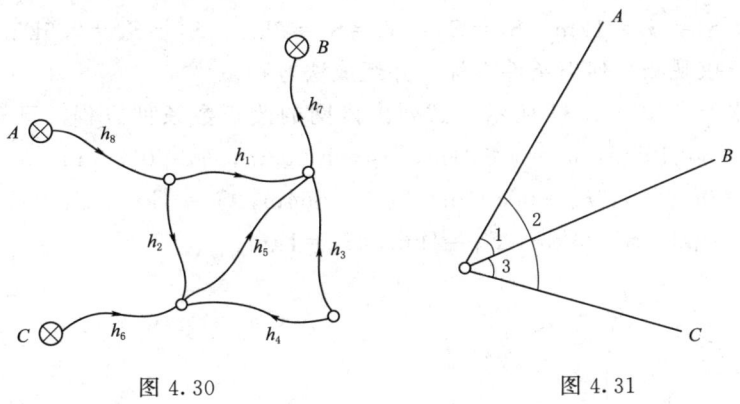

图 4.30   图 4.31

4.11 在图 4.32 中，测得 $h_1=+1.357\text{m}$，$h_2=+2.008\text{m}$，$h_3=+0.353\text{m}$，$h_4=+1.000\text{m}$，$h_5=-0.657\text{m}$，已知各路线长度为 $S_1=S_2=S_3=S_4=1\text{km}$，$S_5=2\text{km}$，定权时，取 $C=1$，试求：

(1) 未知点高程；

(2) 平差后 C、B 两点间高差的权倒数。

4.12 在图 4.33 中，观测高差及路线长度列于表 4.9。已知 $H_A=50.000\text{m}$，$H_B=$

40.000m，试按条件平差法求：

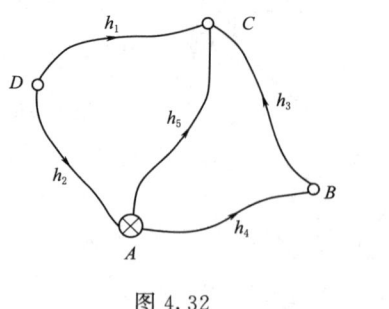

图 4.32　　　　　　　　　图 4.33

（1）各观测值的平差值；

（2）平差后 C 点与 D 点间高差的中误差。

表 4.9

h/m	+10.356	+15.000	+20.360	+14.501	+4.651	+5.856	+10.500
S/km	1	1	2	2	1	1	2

4.13　设某水准网的 4 个条件方程为

$$\left.\begin{array}{l}v_2-v_5-v_7-2=0\\ v_4-v_6+v_7+4=0\\ v_5-v_6+v_8+4=0\\ v_1+v_4+v_8+0=0\end{array}\right\}$$

各路线长度为：$S_1=S_4=1\mathrm{km}$，$S_2=S_3=S_5=S_6=2\mathrm{km}$，$S_7=S_8=2.5\mathrm{km}$，试以 1km 观测高差作为单位权观测，列出条件方程，并组成法方程。

4.14　有水准网如图 4.34 所示，试列出该网的改正数条件方程。已知数据：$H_A=31.100\mathrm{m}$，$H_B=34.165\mathrm{m}$，$h_1=1.001\mathrm{m}$，$h_2=1.002\mathrm{m}$，$h_3=0.060\mathrm{m}$，$h_4=1.000\mathrm{m}$，$h_5=0.500\mathrm{m}$，$h_6=0.560\mathrm{m}$，$h_7=0.504\mathrm{m}$，$h_8=1.064\mathrm{m}$，$S_1=1\mathrm{km}$，$S_1=1\mathrm{km}$，$S_1=1\mathrm{km}$，$S_1=1\mathrm{km}$，$S_1=1\mathrm{km}$，$S_1=1\mathrm{km}$，$S_1=1\mathrm{km}$，$S_1=1\mathrm{km}$。

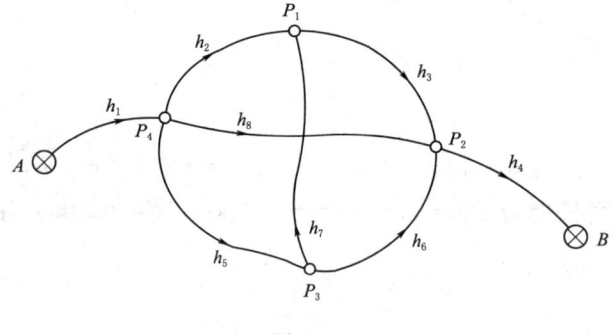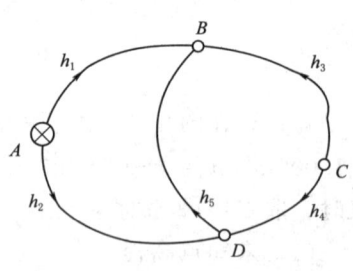

图 4.34　　　　　　　　　图 4.35

4.15 在如图 4.35 的水准网中，测得各点的高差为：$h_1=1.357$m，$h_2=2.008$m，$h_3=0.353$m，$h_4=1.000$m，$h_5=-0.657$m，$S_1=1$km，$S_2=1$km，$S_3=1$km，$S_4=1$km，$S_5=2$km，设 $C=1$。试求：(1) 平差后 A、B 两点间高差的权；(2) 平差后 A、C 两点间高差的权。

4.16 有如图 4.36 所示水准网，测得各点间的高差为 $h_i(i=1,2,\cdots,7)$，已算得水准网平差后的高差的协因数阵为

$$Q_h = \frac{1}{21}\begin{bmatrix} 13 & -8 & -3 & -1 & -1 & 2 & 5 \\ -8 & 13 & -3 & -1 & -1 & 2 & -5 \\ -3 & -3 & 12 & -3 & -3 & 6 & 6 \\ -1 & -1 & -3 & 13 & -8 & -5 & 2 \\ -1 & -1 & -3 & -8 & 13 & -5 & 2 \\ 2 & 2 & 6 & -5 & -5 & 10 & -4 \\ 5 & -5 & 6 & 2 & 2 & -4 & 10 \end{bmatrix}$$

试求：(1) 待定点 A、B、C、D 平差后高程的权；

(2) C、D 两点间高差平差值的权。

4.17 在如图 4.37 所示的水准网中，A、B、C 为已知高程点，观测了四段高差，数据见表 4.10。试按条件平差法求高差的平差值及 P_2 点的中误差。

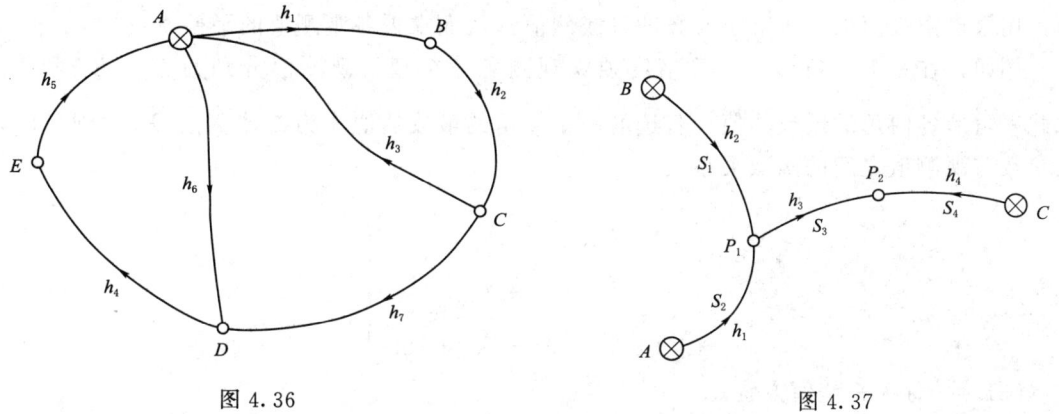

图 4.36　　　　　　　　　　图 4.37

表 4.10

序　号	观测高差/m	路线长/km	备　注
h_1	2.500	1	
h_2	2.000	1	高差
h_3	1.352	2	
h_4	1.851	1	
H_A	12.000		
H_B	12.500		已知高程
H_C	14.000		

第 5 章

间 接 平 差

本章学习目标：通过本章的学习，要求理解间接平差的基本思想及其过程，掌握间接平差误差方程式列立、法方程的组成与解算和精度评定方法，记住重要过程公式。

本章重点：间接平差步骤、参数设立要求、误差方程、法方程、平差值函数协因数。

5.1 间接平差原理

5.1.1 间接平差的基本思想

间接平差法，又名参数平差法，是通过选定 t 个与观测值有一定关系的独立未知量作为参数，将每个观测值的平差值表达成这 t 个参数的函数，建立函数模型，按最小二乘原理，用求自由极值的方法解出参数的最或然值，从而求得各观测值的平差值。

例如，在一个三角形中，等精度独立观测了三个角，观测值分别为 L_1、L_2 和 L_3。求此三角形各内角的最或然值。若选取两个内角的最或然值作为参数 $\hat{X}_1$、$\hat{X}_2$，则可以建立参数与观测值之间的函数关系式，

$$\left.\begin{array}{l} L_1+v_1=\hat{X}_1 \\ L_2+v_2=\hat{X}_2 \\ L_3+v_3=-\hat{X}_1-\hat{X}_2+180° \end{array}\right\} \quad (5.1.1)$$

式（5.1.1）称为平差值方程。

将 L_1、L_2、L_3 移至等式右端，得到方程

$$\left.\begin{array}{l} v_1=\hat{X}_1-L_1 \\ v_2=\hat{X}_2-L_2 \\ v_3=180°-\hat{X}_1-\hat{X}_2-L_3 \end{array}\right\} \quad (5.1.2)$$

式（5.1.2）中未知数 $\hat{X}_1$、$\hat{X}_2$ 的数值一经确定，与其对应的一组改正数便随之确定。对任意的一组未知量，都可求得一组对应的改正数，且不论未知数取何值，但只要是由式（5.1.2）求得的改正数，都能满足下式：

$$(L_1+v_1)+(L_2+v_2)+(L_3+v_3)=180° \quad (5.1.3)$$

说明根据式（5.1.2）求得的改正数，可达到消除不符值的目的。

由式（5.1.2）求得的改正数随未知参数的取值不同而不同，故 v_1、v_2、v_3 有多组解，为此引入最小二乘原则，在满足 $V^TPV=\min$ 条件下，可求得唯一解。

对上述函数模型，引入最小二乘条件 $V^TPV=\min$。观测值为等精度独立观测值，取权值均为1，则有

$$[vv]=(\hat{X}_1-L_1)^2+(\hat{X}_2-L_2)^2+(180°-\hat{X}_1-\hat{X}_2-L_3)^2 \tag{5.1.4}$$

根据求自由极值的方法，对式（5.1.4）分别求偏导数并令其等于零，可得

$$\left.\begin{array}{l}\dfrac{\partial[vv]}{\partial \hat{X}_1}=0\\[6pt]\dfrac{\partial[vv]}{\partial \hat{X}_2}=0\end{array}\right\} \tag{5.1.5}$$

得方程

$$\left.\begin{array}{l}2\hat{X}_1+\hat{X}_2-L_1+L_3-180°=0\\ \hat{X}_1+2\hat{X}_2-L_2-L_3-180°=0\end{array}\right\} \tag{5.1.6}$$

上式称为法方程，解算法方程，得未知数 $\hat{X}_1$、$\hat{X}_2$ 的最或然值

$$\left.\begin{array}{l}\hat{X}_1=L_1-(L_1+L_2+L_3-180°)/3\\ \hat{X}_2=L_2-(L_1+L_2+L_3-180°)/3\end{array}\right\} \tag{5.1.7}$$

代入误差方程式，得到观测值的改正数

$$\left.\begin{array}{l}v_1=-(L_1+L_2+L_3-180°)/3\\ v_2=-(L_1+L_2+L_3-180°)/3\\ v_3=-(L_1+L_2+L_3-180°)/3\end{array}\right\} \tag{5.1.8}$$

由改正数求得观测值的平差值，完成平差任务。

综上所述，间接平差法的思想：针对具体平差问题，选定 t 个独立未知参数，建立参数与观测值之间的函数关系，进而转化为误差方程。根据最小二乘原则，应用自由极值方法，由误差方程组成法方程，求解出未知参数，进而回代误差方程，计算改正数及观测值的平差值。

5.1.2 间接平差的基本原理

现按一般情况推导间接平差过程。设某测量模型中有 n 个观测值向量 L，已知其协因数阵 $Q=P^{-1}$，必要观测数为 t，选定 t 个独立参数向量 $\hat{X}$，为了便于计算，将参数表示成其近似值与微量改正数之和形式，即 $\hat{X}=X^0+\hat{x}$。观测值 L 与改正数 V 之和为 $\hat{L}=L+V$，称为观测量的平差值。按具体平差问题，列出 n 个平差值方程，即

$$\begin{array}{l}L_1+v_1=a_1\hat{X}_1+b_1\hat{X}_2+\cdots+t_1\hat{X}_t+d_1\\ L_2+v_2=a_2\hat{X}_1+b_2\hat{X}_2+\cdots+t_2\hat{X}_t+d_2\\ \cdots\\ L_n+v_1=a_n\hat{X}_1+b_n\hat{X}_2+\cdots+t_n\hat{X}_t+d_n\end{array} \tag{5.1.9}$$

令

$$L_{n,1} = [L_1 \quad L_2 \quad \cdots \quad L_n]^T$$

$$V_{n,1} = [V_1 \quad V_2 \quad \cdots \quad V_n]^T$$

$$\hat{X}_{t,1} = [\hat{X}_1 \quad \hat{X}_2 \quad \cdots \quad \hat{X}_t]^T$$

$$d_{n,1} = [d_1 \quad d_2 \quad \cdots \quad d_n]^T$$

$$B_{n,t} = \begin{bmatrix} a_1 & b_1 & \cdots & t_1 \\ a_2 & b_2 & \cdots & t_2 \\ \vdots & \vdots & \ddots & \vdots \\ a_n & b_n & \cdots & t_n \end{bmatrix}$$

平差值方程的矩阵形式为

$$L + V = B\hat{X} + d \tag{5.1.10}$$

代入

$$\hat{X} = X^0 + \hat{x}$$
$$l = L - (BX^0 + d) \tag{5.1.11}$$

式中：X^0 为参数的近似值；$\hat{x}$ 称为参数的改正数。

整理得到误差方程式为

$$V = B\hat{x} - l \tag{5.1.12}$$

方程式（5.1.12）共有 n 个，但未知数有 n 个 v、t 个 x，共计 $n+t$ 个，故方程组有无穷组解。在满足最小二乘条件 $V^T PV = \min$ 下，可以求得最佳一组解。

由于 t 个参数为独立量，按自由极值的方法，对函数求偏导，并令其为零，即

$$\frac{\partial V^T PV}{\partial \hat{x}} = 2V^T P \frac{\partial V}{\partial \hat{x}} = V^T PB = 0$$

转置后得

$$B^T PV = 0 \tag{5.1.13}$$

式（5.1.13）有 t 个方程，和式（5.1.12）联合，共有 $n+t$ 个方程，待求量也是 $n+t$ 个，方程组有唯一解。

式（5.1.12）、式（5.1.13）两式称为间接平差的基础方程，解此基础方程，将式（5.1.12）代入式（5.1.13），先消去 V，得

$$B^T PB\hat{x} - B^T Pl = 0 \tag{5.1.14}$$

令

$$N_{bb} = B^T PB, \quad W = B^T Pl$$

式（5.1.14）可简写成

$$N_{bb}\hat{x} - W = 0 \tag{5.1.15}$$

式中系数阵 N_{bb} 为满秩矩阵，即 $R(N_{bb}) = t$，方程有唯一解。式（5.1.15）称为间接平差的法方程。解之，得

$$\hat{x} = N_{bb}^{-1} W \tag{5.1.16}$$

或

$$\hat{x} = (B^{\mathrm{T}} P B)^{-1} B^{\mathrm{T}} P l \tag{5.1.17}$$

将 $\hat{x}$ 代入误差方程（5.1.12），求得改正数 V，进一步计算观测值的平差值为

$$X = X^0 + \hat{x}, \quad \hat{L} = L + V \tag{5.1.18}$$

特别地，当观测值之间相互独立时，P 为对角阵，法方程（5.1.15）的纯量形式为

$$\left.\begin{array}{l}[paa]\hat{x}_1 + [pab]\hat{x}_2 + \cdots + [pat]\hat{x}_t = [pal] \\ [pab]\hat{x}_1 + [pbb]\hat{x}_2 + \cdots + [pbt]\hat{x}_t = [pbl] \\ \cdots \\ [pat]\hat{x}_1 + [pbt]\hat{x}_2 + \cdots + [ptt]\hat{x}_t = [ptl]\end{array}\right\} \tag{5.1.19}$$

实际计算时，先由式（5.1.15）解算 $\hat{x}$，再将其代入误差方程式（5.1.12），计算观测值的改正数 V，由改正数 V 与观测值求和即得观测值的平差值 $\hat{L}$，这样观测值之间矛盾消除了，解决了间接平差中求最或然值的问题。

5.1.3 间接平差法求平差值的计算步骤

（1）根据平差问题的性质，选择 t 个独立量作为参数，并用观测值计算参数的近似值。

（2）将每一个观测量的平差值分别表达成所选参数的函数，若函数非线性的，则将其线性化，列出误差方程（5.1.12）。

（3）由误差方程系数 B 和自由项 l 组成法方程（5.1.15），法方程个数等于参数的个数 t。

（4）解算法方程，求出参数改正数 $\hat{x}$，计算参数值 $\hat{X} = X^0 + \hat{x}$。

（5）将 $\hat{X}$ 代入误差方程计算 V，并计算观测量平差值 $\hat{L} = L + V$。

【例 5.1】 在图 5.1 所示的水准网中，A、B、C 为已知水准点，高差观测值及路线长度如下：$h_1 = +1.003\mathrm{m}$，$h_2 = +0.501\mathrm{m}$，$h_3 = +0.503\mathrm{m}$，$h_4 = +0.505\mathrm{m}$；$S_1 = 1\mathrm{km}$，$S_2 = 2\mathrm{km}$，$S_3 = 2\mathrm{km}$，$S_4 = 1\mathrm{km}$。已知 $H_A = 11.000\mathrm{m}$，$H_B = 11.500\mathrm{m}$，$H_C = 12.008\mathrm{m}$，试用间接平差法求 P_1 及 P_2 点的高程平差值。

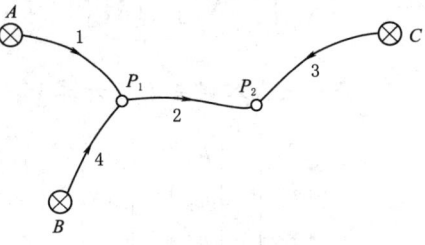

图 5.1

解： 1. 按题意知必要观测数 $t = 2$，选取 P_1、P_2 两点最或然高程 $\hat{X}_1$、$\hat{X}_2$ 为参数，计算参数的近似值为 $X_1^0 = H_A + h_1 = 12.003(\mathrm{m})$，$X_2^0 = H_C + h_3 = 12.511(\mathrm{m})$，令 2km 观测高差为单位权观测值，计算权，得：$P_1 = 2$，$P_2 = 1$，$P_3 = 1$，$P_4 = 2$。

2. 根据图形列平差值方程式，并转换成误差方程式如下：

$$v_1 = \hat{x}_1 - (h_1 - X_1^0 + H_A)$$
$$v_2 = -\hat{x}_1 + \hat{x}_2 - (h_2 - X_2^0 + X_1^0)$$
$$v_3 = \hat{x}_2 - (h_3 - X_2^0 + H_C)$$
$$v_4 = \hat{x}_1 - (h_4 - X_1^0 + H_B)$$

代入具体数值，改正数以 mm 为单位，则有

$$v_1 = \hat{x}_1 - 0$$
$$v_2 = -\hat{x}_1 + \hat{x}_2 - (-7)$$
$$v_3 = \hat{x}_2 - 0$$
$$v_4 = \hat{x}_1 - 2$$

可得 B、P 和 l 矩阵如下：

$$B = \begin{bmatrix} 1 & 0 \\ -1 & 1 \\ 0 & 1 \\ 1 & 0 \end{bmatrix},\; P = \begin{bmatrix} 2 & 0 & 0 & 0 \\ 0 & 1 & 0 & 0 \\ 0 & 0 & 1 & 0 \\ 0 & 0 & 0 & 2 \end{bmatrix},\; l = \begin{bmatrix} 0 \\ -7 \\ 0 \\ 2 \end{bmatrix}$$

3. 由误差方程系数 B 和自由项 l 组成法方程：

$$\begin{bmatrix} 5 & -1 \\ -1 & 2 \end{bmatrix} \begin{bmatrix} \hat{x}_1 \\ \hat{x}_2 \end{bmatrix} - \begin{bmatrix} 11 \\ -7 \end{bmatrix} = 0$$

4. 解算法方程，求出参数改正数 $\hat{x}$，并计算参数值 $\hat{X} = X^0 + \hat{x}$：

$$\begin{bmatrix} \hat{x}_1 \\ \hat{x}_2 \end{bmatrix} = \begin{bmatrix} 5 & -1 \\ -1 & 2 \end{bmatrix}^{-1} \begin{bmatrix} 11 \\ -7 \end{bmatrix} = \frac{1}{9} \begin{bmatrix} 2 & 1 \\ 1 & 5 \end{bmatrix} \begin{bmatrix} 11 \\ -7 \end{bmatrix} = \begin{bmatrix} 1.7 \\ -2.7 \end{bmatrix} (\text{mm})$$

$$\begin{bmatrix} \hat{X}_1 \\ \hat{X}_2 \end{bmatrix} = \begin{bmatrix} X_1^0 \\ X_2^0 \end{bmatrix} + \begin{bmatrix} \hat{x}_1 \\ \hat{x}_2 \end{bmatrix} = \begin{bmatrix} 12.003 \\ 12.511 \end{bmatrix} (\text{m}) + \begin{bmatrix} 1.7 \\ -2.7 \end{bmatrix} (\text{mm}) = \begin{bmatrix} 12.0047 \\ 12.5083 \end{bmatrix} (\text{m})$$

5. 将参数代入误差方程计算 V，并求出观测量平差值 $\hat{h} = h + V$：

$$\begin{bmatrix} \hat{h}_1 \\ \hat{h}_2 \\ \hat{h}_3 \\ \hat{h}_4 \end{bmatrix} = \begin{bmatrix} h_1 \\ h_2 \\ h_3 \\ h_4 \end{bmatrix} + \begin{bmatrix} v_1 \\ v_2 \\ v_3 \\ v_4 \end{bmatrix} = \begin{bmatrix} 1.003 \\ 0.501 \\ 0.503 \\ 0.505 \end{bmatrix} (\text{m}) + \begin{bmatrix} 1.7 \\ 2.7 \\ -2.7 \\ -0.3 \end{bmatrix} (\text{mm}) = \begin{bmatrix} 1.0047 \\ 0.5037 \\ 0.5003 \\ 0.5047 \end{bmatrix} (\text{m})$$

【例 5.2】 在图 5.2 所示的水准网中，已知水准点 A 的高程为 $H_A = 237.483\text{m}$，为求 B、C、D 三点的高程，进行了水准测量，测得 5 段高差 L 和 5 段水准路线长度 S，其结果见表 5.1，试按间接平差求定 B、C、D 三点高程的平差值。

表 5.1

水准路线 i	观测高差 L/m	路线长度 S/km
1	5.835	3.5
2	3.782	2.7
3	9.640	4.0
4	7.384	3.0
5	2.270	2.5

解：按题意知必要观测数 $t=3$，选取 B、C、D 三点高程 $\hat{X}_1$、$\hat{X}_2$、$\hat{X}_3$ 为参数。

(1) 列误差方程。根据图 5.2 所示的水准路线写出 5 个平差值方程：

$$L_1+v_1=\hat{X}_1-H_A$$
$$L_2+v_2=-\hat{X}_1+\hat{X}_2$$
$$L_3+v_3=\hat{X}_2-H_A$$
$$L_4+v_4=\hat{X}_2-\hat{X}_3$$
$$L_5+v_5=\hat{X}_3-H_A$$

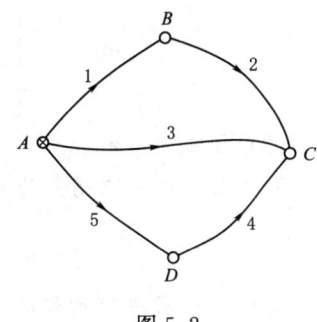

图 5.2

将观测值移至等号右侧，即得误差方程：

$$v_1=\hat{X}_1-(H_A+L_1)$$
$$v_2=-\hat{X}_1+\hat{X}_2-L_2$$
$$v_3=\hat{X}_2-(H_A+L_3)$$
$$v_4=\hat{X}_2-\hat{X}_3-L_4$$
$$v_5=\hat{X}_3-(H_A+L_5)$$

将观测高差和已知点高程代入上式，即可计算误差方程的常数项。此时，这些常数项将很大，这对后续计算是不利的。为了便于计算，应选取参数的近似值，例如令

$$X_1^0=H_A+L_1$$
$$X_2^0=H_A+L_3$$
$$X_3^0=H_A+L_5$$

这样，后续计算求定的是未知数近似值的改正数 $\hat{x}_1$、$\hat{x}_2$、$\cdots$，它们存在下列关系：

$$\hat{X}_1=X_1^0+\hat{x}_1=\hat{x}_1+H_A+L_1$$
$$\hat{X}_2=X_2^0+\hat{x}_2=\hat{x}_2+H_A+L_2$$
$$\hat{X}_3=X_3^0+\hat{x}_3=\hat{x}_3+H_A+L_5$$

将上式代入误差方程，得

$$v_1 = \hat{x}_1 + 0$$
$$v_2 = -\hat{x}_1 + \hat{x}_2 + 23$$
$$v_3 = \hat{x}_2 + 0$$
$$v_4 = \hat{x}_2 - \hat{x}_3 - 14$$
$$v_5 = \hat{x}_3 + 0$$

写成矩阵形式

$$\begin{bmatrix} v_1 \\ v_2 \\ v_3 \\ v_4 \\ v_5 \end{bmatrix} = \begin{bmatrix} 1 & 0 & 0 \\ -1 & 1 & 0 \\ 0 & 1 & 0 \\ 0 & 1 & -1 \\ 0 & 0 & 1 \end{bmatrix} \begin{bmatrix} \hat{x}_1 \\ \hat{x}_2 \\ \hat{x}_3 \end{bmatrix} - \begin{bmatrix} 0 \\ -23 \\ 0 \\ 14 \\ 0 \end{bmatrix}$$

(2) 组成法方程。

取 10km 的观测高差为单位权观测,即按

$$P_i = \frac{C}{S_i} = \frac{10}{S_i}$$

定权,得观测值的权阵:

$$P = \begin{bmatrix} 2.9 & 0 & 0 & 0 & 0 \\ 0 & 3.7 & 0 & 0 & 0 \\ 0 & 0 & 2.5 & 0 & 0 \\ 0 & 0 & 0 & 3.3 & 0 \\ 0 & 0 & 0 & 0 & 4.0 \end{bmatrix}$$

组成法方程为

$$\begin{bmatrix} 6.6 & -3.7 & 0 \\ -3.7 & 9.5 & -3.3 \\ 0 & -3.3 & 7.3 \end{bmatrix} \begin{bmatrix} \hat{x}_1 \\ \hat{x}_2 \\ \hat{x}_3 \end{bmatrix} - \begin{bmatrix} 85.1 \\ -38.9 \\ -46.2 \end{bmatrix} = 0$$

(3) 解法方程。

$$\hat{x}_1 = 11.75 \text{mm}, \quad \hat{x}_2 = -20.4 \text{mm}, \quad \hat{x}_3 = -7.25 \text{mm}$$

(4) 计算改正数。将 $\hat{x}_i$ 代入误差方程,计算观测值的改正数得

$$V_1 = 12 \text{mm}, \quad V_2 = 9 \text{mm}, \quad V_3 = -2 \text{mm}, \quad V_4 = -9 \text{mm}, \quad V_5 = -7 \text{mm}$$

(5) 计算平差值。

参数平差值 $\hat{X}_i = X_i^0 + \hat{x}_i$:

$$\hat{X}_1 = 243.330 \text{m}, \quad \hat{X}_2 = 247.121 \text{m}, \quad \hat{X}_3 = 239.746 \text{m}$$

观测值的平差值 $\hat{L} = L + V$:

$$\hat{L}_1 = 5.847 \text{m}, \quad \hat{L}_2 = 3.791 \text{m}, \quad \hat{L}_3 = 9.638 \text{m}, \quad \hat{L}_4 = 7.375 \text{m}, \quad \hat{L}_5 = 2.263 \text{m}$$

【例 5.3】 同例 4.4 题条件,试用间接平差方法计算图 5.3 中 A、C 之间各段距离的

平差值。

解：按题意 $t=2$，选取 l_1、l_2 的平差值为参数，即 $\hat{l}_1=\hat{X}_1$、$\hat{l}_2=\hat{X}_2$，可列出 $n=4$ 个观测值方程：

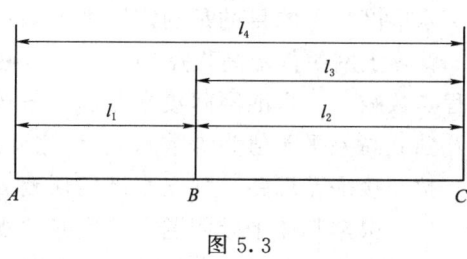

图 5.3

$$l_1+v_1=\hat{X}_1$$
$$l_2+v_2=\hat{X}_2$$
$$l_3+v_3=\hat{X}_2$$
$$l_4+v_4=\hat{X}_1+\hat{X}_2$$

令 $\hat{X}_1=X_1^0+\hat{x}_1$，$\hat{X}_2=X_2^0+\hat{x}_2$，取 $X_1^0=l_1$，$X_2^0=l_2$，并用观测数据代入，得误差方程为

$$v_1=\hat{x}_1$$
$$v_2=\hat{x}_2$$
$$v_3=\hat{x}_2-2$$
$$v_4=\hat{x}_1+\hat{x}_2-3$$

常数项的单位为 cm。令 100m 量距的权为单位权，即 $p_i=\dfrac{100}{s_i}$，于是有 $p_1=0.50$，$p_2=0.33$，$p_3=0.33$，$p_4=0.20$。

组成法方程为

$$0.70\hat{x}_1+0.20\hat{x}_2-0.60=0$$
$$0.20\hat{x}_1+0.86\hat{x}_2-1.26=0$$

解得

$$\hat{x}_1=0.47\text{cm},\quad \hat{x}_2=1.35\text{cm}$$

各段距离平差值为

$$\hat{L}_1=200.0147\text{m},\quad \hat{L}_2=300.0635\text{m}$$
$$\hat{L}_{13}=300.0635\text{m},\quad \hat{L}_4=500.0782\text{m}$$

计算结果与例 4.4 中用条件平差方法计算的结果相同。

一个平差问题，无论采用条件平差还是间接平差，其最小二乘解是唯一和一致的，即它与采用的具体平差方法无关。

5.2 误差方程式

按间接平差法思路，第一步就是列出误差方程。为此，要先确定平差问题中必要观测 t，选取 t 个独立的参数，再根据具体问题列立误差方程。下面结合不同测量模型，介绍列误差方程思路。

5.2.1 水准网误差方程

水准网平差的目的是确定网中未知点的最或然高程。如果网中有已知高点，必要观测数 t 就等于网中待定高程点的个数；若网中无已知高程点，则必要观测数 t 等于全网待求高程点数减一。水准网间接平差，一般选取 t 个待定点的高程作为未知参数（或选择几段相互独立高差平差值为参数），它们之间总是函数独立的。

按间接平差思路，列立水准网误差方程的步骤如下：

（1）根据具体平差问题，确定必要观测数 t。

（2）选取 t 个待定点的高程（或相互独立的 t 段高差平差值）作为参数，并用观测值计算参数的近似值。

（3）根据几何模型，列立平差值方程、误差方程。

【例 5.4】 在图 5.4 所示水准网中，A、B 为已知高程点，$H_A=15.000\mathrm{m}$，$H_B=18.303\mathrm{m}$，P_1、P_2 为未知点，四段观测高差为 $h_1=1.258\mathrm{m}$，$h_2=2.041\mathrm{m}$，$h_3=1.571\mathrm{m}$，$h_4=-4.870\mathrm{m}$，几段水准路线长度为：$S_1=1\mathrm{km}$，$S_2=2\mathrm{km}$，$S_3=2\mathrm{km}$，$S_4=2\mathrm{km}$。试按间接平差法求出未知点 P_1、P_2 的高程。

解：$t=2$，设 2 个参数，选取 P_1、P_2 的最或然高程为参数 $\hat{X}_1$，$\hat{X}_2$，令

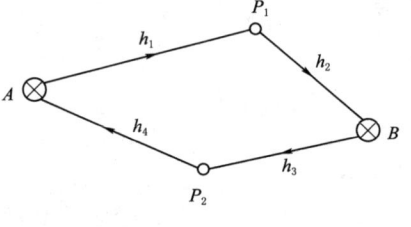

图 5.4

$$\begin{bmatrix}\hat{X}_1\\\hat{X}_2\end{bmatrix}=\begin{bmatrix}X_1^0+\hat{x}_1\\X_2^0+\hat{x}_2\end{bmatrix}$$

计算参数的近似值：

$$X_1^0=H_A+h_1=16.258$$
$$X_2^0=H_B+h_3=19.874$$

列平差值方程：

$$\hat{h}_1=\hat{X}_1-H_A$$
$$\hat{h}_2=H_B-\hat{X}_1$$
$$\hat{h}_3=\hat{X}_2-H_B$$
$$\hat{h}_4=H_A-\hat{X}_2$$

代入已知数据，变换成误差方程：

$$v_1=\hat{x}_1$$
$$v_2=\hat{x}_2+4$$
$$v_3=\hat{x}_2$$
$$v_4=-\hat{x}_2-4$$

计算权：

$$p_i = \frac{C}{S_i}$$

取 $C=2$，得

$$p_1 = 2, p_2 = p_3 = p_4 = 1$$

组成法方程：

$$2\hat{x}_1 = 0$$
$$3\hat{x}_2 + 8 = 0$$

解法方程：

$$\hat{x}_1 = 0\text{mm}$$
$$\hat{x}_2 = -2.7\text{mm}$$

计算 P_1、P_2 点高程：

$$H_{P_1} = \hat{X}_1 = X_1^0 + \hat{x}_1 = 16.258 + 0 = 16.258(\text{m})$$

$$H_{P_2} = \hat{X}_2 = X_2^0 + \hat{x}_2 = 19.874 + -0.0027 = 19.8713(\text{m})$$

【例 5.5】 在图 5.5 所示的水准网中，测得各段观测高差值 $h_1 = 1.357\text{m}$，$h_2 = 2.008\text{m}$，$h_3 = 0.353\text{m}$，$h_4 = 1.000\text{m}$，$h_5 = -0.657\text{m}$。试列出误差方程。

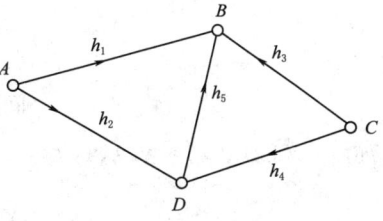

图 5.5

解： $t=3$，网中没有已知高程点，选取不相关的三段高差平差值为参数。

设 h_1、h_2、h_3 三段高差平差值为参数 $\hat{X}_1$、$\hat{X}_2$、$\hat{X}_3$，令

$$\begin{bmatrix} \hat{X}_1 \\ \hat{X}_2 \\ \hat{X}_3 \end{bmatrix} = \begin{bmatrix} X_1^0 + \hat{x}_1 \\ X_2^0 + \hat{x}_2 \\ X_3^0 + \hat{x}_3 \end{bmatrix}$$

计算参数近似值：

$$\begin{bmatrix} X_1^0 \\ X_2^0 \\ X_3^0 \end{bmatrix} = \begin{bmatrix} h_1 \\ h_2 \\ h_3 \end{bmatrix} = \begin{bmatrix} 1.357 \\ 2.008 \\ 0.353 \end{bmatrix}$$

列平差值方程：

$$\hat{h}_1 = \hat{X}_1$$
$$\hat{h}_2 = \hat{X}_2$$
$$\hat{h}_3 = \hat{X}_3$$
$$\hat{h}_4 = -\hat{X}_1 + \hat{X}_2 + \hat{X}_3$$
$$\hat{h}_5 = \hat{X}_1 - \hat{X}_2$$

代入已知数据转成误差方程

$$v_1 = \hat{x}_1 + 0$$
$$v_2 = \hat{x}_2 + 0$$
$$v_3 = \hat{x}_3 + 0$$
$$v_4 = -\hat{x}_1 + \hat{x}_2 + \hat{x}_3 + 4$$
$$v_5 = \hat{x}_1 - \hat{x}_2 + 6$$

5.2.2 测角网误差方程

三角网平差的目的是要确定三角点在平面坐标系中的坐标,当网中有两个或两个以上已知点坐标,则必要观测数就等于网中未知点个数的 2 倍;当网中少于两个已知点时,则必要观测个数就等于总点数的 2 倍减去 4。

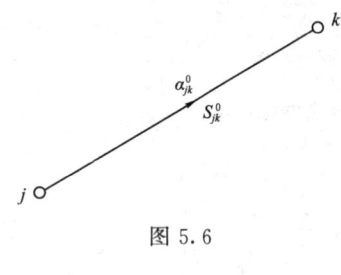

图 5.6

这里讨论测角网中选择待定点的坐标值为参数时,误差方程的列立及线性化问题。

(1) 先介绍坐标改正数与坐标方位角改正数之间的关系。

在图 5.6 中,j、k 是两个待定点,它们的近似坐标为 (X_j^0, Y_j^0)、(X_k^0, Y_k^0)。根据这些近似坐标计算 j、k 两点间的近似坐标方位角 α_{jk}^0 和近似边长 S_{jk}^0。设这两点的近似坐标改正数为 $(\hat{x}_j, \hat{y}_j)$、$(\hat{x}_k, \hat{y}_k)$,即

$$\hat{X}_j = X_j^0 + \hat{x}_j, \quad \hat{Y}_j = Y_j^0 + \hat{y}_j$$
$$\hat{X}_k = X_k^0 + \hat{x}_k, \quad \hat{Y}_k = Y_k^0 + \hat{y}_k$$

由近似坐标改正数引起的近似坐标方位角的改正数为 $\delta\alpha_{jk}$,即

$$\hat{\alpha}_{jk} = \alpha_{jk}^0 + \delta\alpha_{jk} \tag{5.2.1}$$

现求坐标改正数 $(\hat{x}_j, \hat{y}_j)$、$(\hat{x}_k, \hat{y}_k)$ 与坐标方位角改正数 $\delta\alpha_{jk}$ 之间的线性关系。

根据图 5.6 可以写出

$$\hat{\alpha}_{jk} = \arctan\frac{(Y_k^0 + \hat{y}_k) - (Y_j^0 + \hat{y}_j)}{(X_k^0 + \hat{x}_k) - (X_j^0 + \hat{x}_j)}$$

将上式右端按泰勒公式展开,取至一阶项,得

$$\hat{\alpha}_{jk} = \arctan\frac{Y_k^0 - Y_j^0}{X_k^0 - X_j^0} + \left(\frac{\partial \hat{\alpha}_{jk}}{\partial \hat{X}_j}\right)_0 \hat{x}_j + \left(\frac{\partial \hat{\alpha}_{jk}}{\partial \hat{Y}_j}\right)_0 \hat{y}_j + \left(\frac{\partial \hat{\alpha}_{jk}}{\partial \hat{X}_k}\right)_0 \hat{x}_k + \left(\frac{\partial \hat{\alpha}_{jk}}{\partial \hat{Y}_k}\right)_0 \hat{y}_k$$

等式中右边第一项就是由近似坐标算得的近似坐标方位角 α_{jk}^0,对照式 (5.2.1) 可知

$$\delta\alpha_{jk} = \left(\frac{\partial \hat{\alpha}_{jk}}{\partial \hat{X}_j}\right)_0 \hat{x}_j + \left(\frac{\partial \hat{\alpha}_{jk}}{\partial \hat{Y}_j}\right)_0 \hat{y}_j + \left(\frac{\partial \hat{\alpha}_{jk}}{\partial \hat{X}_k}\right)_0 \hat{x}_k + \left(\frac{\partial \hat{\alpha}_{jk}}{\partial \hat{Y}_k}\right)_0 \hat{y}_k \tag{5.2.2}$$

式中

$$\left(\frac{\partial \hat{\alpha}_{jk}}{\partial \hat{X}_j}\right)_0 = \frac{\frac{Y_k^0 - Y_j^0}{(X_k^0 - X_j^0)^2}}{1 + \left(\frac{Y_k^0 - Y_j^0}{X_k^0 - X_j^0}\right)^2} = \frac{Y_k^0 - Y_j^0}{(X_k^0 - X_j^0)^2 + (Y_k^0 - Y_j^0)^2} = \frac{\Delta Y_{jk}^0}{(S_{jk}^0)^2}$$

同理可得

$$\left(\frac{\partial \hat{\alpha}_{jk}}{\partial \hat{Y}_j}\right)_0 = -\frac{\Delta X_{jk}^0}{(S_{jk}^0)^2}$$

$$\left(\frac{\partial \hat{\alpha}_{jk}}{\partial \hat{X}_k}\right)_0 = -\frac{\Delta Y_{jk}^0}{(S_{jk}^0)^2}$$

$$\left(\frac{\partial \hat{\alpha}_{jk}}{\partial \hat{Y}_k}\right)_0 = \frac{\Delta X_{jk}^0}{(S_{jk}^0)^2}$$

将上列结果代入式（5.2.2），并顾及全式的角度改正数单位秒，得

$$\delta \alpha_{jk}'' = \frac{\rho'' \Delta Y_{jk}^0}{(S_{jk}^0)^2}\hat{x}_j - \frac{\rho'' \Delta X_{jk}^0}{(S_{jk}^0)^2}\hat{y}_j - \frac{\rho'' \Delta Y_{jk}^0}{(S_{jk}^0)^2}\hat{x}_k + \frac{\rho'' \Delta X_{jk}^0}{(S_{jk}^0)^2}\hat{y}_k \tag{5.2.3}$$

或写成

$$\delta \alpha_{jk}'' = \frac{\rho'' \sin\alpha_{jk}^0}{S_{jk}^0}\hat{x}_j - \frac{\rho'' \cos\alpha_{jk}^0}{S_{jk}^0}\hat{y}_j - \frac{\rho'' \sin\alpha_{jk}^0}{S_{jk}^0}\hat{x}_k + \frac{\rho'' \cos\alpha_{jk}^0}{S_{jk}^0}\hat{y}_k \tag{5.2.4}$$

式（5.2.3）及式（5.2.4）就是坐标改正数与坐标方位角改正数间的一般线性关系式，称为坐标方位角改正数方程。其中 $\delta\alpha$ 以秒为单位。平差计算时，可根据不同的情况灵活应用。例如：

1) 若某边的两端均为待定点，则坐标改正数与坐标方位角改正数间的关系式就是式（5.2.3）。此时，$\hat{x}_j$ 与 $\hat{x}_k$ 前的系数的绝对值相等，$\hat{y}_j$ 与 $\hat{y}_k$ 前的系数的绝对值也相等。

2) 若测站点 j 为已知点，则 $\hat{x}_j = \hat{y}_j = 0$，式（5.2.4）就变成

$$\delta \alpha_{jk}'' = -\frac{\rho'' \sin\alpha_{jk}^0}{S_{jk}^0}\hat{x}_k + \frac{\rho'' \cos\alpha_{jk}^0}{S_{jk}^0}\hat{y}_k \tag{5.2.5}$$

若照准点 k 为已知点，则 $\hat{x}_k = \hat{y}_k = 0$，则为

$$\delta \alpha_{jk}'' = \frac{\rho'' \sin\alpha_{jk}^0}{S_{jk}^0}\hat{x}_j - \frac{\rho'' \cos\alpha_{jk}^0}{S_{jk}^0}\hat{y}_j \tag{5.2.6}$$

3) 若某边的两个端点均为已知点，有 $\hat{x}_j = \hat{y}_j = 0$，$\hat{x}_k = \hat{y}_k = 0$，则得

$$\delta \alpha_{jk}'' = 0$$

4) 同一边的正、反方向坐标方位角的改正数方程相同，这是因为

$$\Delta X_{jk}^0 = -\Delta X_{kj}^0, \quad \Delta Y_{jk}^0 = -\Delta Y_{kj}^0$$

代入式（5.2.4），得到

$$\delta \alpha_{jk}'' = \delta \alpha_{kj}''$$

据此，实际计算时，每条待定边的坐标方位角改正数方程按一个方向列立即可。

（2）下面介绍角度观测值平差值方程及误差方程。

如图 5.7 所示，对于角度观测值 L_i，根据其与边方位角的关系，平差值方程为

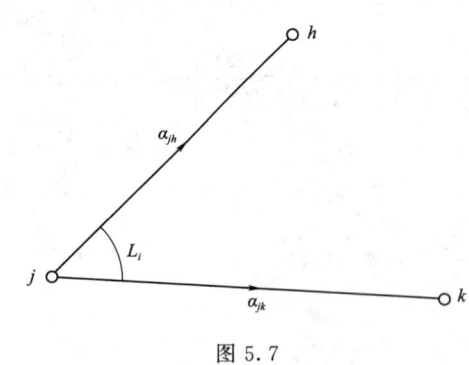

图 5.7

$$L_i + v_i = \hat{\alpha}_{jk} - \hat{\alpha}_{jh} \quad (5.2.7)$$

将 $\hat{\alpha} = \alpha^0 + \delta\alpha$ 代入，则

$$L_i + v_i = (\alpha_{jk}^0 + \delta\alpha_{jk}) - (\alpha_{jh}^0 + \delta\alpha_{jh})$$

$$v_i = \delta\alpha_{jk} - \delta\alpha_{jh} - [L_i - (\alpha_{jk}^0 - \alpha_{jh}^0)]$$

令

$$l_i = L_i - (\alpha_{jk}^0 - \alpha_{jh}^0) = L_i - L_i^0 \quad (5.2.8)$$

可得

$$v_i = \delta\alpha_{jk} - \delta\alpha_{jh} - l_i \quad (5.2.9)$$

然后根据这个观测角的三个端点 j、h、k 是已知点还是未知点，选择式（5.2.3）不同形式，代入式（5.2.9），即得到线性化后的角度观测值误差方程。

例如，j、h、k 点都是未知点时，式（5.2.9）为

$$v_i = \frac{\rho'' \Delta Y_{jk}^0}{(S_{jk}^0)^2} \hat{x}_j - \frac{\rho'' \Delta X_{jk}^0}{(S_{jk}^0)^2} \hat{y}_j - \frac{\rho'' \Delta Y_{jk}^0}{(S_{jk}^0)^2} \hat{x}_k + \frac{\rho'' \Delta X_{jk}^0}{(S_{jk}^0)^2} \hat{y}_k$$

$$- \left\{ \frac{\rho'' \Delta Y_{jh}^0}{(S_{jh}^0)^2} \hat{x}_j - \frac{\rho'' \Delta X_{jh}^0}{(S_{jh}^0)^2} \hat{y}_j - \frac{\rho'' \Delta Y_{jh}^0}{(S_{jh}^0)^2} \hat{x}_h + \frac{\rho'' \Delta X_{jh}^0}{(S_{jh}^0)^2} \hat{y}_h \right\} - l_i$$

合并同类项最后可得

$$v_i = \rho'' \left(\frac{\Delta Y_{jk}^0}{(S_{jk}^0)^2} - \frac{\Delta Y_{jh}^0}{(S_{jh}^0)^2} \right) \hat{x}_j - \rho'' \left(\frac{\Delta X_{jk}^0}{(S_{jk}^0)^2} - \frac{\Delta X_{jh}^0}{(S_{jh}^0)^2} \right) \hat{y}_j$$

$$- \rho'' \frac{\Delta Y_{jk}^0}{(S_{jk}^0)^2} \hat{x}_k + \rho'' \frac{\Delta X_{jk}^0}{(S_{jk}^0)^2} \hat{y}_k + \rho'' \frac{\Delta Y_{jh}^0}{(S_{jh}^0)^2} \hat{x}_h - \rho'' \frac{\Delta X_{jh}^0}{(S_{jh}^0)^2} \hat{y}_h - l_i \quad (5.2.10)$$

式（5.2.10）即为线性化后的观测角度的误差方程式。

综上所述，对于测角网，采用间接平差，选择待定点的坐标为参数时，列误差方程的步骤为：

1) 选定待定点坐标为参数，根据观测值计算各待定点的近似坐标 X^0，Y^0。
2) 由待定点的近似坐标及已知点的坐标计算各边的近似坐标方位角 α^0 和近似边长 S^0。
3) 列出各边的坐标方位角改正数方程，并计算其系数。
4) 按照式（5.2.10）列出各观测角误差方程。

【例 5.6】 某三角网如图 5.8 所示，图中 A、B、C 为坐标已知点，起算数据见表 5.2，同精度观测 6 个角度 L_1，L_2，…，L_6，观测数据见表 5.3，试列出网中以坐标为参数的角度误差方程。

表 5.2

点 名	坐标/m		坐标方位角 /(° ′ ″)	边长 /m
	X	Y		
B	13737.37	10501.92	225 16 38.1	6751.24
A	8986.68	5705.03		
C	6642.27	14711.75	104 35 24.3	9306.84

表 5.3

角号	观测值/(° ′ ″)	角号	观测值/(° ′ ″)	角号	观测值/(° ′ ″)
1	106 50 42.2	3	42 16 39.1	5	127 48 41.2
2	30 52 44.0	4	28 26 05.0	6	23 45 16.2

解：本题中，必要观测数 $t=2$，选待定点 D 的坐标为参数 X_D、Y_D。

(1) 待定点 D 的近似坐标、未知边近似边长及未知边近似坐标方位角计算。

由已知点 A、B 坐标及观测角 L_2、L_3，用前方交会余切公式计算 D 的近似坐标：

$$X_D^0 = \frac{X_A \cot L_3 + X_B \cot L_2 - Y_B + Y_A}{\cot L_2 + \cot L_3} = 10122.12(\text{m})$$

$$Y_D^0 = \frac{Y_A \cot L_3 + Y_B \cot L_2 + X_B - X_A}{\cot L_2 + \cot L_3} = 10321.47(\text{m})$$

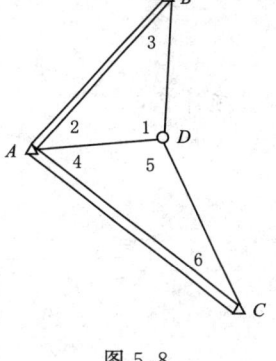

图 5.8

由 A、B、C 坐标及 D 的近似坐标计算未知边近似边长及近似坐标方位角

$$S_{DA}^0 = \sqrt{(X_A - X_D^0)^2 + (Y_A - Y_D^0)^2} = 4745(\text{m})$$

$$\alpha_{DA}^0 = \arctan \frac{Y_A - Y_D^0}{X_A - X_D^0} = 256°09'22.0''$$

同样求得其他未知边的近似边长及近似坐标方位角，列入表 5.4。

表 5.4

方向	ΔX^0/m	ΔY^0/m	$(S^0)^2$/m²	近似边长 S^0/m	近似坐标方位角 α^0/(° ′ ″)	$\Delta\alpha$ 系数/(s/dm)	
						δX_D	δY_D
DA	−4607	−1135	2252×10⁴	4745	256 09 22.0	−4.22	+1.04
DB	189	3615	1311×10⁴	3620	2 59 59.0	+0.30	−5.69
DC	4399	−3480	3146×10⁴	5609	128 20 39.0	+2.88	+2.28

(2) 各未知边坐标方位角改正数方程系数计算。

本题中，AB、AC 边坐标方位角是已知的，不需要计算坐标方位角改正数系数，只有与未知点 D 有关的三条边 DA、DB、DC 要计算坐标方位角改正数方程，计算如下：

$$\delta\alpha''_{DA} = \frac{\rho'' \Delta Y_{DA}^0}{(S_{DA}^0)^2 \times 10} \hat{x}_D - \frac{\rho'' \Delta X_{DA}^0}{(S_{DA}^0)^2 \times 10} \hat{y}_D = -4.22\hat{x}_D + 1.04\hat{y}_D$$

$$\delta\alpha''_{DB} = \frac{\rho'' \Delta Y_{DB}^0}{(S_{DB}^0)^2 \times 10} \hat{x}_D - \frac{\rho'' \Delta X_{DB}^0}{(S_{DB}^0)^2 \times 10} \hat{y}_D = +0.30\hat{x}_D - 5.691.04\hat{y}_D$$

$$\delta\alpha''_{DC} = \frac{\rho'' \Delta Y_{DC}^0}{(S_{DC}^0)^2 \times 10} \hat{x}_D - \frac{\rho'' \Delta X_{DC}^0}{(S_{DC}^0)^2 \times 10} \hat{y}_D = +2.88\hat{x}_D + 2.28\hat{y}_D$$

式中 x_D、y_D 以 dm 为单位。

(3) 观测值误差方程式列立。根据图形，列出观测值误差方程

$$v_1 = \delta\alpha_{DB} - \delta\alpha_{DA} - l_1$$
$$v_2 = \delta\alpha_{AD} - l_2$$
$$v_3 = -\delta\alpha_{DB} - l_3$$
$$v_4 = -\delta\alpha_{AD} - l_4$$
$$v_5 = \delta\alpha_{DA} - \delta\alpha_{DC} - l_5$$
$$v_6 = -\delta\alpha_{CD} - l_6$$

常数项计算：

$$l_1 = L_1 - (\alpha_{DB}^0 - \alpha_{DA}^0) = 5.2$$
$$l_2 = L_2 - (\alpha_{AD}^0 - \alpha_{AB}^0) = 0.1$$
$$l_3 = L_3 - (\alpha_{BA}^0 - \alpha_{BD}^0) = 0.0$$
$$l_4 = L_4 - (\alpha_{AC}^0 - \alpha_{AD}^0) = 2.7$$
$$l_5 = L_5 - (\alpha_{DA}^0 - \alpha_{DC}^0) = -1.8$$
$$l_6 = L_6 - (\alpha_{CD}^0 - \alpha_{CA}^0) = 1.5$$

观测值误差方程最后形式：

$$v_1 = 4.52\hat{x}_D - 6.73\hat{y}_D - 5.2$$
$$v_2 = -4.22\hat{x}_D + 1.04\hat{y}_D - 0.1$$
$$v_3 = -0.30\hat{x}_D + 5.69\hat{y}_D + 0.0$$
$$v_4 = 4.22\hat{x}_D - 1.04\hat{y}_D - 2.7$$
$$v_5 = -7.10\hat{x}_D - 1.24\hat{y}_D + 1.8$$
$$v_6 = 2.88\hat{x}_D + 2.28\hat{y}_D - 1.5$$

5.2.3 测边网坐标平差的误差方程

下面讨论在测边网平差中，选择待定点的坐标为参数时的误差方程的线性化问题。

先讨论一般情况。在图 5.9 中，测得待定点间的边长 L_i，设待定点的坐标平差值 $\hat{X}_j, \hat{Y}_j$ 和 $\hat{X}_k, \hat{Y}_k$ 为参数，令

$$\hat{X}_j = X_j^0 + \hat{x}_j, \quad \hat{Y}_j = Y_j^0 + \hat{y}_j$$
$$\hat{X}_k = X_k^0 + \hat{x}_k, \quad \hat{Y}_k = Y_k^0 + \hat{y}_k$$

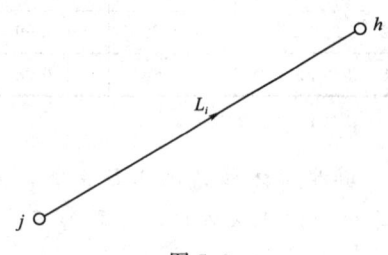

图 5.9

由图 5.9 可写出 L_i 的平差值方程为

$$\hat{L}_i = L_i + v_i = \sqrt{(\hat{X}_k - \hat{X}_j)^2 + (\hat{Y}_k - \hat{Y}_j)^2} \tag{5.2.11}$$

按泰勒公式展开，并取至一阶得

$$L_i + v_i = S_{jk}^0 + \frac{\Delta X_{jk}^0}{S_{jk}^0}(\hat{x}_k - \hat{x}_j) + \frac{\Delta Y_{jk}^0}{S_{jk}^0}(\hat{y}_k - \hat{y}_j) \tag{5.2.12}$$

式中

$$S_{jk}^0 = \sqrt{(X_k^0 - X_j^0)^2 + (Y_k^0 - Y_j^0)^2}$$
$$\Delta X_{jk}^0 = X_k^0 - X_j^0, \quad \Delta Y_{jk}^0 = Y_k^0 - Y_j^0$$

再令

$$l_i = L_i - S_{jk}^0 \tag{5.2.13}$$

则由式（5.2.12）可得测边的误差方程为

$$v_i = -\frac{\Delta X_{jk}^0}{S_{jk}^0}\hat{x}_j - \frac{\Delta Y_{jk}^0}{S_{jk}^0}\hat{y}_j + \frac{\Delta X_{jk}^0}{S_{jk}^0}\hat{x}_k + \frac{\Delta Y_{jk}^0}{S_{jk}^0}\hat{y}_k - l_i \tag{5.2.14}$$

式（5.2.14）也可写成

$$v_i = -\cos\alpha_{jk}^0 \hat{x}_j - \sin\alpha_{jk}^0 \hat{y}_j + \cos\alpha_{jk}^0 \hat{x}_k + \sin\alpha_{jk}^0 \hat{y}_k - l_i$$

式中右边前 4 项之和是由坐标改正数引起的边长改正数。

式（5.2.14）就是测边坐标平差误差方程式的一般形式，它是在假设两端点都是待定点的情况下导出的。具体计算时，可根据边的两端点的不同情况灵活运用。

（1）若某边的两端点均为待定点，则式（5.2.14）就是该观测边的误差方程。式中，$\hat{x}_j$ 与 $\hat{x}_k$ 前的系数绝对值相等，$\hat{y}_j$ 与 $\hat{y}_k$ 前的系数绝对值也相等。常数项等于该边的观测值减其近似值。

（2）若 j 为已知点，则 $\hat{x}_j = \hat{y}_j = 0$，得

$$v_i = \frac{\Delta X_{jk}^0}{S_{jk}^0}\hat{x}_k + \frac{\Delta Y_{jk}^0}{S_{jk}^0}\hat{y}_k - l_i \tag{5.2.15}$$

（3）若 k 为已知点，则 $\hat{x}_k = \hat{y}_k = 0$，得

$$v_i = -\frac{\Delta X_{jk}^0}{S_{jk}^0}\hat{x}_j - \frac{\Delta Y_{jk}^0}{S_{jk}^0}\hat{y}_j - l_i \tag{5.2.16}$$

若 j、k 均为已知点，则该边为固定边（不观测），不需要列误差方程。

（4）某边的误差方程，按 jk 向列立误差方程与按 kj 向列立方程形式相同。

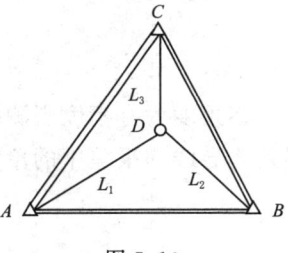

图 5.10

【例 5.7】 如图 5.10 所示测边网，图中 A、B、C 三点为已知坐标点，D 为待定点，同精度观测了三条边长，观测值为 $L_1 = 387.363\text{m}$、$L_2 = 306.065\text{m}$、$L_3 = 354.862\text{m}$，已知数据见表 5.5，试列出观测值误差方程。

表 5.5

点 名	坐标/m		边长/m	方位角/(° ′ ″)
	X	Y		
A	2692.201	5203.153		
			603.608	186 44 26.4
B	2092.765	5132.304		
			545.984	77 32 13.3
C	2210.593	5665.422		
			667.562	316 10 25.6
A				

解：本题中，必要观测数 $t=2$，选待定点 D 的坐标平差值为参数 $\hat{X}_D$、$\hat{Y}_D$。

（1）根据 A、B 点坐标及边长观测 L_1、L_2，计算 D 点近似坐标。

$$X_D^0 = 2326.259 \text{m}, \quad Y_D^0 = 5330.184 \text{m}$$

（2）根据已知点坐标与未知点近似坐标，计算误差方程系数与常数项，见表5.6。

表 5.6

方向	ΔX^0 /m	ΔY^0 /m	近似边长 S^0 /m	$\dfrac{\Delta X^0}{S^0}$	$\dfrac{\Delta Y^0}{S^0}$	$l = L - S^0$ /m
AD	−365.942	127.031	387.363	−0.9447	0.3279	0
BD	233.494	197.880	306.065	0.7629	0.6465	0
CD	115.666	−335.238	354.631	0.3262	−0.9453	0.231

误差方程为

$$v_1 = -0.9447\hat{x}_D + 0.3279\hat{y}_D - 0$$

$$v_2 = 0.7629\hat{x}_D + 0.6465\hat{y}_D - 0$$

$$v_3 = 0.3262\hat{x}_D - 0.94539\hat{y}_D - 0.231$$

5.2.4 导线网坐标平差的误差方程

导线网中有两类观测值，即边长观测值和角度观测值，所以导线网也是一种边、角同测网。导线网中角度观测值的误差方程，其组成与测角网坐标平差的误差方程相同；边长观测的误差方程，其组成与测边网坐标平差的误差方程相同，因此导线网中观测值的误差方程列立与上述测角网、测边网相同。在导线网中有边、角两类观测值，确定两类观测值的权的配比问题是平差中的重要环节。

设先验单位权方差为 σ_0^2，测角中误差为 σ_{β_i}，测边中误差为 σ_{S_i}，定权公式为

$$p_{\beta_i} = \frac{\sigma_0^2}{\sigma_{\beta_i}^2}, \quad p_{S_i} = \frac{\sigma_0^2}{\sigma_{S_i}^2} \tag{5.2.17}$$

当角度为等精度观测时，$\sigma_{\beta_1} = \sigma_{\beta_2} = \cdots = \sigma_{\beta_n} = \sigma_\beta$。定权时一般令 $\sigma_0^2 = \sigma_\beta^2$，即以测角中误差为导线网平差中的单位权观测值中误差，由此即得

$$p_{\beta_i} = \frac{\sigma_\beta^2}{\sigma_\beta^2} = 1, \quad p_{S_i} = \frac{\sigma_\beta^2}{\sigma_{S_i}^2} \tag{5.2.18}$$

为了确定边、角观测的权比，必须已知 σ_β^2 和 $\sigma_{S_i}^2$，一般平差前是无法精确知道的，所以采用按经验定权的方法，即 σ_β^2 和 $\sigma_{S_i}^2$ 采用厂方给定的测角、测距仪器的标称精度或者经验数据。

在边、角同测网中，权比是有单位的，如式（5.2.18）中 $p_\beta = 1$ 无量纲（即单位为1），而边长的权，其单位为 s^2/cm^2。在这种情况下，角度的改正数 v_{β_i} 要取秒为单位，而边长改正数 v_{S_i} 则要取厘米为单位，此时的 $p_{\beta_i} v_{\beta_i}^2$ 与 $p_{S_i} v_{S_i}^2$ 单位才能一致。这一点在不同类型观测联合平差时应予以注意。下面以一个边、角网为例，说明观测角、观测边误差方程式的列立，以及两类观测值的定权方法等。

【例 5.8】 如图 5.11 所示，A、B、C、D 为已知点，P_1、P_2 是待定点。同精度观测了 6 个角度 L_1、L_2、…、L_6，测角中误差为 $\pm 2.5''$，测量了四条边长 S_7、S_8、S_9、S_{10}，起算数据见表 5.7，观测结果及其中误差见表 5.8。试按间接平差法列出误差方程。

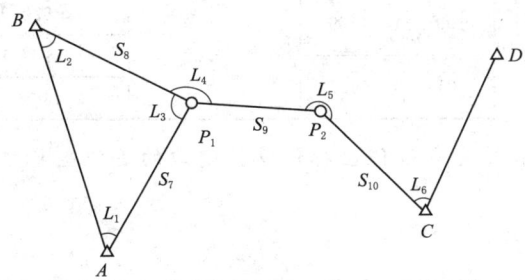

图 5.11

表 5.7

点 名	X/m	Y/m	S/m	坐标方位角/(° ′ ″)
A	3143.237	5260.334	1484.781	350 54 27.0
B	4609.361	5025.696		
C	4157.197	8853.254	1000.000	109 31 44.9
D	3822.911	9795.726		

表 5.8

	角　度				边　长		
编号	观测值/(° ′ ″)	编号	观测值/(° ′ ″)	编号	观测值 S /m	中误差 /cm
1	44 05 44.8	5	201 57 34.0	7	2185.070	±3.3
2	93 10 43.1	6	168 01 45.2	8	1522.853	±2.3
3	42 43 27.2			9	1500.017	±2.2
4	201 48 51.2			10	1009.021	±1.5

解： 本题 $n=10$，即有 10 个误差方程，其中有 6 个角度误差方程、4 个边长误差方程。必要观测数 $t=2\times 2=4$。现取待定点坐标平差值为参数，即 $\hat{X}=\begin{bmatrix}\hat{X}_1 & \hat{Y}_1 & \hat{X}_2 & \hat{Y}_2\end{bmatrix}^\mathrm{T}$。

（1）计算待定点近似坐标。各点近似坐标按坐标增量计算，结果见表 5.9。

表 5.9

点名	观测角 β_i /(° ′ ″)	坐标方位角 α^0 /(° ′ ″)	观测边长 S /m	近似坐标	
				X^0/m	Y^0/m
A		350 54 27.0	1522.853	3143.237	5260.334
B	93 10 43.1			4609.361	5025.696
P_1		77 43 43.9		4933.025	6513.756

续表

点名	观测角 β_i /(° ′ ″)	坐标方位角 α^0 /(° ′ ″)	观测边长 S /m	近似坐标 X^0/m	近似坐标 Y^0/m
D		109 31 44.9		3822.911	9795.726
C	168 01 45.2		1009.021	4157.197	8853.254
P_2		301 29 59.7		4684.408	7792.921

(2) 由已知点坐标和待定点近似坐标计算待定边的近似坐标方位角 α^0 和近似边长 S^0（见表 5.10）。

表 5.10

方 向	近似坐标方位角 α^0	近似边长 S^0/m
AP_1	35 00 15.4	2185.042
BP_1	77 43 43.9	1522.853
P_1P_2	99 32 27.8	1499.913
P_2C	121 29 59.7	1009.021

(3) 计算坐标方位角改正数方程的系数。计算时 S^0、ΔX^0、ΔY^0 均以 m 为单位，而 $\hat{x}$、$\hat{y}$ 因其数值较小，采用 cm 为单位。有关系数值的计算见表 5.11～表 5.13。

表 5.11

方向	ΔY^0/m	ΔX^0/m	$(S^0)^2$/m²	$\delta\alpha$ 的系数/(s/cm)			
				$\hat{x}_1$	$\hat{y}_1$	$\hat{x}_2$	$\hat{y}_2$
AP_1	1253.422	1789.788	477×10⁴	−0.542	0.774		
BP_1	1488.060	323.664	232×10⁴	−1.323	0.288		
P_1P_2	1479.165	−248.617	225×10⁴	1.356	0.228	−1.356	−0.228
P_2C	860.333	−527.211	102×10⁴			1.740	1.066

表 5.12

方向	ΔX^0/m	ΔY^0/m	S^0/m	边长误差方程系数			
				$\hat{x}_1$	$\hat{y}_1$	$\hat{x}_2$	$\hat{y}_2$
AP_1	1789.788	1253.422	2185.042	0.8191	0.5736		
BP_1	323.664	1488.060	1522.853	0.2125	0.9772		
P_1P_2	−248.617	1479.165	1499.913	0.1658	−0.9862	−0.1658	0.9862
P_2C	−527.211	860.333	1009.021			0.5225	−0.8526

表 5.13

		$\hat{x}_1$	$\hat{y}_1$	$\hat{x}_2$	$\hat{y}_2$	l	p
角 β_i	1	−0.542	0.774			−3.6	1
	2	1.323	−0.288			0	1
	3	−0.781	−0.486			−1.3	1

续表

		$\hat{x}_1$	$\hat{y}_1$	$\hat{x}_2$	$\hat{y}_2$	l	p
角 β_i	4	2.679	−0.060	−1.356	−0.228	7.3	1
	5	−1.356	−0.228	3.096	1.294	2.1	1
	6			−1.740	−1.066	0	1
边 S_i	7	0.8191	0.5736			2.8	0.57
	8	0.2125	0.9772			0	1.18
	9	0.1658	−0.9862	−0.1658	0.9862	10.4	1.29
	10			0.5225	−0.8526	0	2.78

误差方程

$$v_{\beta_1} = -0.542\hat{x}_1 + 0.774\hat{y}_1 + 3.6$$
$$v_{\beta_2} = 1.323\hat{x}_1 - 0.288\hat{y}_1 - 0$$
$$v_{\beta_3} = -0.781\hat{x}_1 - 0.486\hat{y}_1 + 1.3$$
$$v_{\beta_4} = 2.679\hat{x}_1 - 0.060\hat{y}_1 - 1.356\hat{x}_2 - 0.228\hat{y}_2 - 7.3$$
$$v_{\beta_5} = -1.356\hat{x}_1 - 0.228\hat{y}_1 + 3.096\hat{x}_2 + 1.294\hat{y}_2 - 2.1$$
$$v_{\beta_6} = -1.740\hat{x}_2 - 1.066\hat{y}_2 - 0$$
$$v_{S_7} = 0.8191\hat{x}_1 + 0.5736\hat{y}_1 - 2.8$$
$$v_{S_8} = 0.2125\hat{x}_1 + 0.9772\hat{y}_1 - 0$$
$$v_{S_9} = 0.1658\hat{x}_1 - 0.9862\hat{y}_1 - 0.1658\hat{x}_2 + 0.9862\hat{y}_2 - 10.4$$
$$v_{S_{10}} = 0.5225\hat{x}_2 - 0.8526\hat{y}_2 - 0$$

5.2.5 GPS 控制网基线坐标平差误差方程

在 GPS 定位测量中，任意两个 GPS 站上同步观测，可以得到两点间基线向量的三维坐标差观测值，它们是在 WGS84 空间坐标系下的三维坐标差。为了提高定位结果的精度和可靠性，通常需将不同时段观测的基线向量连接成网，整体平差。用基线向量构成的网称为 GPS 网。

5.2.5.1 函数模型

设 GPS 网中各待定点的空间坐标平差值为参数，记为

$$\begin{bmatrix} \hat{X}_i \\ \hat{Y}_i \\ \hat{Z}_i \end{bmatrix} = \begin{bmatrix} X_i^0 \\ Y_i^0 \\ Z_i^0 \end{bmatrix} + \begin{bmatrix} \hat{x}_i \\ \hat{y}_i \\ \hat{z}_i \end{bmatrix}$$

如图 5.12 所示，基线 k 向量观测值为 $(\Delta X_{ij}, \Delta Y_{ij}, \Delta Z_{ij})$，设基线 k 的坐标差平差值为 $(\Delta\hat{X}_{ij}, \Delta\hat{Y}_{ij}, \Delta\hat{Z}_{ij})$，基线 k 的向量观测值改正数为 $(v_{xij}, v_{yij}, v_{zij})$。

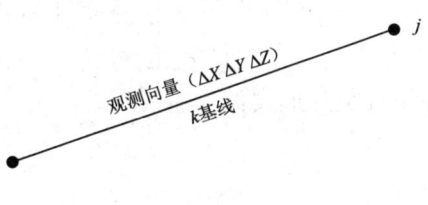

图 5.12

即
$$\begin{bmatrix} \Delta\hat{X}_{ij} \\ \Delta\hat{Y}_{ij} \\ \Delta\hat{Z}_{ij} \end{bmatrix} = \begin{bmatrix} \hat{X}_j \\ \hat{Y}_j \\ \hat{Z}_j \end{bmatrix} - \begin{bmatrix} \hat{X}_i \\ \hat{Y}_i \\ \hat{Z}_i \end{bmatrix} = \begin{bmatrix} \Delta X_{ij} + v_{x_{ij}} \\ \Delta Y_{ij} + v_{y_{ij}} \\ \Delta Z_{ij} + v_{z_{ij}} \end{bmatrix}$$

待定点 i、j 坐标平差值为参数，有

$$\begin{bmatrix} \hat{X}_i \\ \hat{Y}_i \\ \hat{Z}_i \end{bmatrix} = \begin{bmatrix} X_i^0 + \hat{x}_i \\ Y_i^0 + \hat{y}_i \\ Z_i^0 + \hat{z}_i \end{bmatrix}, \quad \begin{bmatrix} \hat{X}_j \\ \hat{Y}_j \\ \hat{Z}_j \end{bmatrix} = \begin{bmatrix} X_j^0 + \hat{x}_j \\ X_j^0 + \hat{y}_j \\ X_j^0 + \hat{z}_j \end{bmatrix}$$

k 基线的观测值平差值方程为

$$\begin{bmatrix} \Delta\hat{X}_{ij} \\ \Delta\hat{Y}_{ij} \\ \Delta\hat{Z}_{ij} \end{bmatrix} = \begin{bmatrix} \hat{X}_j \\ \hat{Y}_j \\ \hat{Z}_j \end{bmatrix} - \begin{bmatrix} \hat{X}_i \\ \hat{Y}_i \\ \hat{Z}_i \end{bmatrix} = \begin{bmatrix} X_j^0 + \hat{x}_j \\ Y_j^0 + \hat{y}_j \\ Z_j^0 + \hat{z}_j \end{bmatrix} - \begin{bmatrix} X_i^0 + \hat{x}_i \\ Y_i^0 + \hat{y}_i \\ Z_i^0 + \hat{z}_i \end{bmatrix}$$

$$= \begin{bmatrix} \hat{x}_j \\ \hat{y}_j \\ \hat{z}_j \end{bmatrix} - \begin{bmatrix} \hat{x}_i \\ \hat{y}_i \\ \hat{z}_i \end{bmatrix} + \begin{bmatrix} X_j^0 - X_i^0 \\ Y_j^0 - Y_i^0 \\ Z_j^0 - Z_i^0 \end{bmatrix}$$

k 基线向量误差方程为

$$\begin{bmatrix} \Delta X_{ij} \\ \Delta Y_{ij} \\ \Delta Z_{ij} \end{bmatrix} + \begin{bmatrix} v_{x_{ij}} \\ v_{y_{ij}} \\ v_{z_{ij}} \end{bmatrix} = \begin{bmatrix} \hat{x}_j \\ \hat{y}_j \\ \hat{z}_j \end{bmatrix} - \begin{bmatrix} \hat{x}_i \\ \hat{y}_i \\ \hat{z}_i \end{bmatrix} + \begin{bmatrix} X_j^0 - X_i^0 \\ Y_j^0 - Y_i^0 \\ Z_j^0 - Z_i^0 \end{bmatrix}$$

$$\begin{bmatrix} v_{x_{ij}} \\ v_{y_{ij}} \\ v_{z_{ij}} \end{bmatrix} = \begin{bmatrix} \hat{x}_j \\ \hat{y}_j \\ \hat{z}_j \end{bmatrix} - \begin{bmatrix} \hat{x}_i \\ \hat{y}_i \\ \hat{z}_i \end{bmatrix} + \begin{bmatrix} X_j^0 - X_i^0 - \Delta X_{ij} \\ Y_j^0 - Y_i^0 - \Delta Y_{ij} \\ Z_j^0 - Z_i^0 - \Delta Z_{ij} \end{bmatrix} = \begin{bmatrix} \hat{x}_j \\ \hat{y}_j \\ \hat{z}_j \end{bmatrix} - \begin{bmatrix} \hat{x}_i \\ \hat{y}_i \\ \hat{z}_i \end{bmatrix} - \begin{bmatrix} \Delta X_{ij} - \Delta X_{ij}^0 \\ \Delta Y_{ij} - \Delta Y_{ij}^0 \\ \Delta Z_{ij} - \Delta Z_{ij}^0 \end{bmatrix}$$

(5.2.19)

令

$$V_k \atop 3.1 = \begin{bmatrix} v_{x_{ij}} \\ v_{y_{ij}} \\ v_{z_{ij}} \end{bmatrix}, \quad X_i^0 \atop 3.1 = \begin{bmatrix} X_i^0 \\ Y_i^0 \\ Z_i^0 \end{bmatrix}, \quad \hat{x}_i \atop 3.1 = \begin{bmatrix} \hat{x}_i \\ \hat{y}_i \\ \hat{z}_i \end{bmatrix}, \quad \hat{x}_j \atop 3.1 = \begin{bmatrix} \hat{x}_j \\ \hat{y}_j \\ \hat{z}_j \end{bmatrix}, \quad \Delta X_{ij} \atop 3.1 = \begin{bmatrix} \Delta X_{ij} \\ \Delta Y_{ij} \\ \Delta Z_{ij} \end{bmatrix}$$

写出成矩阵形式：

$$V_k \atop 3.1 = x_j \atop 3.1 - x_i \atop 3.1 - l_k \atop 3.1 \tag{5.2.20}$$

式中

$$l_k \atop 3.1 = \Delta X_{ij} \atop 3.1 - \Delta X_{ij}^0 \atop 3.1 = \Delta X_{ij} \atop 3.1 - (X_j^0 \atop 3.1 - X_i^0 \atop 3.1)$$

当网中有 m 个待定点、n 条基线时，观测值总是 $3n$，参数总是 $t=3m$，GPS 网基线向量的误差方程为

$$\underset{3n,1}{V} = \underset{3n,3m}{B}\underset{3m,1}{x} - \underset{3n,1}{l} \tag{5.2.21}$$

5.2.5.2 随机模型

组成法方程时，需要观测值的协因数阵或权阵，随机模型的一般形式为

$$D = \sigma_0^2 Q = \sigma_0^2 P^{-1} \tag{5.2.22}$$

在基线解算成果中，得到基线向量的方差阵或协因数阵。k 基线向量的方差阵为

$$\underset{3,3}{D_k} = \begin{pmatrix} \sigma_{\Delta X_{ij}}^2 & \sigma_{\Delta X_{ij}\Delta Y_{ij}} & \sigma_{\Delta X_{ij}\Delta Z_{ij}} \\ \sigma_{\Delta Y_{ij}\Delta X_{ij}} & \sigma_{\Delta Y_{ij}}^2 & \sigma_{\Delta Y_{ij}\Delta Z_{ij}} \\ \sigma_{\Delta Z_{ij}\Delta X_{ij}} & \sigma_{\Delta Z_{ij}\Delta Y_{ij}} & \sigma_{\Delta Z_{ij}}^2 \end{pmatrix} \tag{5.2.23}$$

三个坐标差观测值分量相关。对于多条基线，采用单基线求得基线分量，不同观测基线向量之间相互独立，因此，多条基线组成的 GPS 网，坐标差观测值方差阵为分块对角阵。

$$\underset{3m,3m}{D} = \begin{pmatrix} \underset{3,3}{D_1} & 0 & \cdots & 0 \\ 0 & \underset{3,3}{D_2} & \cdots & 0 \\ \vdots & \vdots & \vdots & \vdots \\ 0 & 0 & \cdots & \underset{3,3}{D_m} \end{pmatrix} \tag{5.2.24}$$

式中 D 的下脚标号 1、2，g 为各观测基线向量号，例如其中 $\underset{3,3}{D_2}$ 为式（5.2.23）所示的 D_{ij} 等。

对于多台 GPS 接收机测量的随机模型组成，其原理同上，全网的 D 也是一个块对角阵，但其中对角块阵 D_j 是多个同步基线向量的协方差阵。

由式（5.2.24）可得权阵为

$$P^{-1} = D/\sigma_0^2, \quad P = (D/\sigma_0^2)^{-1} \tag{5.2.25}$$

式中：σ_0^2 可任意选定，最简单的方法设为 1，但为了使权阵中各元素不要过大，可适当选取 σ_0^2。权阵也是块对角阵。

应用协因数阵 Q 和误差方程系数阵 B，组成法方程系数阵 N_{bb} 及闭合差 l，解算法方程，得到参数改正数 $\hat{x}$，进而计算得到基线向量平差值。

下面举例说明 GPS 网平差的步骤。

【**例 5.9**】 图 5.13 为一简单 GPS 网，用两台 GPS 接收机观测，测得 5 条基线向量，$n=15$，每一个基线向量中三个坐标差观测值相关，由于只用两台 GPS 接收机观测，所以各观测基线向量互相独立，网

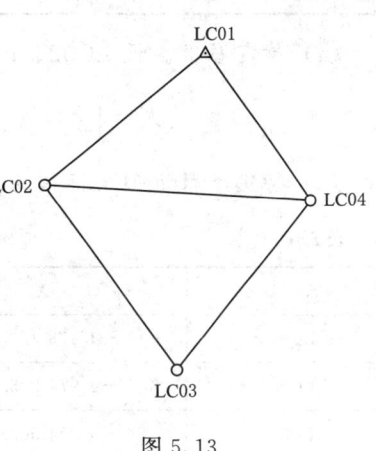

图 5.13

中点LC01的三维坐标已知,其余三个为待定点,参数个数$t=9$。

(1) 网图见图5.13。

(2) 已知点信息见表5.14(单位:m)。

表 5.14

LC01	X	Y	Z
	−1 974 638.7340	4 590 014.8190	3 953 144.9235

(3) 观测基线信息见表5.15。

表 5.15

编号	起点	终点	$\Delta X/m$	$\Delta Y/m$	$\Delta Z/m$	基线方差阵
1	LC02	LC01	1218.561	−1039.227	1737.720	$\begin{bmatrix} 2.320999\times10^7 & \text{对} & \\ -5.097008\times10^7 & 1.339931\times10^6 & \text{称} \\ -4.371401\times10^7 & 1.109356\times10^6 & 1.008592\times10^6 \end{bmatrix}$
2	LC04	LC01	270.457	−503.208	1879.923	$\begin{bmatrix} 1.044894\times10^6 & \text{对} & \\ -2.396533\times10^6 & 6.341291\times10^6 & \text{称} \\ -2.319683\times10^6 & 5.902876\times10^6 & 6.035577\times10^6 \end{bmatrix}$
3	LC04	LC02	1489.013	536.030	142.218	$\begin{bmatrix} 5.850064\times10^7 & \text{对} & \\ -1.329620\times10^6 & 3.362548\times10^6 & \text{称} \\ -1.252374\times10^6 & 3.069820\times10^6 & 3.019233\times10^6 \end{bmatrix}$
4	LC03	LC02	1405.531	−178.157	1171.380	$\begin{bmatrix} 1.205319\times10^6 & \text{对} & \\ 2.636702\times10^6 & 6.858585\times10^6 & \text{称} \\ 2.174106\times10^6 & 5.480745\times10^6 & 4.820125\times10^6 \end{bmatrix}$
5	LC04	LC03	83.497	714.153	−1029.199	$\begin{bmatrix} 9.662657\times10^6 & \text{对} & \\ -2.175476\times10^5 & 5.194777\times10^5 & \text{称} \\ 1.971468\times10^5 & 4.633565\times10^5 & 4.324110\times10^5 \end{bmatrix}$

(4) 待定参数。设LC02、LC03、LC04点的三维坐标平差值为参数,即

$$\hat{X} = \begin{bmatrix} \hat{X}_2 & \hat{Y}_2 & \hat{Z}_2 & \hat{X}_3 & \hat{Y}_3 & \hat{Z}_3 & \hat{X}_4 & \hat{Y}_4 & \hat{Z}_4 \end{bmatrix}^T$$

(5) 待定参数近似坐标信息见表5.16(单位:m)。

表 5.16

点名	X^0	Y^0	Z^0
LC02	−1 973 420.1740	4 591 054.0467	3 951 407.2050
LC03	−1 974 825.7010	4 591 232.1940	3 950 235.8130
LC04	−1 974 909.1980	4 590 518.0410	3 951 265.0120

(6) 误差方程
$$V = \underset{15.1}{B} \underset{15.9}{\hat{x}} - \underset{15.1}{l}$$

$$\begin{bmatrix} v_1 \\ v_2 \\ v_3 \\ v_4 \\ v_5 \\ v_6 \\ v_7 \\ v_8 \\ v_9 \\ v_{10} \\ v_{11} \\ v_{12} \\ v_{13} \\ v_{14} \\ v_{15} \end{bmatrix} = \begin{bmatrix} -1 & 0 & 0 & 0 & 0 & 0 & 0 & 0 & 0 \\ 0 & -1 & 0 & 0 & 0 & 0 & 0 & 0 & 0 \\ 0 & 0 & -1 & 0 & 0 & 0 & 0 & 0 & 0 \\ 0 & 0 & 0 & 0 & 0 & 0 & -1 & 0 & 0 \\ 0 & 0 & 0 & 0 & 0 & 0 & 0 & -1 & 0 \\ 0 & 0 & 0 & 0 & 0 & 0 & 0 & 0 & -1 \\ 1 & 0 & 0 & 0 & 0 & 0 & -1 & 0 & 0 \\ 0 & 1 & 0 & 0 & 0 & 0 & 0 & -1 & 0 \\ 0 & 0 & 1 & 0 & 0 & 0 & 0 & 0 & -1 \\ 1 & 0 & 0 & -1 & 0 & 0 & 0 & 0 & 0 \\ 0 & 1 & 0 & 0 & -1 & 0 & 0 & 0 & 0 \\ 0 & 0 & 1 & 0 & 0 & -1 & 0 & 0 & 0 \\ 0 & 0 & 0 & 1 & 0 & 0 & -1 & 0 & 0 \\ 0 & 0 & 0 & 0 & 1 & 0 & 0 & -1 & 0 \\ 0 & 0 & 0 & 0 & 0 & 1 & 0 & 0 & -1 \end{bmatrix} \begin{bmatrix} \hat{x}_2 \\ \hat{y}_2 \\ \hat{z}_2 \\ \hat{x}_3 \\ \hat{y}_3 \\ \hat{z}_3 \\ \hat{x}_4 \\ \hat{y}_4 \\ \hat{z}_4 \end{bmatrix} - \begin{bmatrix} -0.001 \\ 0.0007 \\ 0.0015 \\ -0.007 \\ 0.014 \\ 0.0115 \\ -0.0110 \\ 0.0243 \\ 0.0250 \\ 0.0040 \\ -0.0097 \\ -0.012 \\ 0 \\ 0 \\ 0 \end{bmatrix}$$

(7) 权阵：取先验单位权中误差为 $\sigma_0 = 0.00298$ 其权阵为 $P = (D/\sigma_0^2)^{-1}$。

$$P = \begin{bmatrix} 249.53 & & & & & & & & & & & & & & \\ 60.20 & 88.85 & & & & & \text{对} & & & & & & & & \\ 41.94 & -71.63 & 105.79 & & & & & & & & & & & & \\ 0 & 0 & 0 & 71.43 & & & & & & & & & & & \\ 0 & 0 & 0 & 16.07 & 19.28 & & & & & & & & & & \\ 0 & 0 & 0 & 11.73 & -12.68 & 18.38 & & & & & & & & & \\ 0 & 0 & 0 & 0 & 0 & 0 & 169.83 & & & & & & & & \\ 0 & 0 & 0 & 0 & 0 & 0 & 39.60 & 46.12 & & & \text{称} & & & & \\ 0 & 0 & 0 & 0 & 0 & 0 & 30.18 & -30.46 & 46.44 & & & & & & \\ 0 & 0 & 0 & 0 & 0 & 0 & 0 & 0 & 0 & 49.05 & & & & & \\ 0 & 0 & 0 & 0 & 0 & 0 & 0 & 0 & 0 & 12.89 & 17.59 & & & & \\ 0 & 0 & 0 & 0 & 0 & 0 & 0 & 0 & 0 & 7.47 & -14.19 & 21.35 & & & \\ 0 & 0 & 0 & 0 & 0 & 0 & 0 & 0 & 0 & 0 & 0 & 0 & 17.74 & & \\ 0 & 0 & 0 & 0 & 0 & 0 & 0 & 0 & 0 & 0 & 0 & 0 & 4.86 & 5.21 & \\ 0 & 0 & 0 & 0 & 0 & 0 & 0 & 0 & 0 & 0 & 0 & 0 & 2.88 & -3.36 & 5.12 \end{bmatrix}$$

(8) 法方程：

$$B^T P B \hat{x} = B^T P l$$

$$\begin{bmatrix} 468.4142 & & & & & & & & & \\ 112.6840 & 152.5534 & & & & \text{对} & & & & \\ 79.5936 & -116.2839 & 173.5805 & & & & & & & \\ -49.0502 & -12.8852 & -7.4728 & 14.1853 & & & & & & \\ -12.8852 & -17.5868 & 14.1853 & 17.7451 & 22.7947 & & \text{称} & & & \\ -7.4728 & 14.1853 & -21.3465 & 10.3510 & -17.5501 & 26.4702 & & & & \\ -169.8336 & -39.6002 & -30.1830 & -17.7351 & -4.8599 & -2.8782 & 259.0030 & & & \\ -39.6002 & -46.1183 & 30.4649 & -4.8599 & -5.2079 & 3.3648 & 60.5337 & 70.6066 & & \\ -30.1830 & 30.4649 & -46.4430 & -2.8782 & 3.3648 & -5.1237 & 44.7957 & -46.5086 & 69.9513 \end{bmatrix} \begin{bmatrix} \hat{x}_2 \\ \hat{y}_2 \\ \hat{z}_2 \\ \hat{x}_3 \\ \hat{y}_3 \\ \hat{z}_3 \\ \hat{x}_4 \\ \hat{y}_4 \\ \hat{z}_4 \end{bmatrix} = \begin{bmatrix} -0.0253 \\ 0.0801 \\ -0.0665 \\ 0.0185 \\ -0.0512 \\ 0.0887 \\ 0.2914 \\ 0.0649 \\ -0.0405 \end{bmatrix}$$

(9) 法方程系数阵的逆：

$$N_{BB}^{-1} = \begin{bmatrix} 0.0020 & & & & & & & & & \\ -0.0044 & 0.0116 & & & & \text{对} & & & & \\ -0.0038 & 0.0097 & 0.0089 & & & & & & & \\ 0.0019 & -0.0042 & -0.0037 & 0.0124 & & & & & & \\ -0.0042 & 0.0111 & 0.0093 & -0.0273 & 0.0700 & & \text{称} & & & \\ -0.0037 & 0.0093 & 0.0086 & -0.0231 & 0.0575 & 0.0515 & & & & \\ 0.0013 & -0.0028 & -0.0025 & 0.0016 & -0.0036 & -0.0032 & 0.0044 & & & \\ -0.0028 & 0.0076 & 0.0064 & -0.0035 & 0.0097 & 0.0082 & -0.0100 & 0.0260 & & \\ -0.0025 & 0.0064 & 0.0060 & -0.0030 & 0.0080 & 0.0076 & -0.0094 & 0.0235 & 0.0231 \end{bmatrix}$$

(10) 法方程的解及精度评定（单位：m）。

$$\begin{bmatrix} \hat{x}_2 \\ \hat{y}_2 \\ \hat{z}_2 \\ \hat{x}_3 \\ \hat{y}_3 \\ \hat{z}_3 \\ \hat{x}_4 \\ \hat{y}_4 \\ \hat{z}_4 \end{bmatrix} = N_{BB}^{-1} A^\mathrm{T} Pl = \begin{bmatrix} 0.0007 \\ -0.002 \\ -0.0006 \\ -0.0023 \\ 0.0073 \\ 0.0087 \\ 0.0096 \\ -0.0198 \\ -0.0197 \end{bmatrix}$$

$$\hat{\sigma}_0 = \sqrt{\frac{V^\mathrm{T} PV}{n-t}} = \sqrt{\frac{0.0006}{15-9}} = 0.010(\mathrm{m})$$

$$\hat{\sigma}_{\hat{x}_i} = \hat{\sigma}_0 \sqrt{Q_{\hat{x}_i \hat{x}_i}}, \hat{\sigma}_{\hat{y}_i} = \hat{\sigma}_0 \sqrt{Q_{\hat{y}_i \hat{y}_i}}, \hat{\sigma}_{\hat{z}_i} = \hat{\sigma}_0 \sqrt{Q_{\hat{z}\hat{z}}}$$

$$\hat{\sigma}_{x_2} = 0.0015\mathrm{m}, \hat{\sigma}_{y_2} = 0.0036\mathrm{m}, \hat{\sigma}_{z_2} = 0.0032\mathrm{m}$$

$$\hat{\sigma}_{x_3}=0.0037\mathrm{m}, \hat{\sigma}_{y_3}=0.0089\mathrm{m}, \hat{\sigma}_{z_3}=0.0076\mathrm{m}$$
$$\hat{\sigma}_{x_4}=0.0022\mathrm{m}, \hat{\sigma}_{y_4}=0.0054\mathrm{m}, \hat{\sigma}_{z_4}=0.0051\mathrm{m}$$

(11) 平差结果见表 5.17（单位：m）。

表 5.17

点 名	$\hat{X}$	$\hat{Y}$	$\hat{Z}$
LC02	−1 973 420.1733	4 591 054.0465	3 951 407.2044
LC03	−1 974 825.7033	4 591 232.2013	3 950 235.8217
LC04	−1 974 909.1884	4 590 518.0212	3 951 264.9923

5.3 间接平差法方程

5.3.1 间接平差法方程系数计算

在间接平差中，当观测值误差方程式确认无误后，就可以结合观测值权阵组成法方程。

误差方程式为

$$V = B\hat{x} - l$$

观测值权阵为 P，间接平差法方程为

$$N_{bb}\hat{x} - W = 0 \tag{5.3.1}$$

式中 $N_{bb} = B^\mathrm{T}PB, W = B^\mathrm{T}Pl$

法方程的代数式为

$$\left. \begin{array}{l} [paa]\hat{x}_1 + [pab]\hat{x}_2 + \cdots + [pat]\hat{x}_t = [pal] \\ [pab]\hat{x}_1 + [pbb]\hat{x}_2 + \cdots + [pbt]\hat{x}_t = [pbl] \\ \cdots \\ [pat]\hat{x}_1 + [pbt]\hat{x}_2 + \cdots + [ptt]\hat{x}_t = [ptl] \end{array} \right\}$$

其中系数计算的代数式为

$$[paa] = \frac{a_1^2}{p_1} + \frac{a_2^2}{p_2} + \cdots + \frac{a_n^2}{p_n}$$

$$[pab] = \frac{a_1 b_1}{p_1} + \frac{a_2 b_2}{p_2} + \cdots + \frac{a_n b_n}{p_n}$$

$$[pac] = \frac{a_1 c_1}{p_1} + \frac{a_2 c_2}{p_2} + \cdots + \frac{a_n c_n}{p_n}$$

$$\cdots$$

$$[pat] = \frac{a_1 t_1}{p_1} + \frac{a_2 t_2}{p_2} + \cdots + \frac{a_n t_n}{p_n}$$

$$[pbb] = \frac{b_1^2}{p_1} + \frac{b_2^2}{p_2} + \cdots + \frac{b_n^2}{p_n}$$

$$[pbc] = \frac{b_1c_1}{p_1} + \frac{b_2c_2}{p_2} + \cdots + \frac{b_nc_n}{p_n}$$

$$\cdots$$

$$[pbt] = \frac{b_1t_1}{p_1} + \frac{b_2t_2}{p_2} + \cdots + \frac{b_nt_n}{p_n}$$

$$\cdots$$

$$[ptt] = \frac{t_1^2}{p_1} + \frac{t_2^2}{p_2} + \cdots + \frac{t_n^2}{p_n}$$

常数项的计算

$$[pal] = \frac{a_1l_1}{p_1} + \frac{a_2l_2}{p_2} + \cdots + \frac{a_nl_n}{p_n}$$

$$[pbl] = \frac{b_1l_1}{p_1} + \frac{b_2l_2}{p_2} + \cdots + \frac{b_nl_n}{p_n}$$

$$\cdots$$

$$[ptl] = \frac{t_1l_1}{p_1} + \frac{t_2l_2}{p_2} + \cdots + \frac{t_nl_n}{p_n}$$

从上可以看出，法方程的组成，关键是要计算系数阵和常数项阵。法方程系数阵是关于对角线的对称阵。

5.3.2 间接平差法方程解算

法方程是一个线性方程组，共有 t 个，解算法方程，直接得到参数的改正数

$$\hat{x} = N_{bb}^{-1}W \tag{5.3.2}$$

或

$$\hat{x} = (B^{\mathrm{T}}PB)^{-1}(B^{\mathrm{T}}Pl) \tag{5.3.3}$$

【例 5.10】 设某观测值的误差方程式为

$$\begin{bmatrix} v_1 \\ v_2 \\ v_3 \\ v_4 \end{bmatrix} = \begin{bmatrix} 1 & 0 \\ -1 & 1 \\ 0 & 1 \\ 1 & 0 \end{bmatrix} \begin{bmatrix} \hat{x}_1 \\ \hat{x}_2 \end{bmatrix} - \begin{bmatrix} 0 \\ -7 \\ 0 \\ 2 \end{bmatrix}$$

观测值权阵为

$$P = \begin{bmatrix} 2 & 0 & 0 & 0 \\ 0 & 1 & 0 & 0 \\ 0 & 0 & 1 & 0 \\ 0 & 0 & 0 & 2 \end{bmatrix}$$

试组成法方程，并求解。

解： 根据误差方程式，有

$$B = \begin{bmatrix} 1 & 0 \\ -1 & 1 \\ 0 & 1 \\ 1 & 0 \end{bmatrix}, \quad l = \begin{bmatrix} 0 \\ -7 \\ 0 \\ 2 \end{bmatrix}$$

组成法方程系数阵及常数项阵：

$$N_{bb}=B^{\mathrm{T}}PB=\begin{bmatrix}1 & -1 & 0 & 1\\0 & 1 & 1 & 0\end{bmatrix}\begin{bmatrix}2 & 0 & 0 & 0\\0 & 1 & 0 & 0\\0 & 0 & 1 & 0\\0 & 0 & 0 & 2\end{bmatrix}\begin{bmatrix}1 & 0\\-1 & 1\\0 & 1\\1 & 0\end{bmatrix}=\begin{bmatrix}5 & -1\\-1 & 2\end{bmatrix}$$

$$W=B^{\mathrm{T}}Pl=\begin{bmatrix}1 & -1 & 0 & 1\\0 & 1 & 1 & 0\end{bmatrix}\begin{bmatrix}2 & 0 & 0 & 0\\0 & 1 & 0 & 0\\0 & 0 & 1 & 0\\0 & 0 & 0 & 2\end{bmatrix}\begin{bmatrix}0\\-7\\0\\2\end{bmatrix}=\begin{bmatrix}11\\-7\end{bmatrix}$$

$$N_{bb}^{-1}=\begin{bmatrix}5 & -1\\-1 & 2\end{bmatrix}^{-1}=\frac{1}{9}\begin{bmatrix}2 & 1\\1 & 5\end{bmatrix}$$

$$\hat{x}=\begin{bmatrix}\hat{x}_1\\\hat{x}_2\end{bmatrix}=N_{bb}^{-1}W=\frac{1}{9}\begin{bmatrix}2 & 1\\1 & 5\end{bmatrix}\begin{bmatrix}11\\-1\end{bmatrix}=\begin{bmatrix}1.667\\-2.667\end{bmatrix}$$

【例 5.11】 根据例 5.8 的条件，按间接平差法组成法方程，并求待定点 P_1 及 P_2 的坐标平差值。

解：例 5.8 的误差方程为

$$v_{\beta_1}=-0.542\hat{x}_1+0.774\hat{y}_1+3.6$$

$$v_{\beta_2}=1.323\hat{x}_1-0.288\hat{y}_1-0$$

$$v_{\beta_3}=-0.781\hat{x}_1-0.486\hat{y}_1+1.3$$

$$v_{\beta_4}=2.679\hat{x}_1-0.060\hat{y}_1-1.356\hat{x}_2-0.228\hat{y}_2-7.3$$

$$v_{\beta_5}=-1.356\hat{x}_1-0.228\hat{y}_1+3.096\hat{x}_2+1.294\hat{y}_2-2.1$$

$$v_{\beta_6}=-1.740\hat{x}_2-1.066\hat{y}_2-0$$

$$v_{S_7}=0.8191\hat{x}_1+0.5736\hat{y}_1-2.8$$

$$v_{S_8}=0.2125\hat{x}_1+0.9772\hat{y}_1-0$$

$$v_{S_9}=0.1658\hat{x}_1-0.9862\hat{y}_1-0.1658\hat{x}_2+0.9862\hat{y}_2-10.4$$

$$v_{S_{10}}=0.5225\hat{x}_2-0.8526\hat{y}_2-0$$

权阵为

$$P=\begin{bmatrix}1 & 0 & 0 & 0 & 0 & 0 & 0 & 0 & 0 & 0\\0 & 1 & 0 & 0 & 0 & 0 & 0 & 0 & 0 & 0\\0 & 0 & 1 & 0 & 0 & 0 & 0 & 0 & 0 & 0\\0 & 0 & 0 & 1 & 0 & 0 & 0 & 0 & 0 & 0\\0 & 0 & 0 & 0 & 1 & 0 & 0 & 0 & 0 & 0\\0 & 0 & 0 & 0 & 0 & 1 & 0 & 0 & 0 & 0\\0 & 0 & 0 & 0 & 0 & 0 & 0.57 & 0 & 0 & 0\\0 & 0 & 0 & 0 & 0 & 0 & 0 & 1.18 & 0 & 0\\0 & 0 & 0 & 0 & 0 & 0 & 0 & 0 & 1.29 & 0\\0 & 0 & 0 & 0 & 0 & 0 & 0 & 0 & 0 & 2.78\end{bmatrix}$$

由表 5.13 取得误差方程的系数项 B、常数项 l，组成法方程的系数项 N_{bb}、常数项 $B^T Pl$：

$$B = \begin{bmatrix} -0.542 & 0.774 & 0 & 0 \\ 1.323 & -0.288 & 0 & 0 \\ -0.781 & -0.486 & 0 & 0 \\ 2.679 & -0.060 & -1.356 & -0.228 \\ -1.356 & -0.228 & 3.096 & 1.294 \\ 0 & 0 & -1.740 & -1.066 \\ 0 & 0 & 0.8191 & 0.5736 \\ 0.2125 & 0.9772 & 0 & 0 \\ 0.1658 & -0.9862 & -0.1658 & 0.9862 \\ 0 & 0 & 0.5225 & -0.8526 \end{bmatrix}, \quad l = \begin{bmatrix} -3.6 \\ 0 \\ -1.3 \\ 7.3 \\ 2.1 \\ 0 \\ 2.8 \\ 0 \\ 10.4 \\ 0 \end{bmatrix}$$

$$N_{bb} = B^T PB, \quad W = B^T Pl$$

代入数据，可得法方程为

$$\begin{bmatrix} 12.141 & 0.029 & -7.866 & -2.155 \\ 0.029 & 3.543 & -0.414 & -1.536 \\ -7.866 & -0.414 & 15.246 & 4.721 \\ -2.155 & -1.536 & 4.721 & 6.138 \end{bmatrix} \begin{bmatrix} \hat{x}_1 \\ \hat{y}_1 \\ \hat{x}_2 \\ \hat{y}_2 \end{bmatrix} - \begin{bmatrix} 23.207 \\ -15.387 \\ -5.622 \\ 14.284 \end{bmatrix} = 0$$

系数阵 $N_{bb} = B^T PB$ 的逆阵为

$$N_{bb}^{-1} = \begin{bmatrix} 0.1240 & 0.0040 & 0.0660 & -0.0062 \\ 0.0040 & 0.3219 & -0.0191 & 0.0967 \\ 0.0660 & -0.0191 & 0.1227 & -0.0759 \\ -0.0062 & 0.0967 & -0.0759 & 0.2433 \end{bmatrix}$$

由 $\hat{x} = N_{bb}^{-1} B^T Pl$ 算得参数改正数 $\hat{x}$：

$$\begin{bmatrix} \hat{x}_1 \\ \hat{y}_1 \\ \hat{x}_2 \\ \hat{y}_2 \end{bmatrix} = \begin{bmatrix} 0.1240 & 0.0040 & 0.0660 & -0.0062 \\ 0.0040 & 0.3219 & -0.0191 & 0.0967 \\ 0.0660 & -0.0191 & 0.1227 & -0.0759 \\ -0.0062 & 0.0967 & -0.0759 & 0.2433 \end{bmatrix} \begin{bmatrix} 23.207 \\ -15.387 \\ -5.622 \\ 14.284 \end{bmatrix} = \begin{bmatrix} 2.4 \\ -3.4 \\ 0.1 \\ 2.3 \end{bmatrix} (\text{cm})$$

坐标平差值：

$$\begin{bmatrix} \hat{X}_1 \\ \hat{Y}_1 \\ \hat{X}_2 \\ \hat{Y}_2 \end{bmatrix} = \begin{bmatrix} X_1^0 \\ Y_1^0 \\ X_2^0 \\ Y_2^0 \end{bmatrix} + \begin{bmatrix} \hat{x}_1 \\ \hat{y}_1 \\ \hat{x}_2 \\ \hat{y}_2 \end{bmatrix} = \begin{bmatrix} 4933.049 \\ 6513.722 \\ 4684.409 \\ 7992.944 \end{bmatrix}$$

观测值的平差值。根据公式 $V = B\hat{x} - l$ 得各改正数为

$$V = \begin{bmatrix} -0.3 & 4.2 & 1.1 & -1.3 & -13 & -2.6 & -2.8 & -2.8 & -3.6 & -1.9 \end{bmatrix}^T$$

从而得平差值为 $\hat{L}=L+V$，结果见表 5.18。

表 5.18

编 号		观测值/(° ′ ″)	平差值/(° ′ ″)
角	1	44°05′44.8″	44°05′44.5″
	2	93°10′43.1″	93°10′47.3″
	3	42°43′27.2″	42°43′28.3″
	4	201°48′51.2″	201°48′49.9″
	5	201°57′34.0″	
	6	168°01′45.2″	
边	7	2185.070/m	2185.042/m
	8	1522.853/m	1522.825/m
	9	1500.017/m	
	10	1009.021/m	1009.002/m

5.4 间接平差精度评定

5.4.1 单位权中误差

单位权方差 σ_0^2 的计算式仍然是 V^TPV 除以其自由度 r，即

$$\sigma_0^2 = \frac{V^TPV}{n-t} = \frac{V^TPV}{r} \tag{5.4.1}$$

中误差为

$$\sigma_0 = \pm\sqrt{\frac{V^TPV}{n-t}} \tag{5.4.2}$$

V^TPV 的计算有两种方法。

(1) 直接用改正数计算：

$$[pvv] = p_1v_1^2 + p_2v_2^2 + \cdots + p_nv_n^2$$

(2) 用参数计算：

$$V^TPV = (B\hat{x}-l)^TPV = \hat{x}^TB^TPV - l^TPV$$

顾及 $B^TPV=0$，得

$$V^TPV = -l^TP(B\hat{x}-l) = l^TPl - l^TPB\hat{x}$$

考虑到 $l^TPB = (B^TPl)^T$

得

$$V^TPT = l^TPl - (B^TPl)^T\hat{x} = l^TPl - W^T\hat{x} \tag{5.4.3}$$

其纯量式为

$$[pvv] = [pll] - [w\hat{x}]$$

5.4.2 参数的协因数

在间接平差中，基本向量为 $L(l)$、$\hat{X}(\hat{x})$、V、$\hat{L}$。已知 $Q_{ll}=Q$，根据前面的定义和

有关说明知，$\hat{X}=X^0+\hat{x}$，故 $Q_{\hat{X}\hat{X}}=Q_{\hat{x}\hat{x}}$，$Q_{ll}=Q_{LL}$。

下面推求各基本向量的自协因数阵和两两向量间的互协因数阵。

设 $Z^{\mathrm{T}}=(L^{\mathrm{T}}\ \hat{X}^{\mathrm{T}}\ V^{\mathrm{T}}\ \hat{L})$，则 Z 的协因数阵为

$$Q_{ZZ}=\begin{bmatrix} Q_{LL} & Q_{L\hat{x}} & Q_{LV} & Q_{L\hat{L}} \\ Q_{\hat{x}L} & Q_{\hat{x}\hat{x}} & Q_{\hat{x}V} & Q_{\hat{x}\hat{L}} \\ Q_{VL} & Q_{V\hat{x}} & Q_{VV} & Q_{V\hat{L}} \\ Q_{\hat{L}L} & Q_{\hat{L}\hat{x}} & Q_{\hat{L}V} & Q_{\hat{L}\hat{L}} \end{bmatrix}$$

式中对角线上子矩阵就是各基本向量的自协因数阵，非对角线上子矩阵为两两向量间的互协因数阵。

现分别推求如下。其基本思想是把各量表达成协因数已知量的函数，上述各量的关系式已知为

$$L=l+L^0 \tag{5.4.4}$$

$$\hat{x}=N_{bb}^{-1}B^{\mathrm{T}}pl \tag{5.4.5}$$

$$V=B\hat{x}-l \tag{5.4.6}$$

$$\hat{L}=L+V \tag{5.4.7}$$

由前三个式子，按协因数传播定律容易得出

$$Q_{LL}=Q$$

$$Q_{\hat{X}\hat{X}}=N_{bb}^{-1}B^{\mathrm{T}}PQPBN_{bb}^{-1}=N_{bb}^{-1}$$

$$Q_{\hat{X}L}=N_{bb}^{-1}B^{\mathrm{T}}PQ=N_{bb}^{-1}B^{\mathrm{T}}=Q_{L\hat{X}}^{\mathrm{T}}$$

$$Q_{VL}=BQ_{\hat{X}L}-Q=BN_{bb}^{-1}B^{\mathrm{T}}-Q=Q_{LV}^{\mathrm{T}}$$

$$Q_{V\hat{X}}=BQ_{\hat{X}\hat{X}}-Q_{L\hat{X}}=BN_{bb}^{-1}-BN_{bb}^{-1}=0=Q_{\hat{X}V}^{\mathrm{T}}$$

$$\begin{aligned}Q_{VV}&=BQ_{\hat{X}\hat{X}}B^{\mathrm{T}}-BQ_{\hat{X}L}-Q_{L\hat{X}}B^{\mathrm{T}}+Q\\&=BN_{bb}^{-1}B^{\mathrm{T}}-BN_{bb}^{-1}B^{\mathrm{T}}-BN_{bb}^{-1}B^{\mathrm{T}}+Q\\&=Q-BN_{bb}^{-1}B^{\mathrm{T}}\end{aligned}$$

再计算与式（5.4.7）有关的协因数阵，得

$$Q_{\hat{L}L}=Q+Q_{VL}=BN_{bb}^{-1}B^{\mathrm{T}}=Q_{L\hat{L}}^{\mathrm{T}}$$

$$Q_{\hat{L}\hat{x}}=Q(N_{bb}^{-1}B^{\mathrm{T}}P)^{\mathrm{T}}+Q_{V\hat{x}}=QPBN_{bb}^{-1}+0=BN_{bb}^{-1}=Q_{\hat{x}\hat{L}}^{\mathrm{T}}$$

$$Q_{\hat{L}V}=Q_{LV}+Q_{VV}=0=Q_{V\hat{L}}^{\mathrm{T}}$$

$$Q_{\hat{L}\hat{L}}=Q+Q_{LV}+Q_{VL}+Q_{VV}=BN_{bb}^{-1}B^{\mathrm{T}}$$

5.4.3 参数函数的中误差

在间接平差中，解算法方程后首先求得的是 t 个参数。有了这些参数，便可根据它们来计算该平差问题中任一量的平差值（最或然值）。如在图 5.14 所示的水准网中，已知 A 点的高程为 H_A。若平差时选定 AP_1、AP_2、P_3P_1 等三条路线高差的平差值作为参数 $\hat{X}_1$、$\hat{X}_2$、$\hat{X}_3$，则在平差后，不但求得了参数，即 AP_1、AP_2 及 P_3P_1 等三条路线高差

的平差值，而且可以根据它们求出其他各观测高差或待定点高程的平差值。例如，P_3P_2 路线高差的平差值为

$$\hat{L}_5 = -\hat{X}_1 + \hat{X}_2 + \hat{X}_3$$

P_3 点的高程平差值为

$$H_{P_3} = H_A + \hat{X}_1 - \hat{X}_3$$

又如在图 5.8 中，求得 D 点坐标平差值 $\hat{X}_D$、$\hat{Y}_D$ 后，即要计算任何一边的边长或坐标方位角的平差值。如 AD 间边长平差值为

$$\hat{S}_{AD} = \sqrt{(\hat{X}_D - \hat{X}_A)^2 + (\hat{Y}_D - \hat{Y}_A)^2}$$

坐标方位角的平差值为

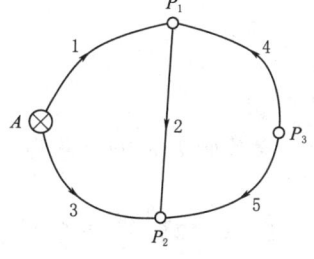

图 5.14

$$\hat{\alpha}_{AD} = \arctan \frac{\hat{Y}_D - \hat{Y}_A}{\hat{X}_D - \hat{X}_A}$$

通过以上举例可知，在间接平差中，任何一个量的平差值都可以由平差所选参数求得，或者说都可以表达为参数的函数。

下面从一般情况来讨论如何求参数函数的中误差的问题。

假定间接平差问题中有 t 个参数，设参数的函数为

$$\hat{\varphi} = \Phi(\hat{X}_1, \hat{X}_2, \cdots, \hat{X}_t) \tag{5.4.8}$$

将 $\hat{X}_j = X_j^0 + \hat{x}_j (j=1, 2, \cdots, t)$ 代入式（5.4.8）后，按泰勒公式展开，取至一次项，得

$$\hat{\varphi} = \Phi(X_1^0, X_2^0, \cdots, X_t^0) + \left(\frac{\partial \Phi}{\partial \hat{X}_1}\right)_0 \hat{x}_1 + \left(\frac{\partial \Phi}{\partial \hat{X}_2}\right)_0 \hat{x}_2 + \cdots + \left(\frac{\partial \Phi}{\partial \hat{X}_t}\right)_0 \hat{x}_t$$

式中，$\Phi(X_1^0, X_2^0, \cdots, X_t^0)$ 是参数近似值的函数，当近似值一经取定，它就是一个常数，设其为 f_0。令 $f_i = \left(\frac{\partial \Phi}{\partial \hat{X}_i}\right)_0$。

由此，上式可以写成

$$\hat{\varphi} = f_0 + f_1 \hat{x}_1 + f_2 \hat{x}_2 + f_t \hat{x}_t \tag{5.4.9}$$

或

$$\delta \hat{\varphi} = f_1 \hat{x}_1 + f_2 \hat{x}_2 + \cdots + f_t \hat{x}_t \tag{5.4.10}$$

对于评定函数 $\hat{\varphi}$ 的精度而言，给出 $\hat{\varphi}$ 或 $\delta \hat{\varphi}$ 是一样的。通常把式（5.4.10）称为参数函数的权函数式，简称权函数式。

令 $F^T = [f_1 \quad f_2 \quad \cdots \quad f_t]$，则式（5.4.10）为

$$\delta \hat{\varphi} = F^T \hat{x} \tag{5.4.11}$$

由前面推导结果可知，$Q_{\hat{x}\hat{x}} = N_{bb}^{-1}$，故函数 $\hat{\varphi}$ 的协因数为

$$Q_{\hat{\varphi}\hat{\varphi}} = F^T Q_{\hat{x}\hat{x}} F = F^T N_{bb}^{-1} F \tag{5.4.12}$$

其中，$Q_{\hat{x}\hat{x}}$ 是参数向量 $\hat{X} = [\hat{X}_1 \quad \hat{X}_2 \quad \cdots \quad \hat{X}_t]^T$ 的协因数阵，为

$$Q_{\hat{X}\hat{X}} = \begin{bmatrix} Q_{\hat{x}_1\hat{x}_1} & Q_{\hat{x}_1\hat{x}_2} & \cdots & Q_{\hat{x}_1\hat{x}_t} \\ Q_{\hat{x}_2\hat{x}_1} & Q_{\hat{x}_2\hat{x}_2} & \cdots & Q_{\hat{x}_2\hat{x}_t} \\ \vdots & \vdots & \vdots & \vdots \\ Q_{\hat{x}_t\hat{x}_1} & Q_{\hat{x}_t\hat{x}_2} & \cdots & Q_{\hat{x}_t\hat{x}_t} \end{bmatrix}$$

参数函数 $\hat{\varphi}$ 的方差为

$$\sigma_{\hat{\varphi}}^2 = \sigma_0^2 Q_{\hat{\varphi}\hat{\varphi}} = \sigma_0^2 F^\mathrm{T} N_{bb}^{-1} F \tag{5.4.13}$$

【**例 5.12**】 在图 5.15 中，A、B 为已知水准点，高程为 H_A、H_B，观测了如图 5.15 所示 4 段高差，各观测路线长度分别为 $S_1 = 4\mathrm{km}$，$S_2 = 2\mathrm{km}$，$S_3 = 2\mathrm{km}$，$S_4 = 4\mathrm{km}$，试求 P_1 和 P_2 点最或然高程的协因数。

解：选取 P_1 和 P_2 点最或然高程为参数，设为 $\hat{X}_1$ 和 $\hat{X}_2$，按图组成误差方程为

$$v_1 = \hat{x}_1 - l_1$$
$$v_2 = -\hat{x}_1 + \hat{x}_2 - l_2$$
$$v_3 = -\hat{x}_1 + \hat{x}_2 - l_3$$
$$v_4 = -\hat{x}_2 - l_4$$

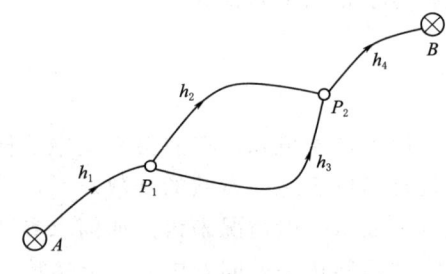

图 5.15

定权，令 $C = 4$，即以 4km 观测高差为单位权观测值，$p_i = 4/S_i$，得：

$$p_1 = p_4 = 1, \quad p_2 = p_3 = 2$$

由此组成法方程为

$$5\hat{x}_1 - 4\hat{x}_2 - W_1 = 0$$
$$-4\hat{x}_1 + 5\hat{x}_2 - W_2 = 0$$

因为 $Q_{\hat{X}\hat{X}} = N_{bb}^{-1}$，故有

$$Q_{\hat{X}\hat{X}} = \begin{bmatrix} 5 & -4 \\ -4 & 5 \end{bmatrix}^{-1} = \begin{bmatrix} 0.56 & 0.44 \\ 0.44 & 0.56 \end{bmatrix}$$

平差后 P_1、P_2 点高程的协因数分别为

$$Q_{\hat{x}_1\hat{x}_1} = Q_{\hat{x}_2\hat{x}_2} = 0.56$$

5.5 间接平差示例

5.5.1 水准网间接平差实例

【**例 5.13**】 在如图 5.16 所示的水准网中，各路线的观测高差及路线长度如下：$h_1 = 0.050\mathrm{m}$，$s_1 = 1\mathrm{km}$；$h_2 = 1.100\mathrm{m}$，$s_2 = 1\mathrm{km}$；$h_3 = 2.398\mathrm{m}$，$s_3 = 2\mathrm{km}$；$h_4 = 0.200\mathrm{m}$，$s_4 = 2\mathrm{km}$；$h_5 = 1.000\mathrm{m}$，$s_5 = 2\mathrm{km}$；$h_6 = 3.404\mathrm{m}$，$s_6 = 2\mathrm{km}$；$h_7 = 3.452\mathrm{m}$，$s_7 = 1\mathrm{km}$。已知 $H_A = 5.000\mathrm{m}$，$H_B = 3.953\mathrm{m}$，$H_C = 7.650\mathrm{m}$。

试求：(1) 待定点 P_1、P_2、P_3 的最或是高程及其中误差。

(2) 1 公里观测高差的中误差。

(3) P_1 到 P_3 点间最或是高差及其中误差。

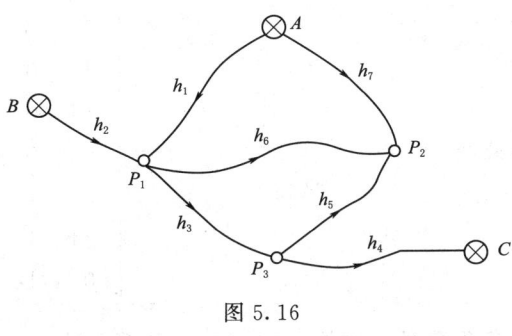

图 5.16

解：由题可知必要观测数 $t=3$，设待定点 P_1、P_2、P_3 的最或是高程为参数 $\hat{X}_1$、$\hat{X}_2$、$\hat{X}_3$ 列出平差值方程：

$$h_1+v_1=\hat{X}_1-H_A$$
$$h_2+v_2=\hat{X}_1-H_B$$
$$h_3+v_3=\hat{X}_3-\hat{X}_1$$
$$h_4+v_4=H_C-\hat{X}_3$$
$$h_5+v_5=\hat{X}_2-\hat{X}_3$$
$$h_6+v_6=\hat{X}_2-\hat{X}_1$$
$$h_7+v_7=\hat{X}_2-H_A$$

计算未知参数的近似值：

$$\hat{X}_1=X_1^0+\hat{x}_1,\hat{X}_2=X_2^0+\hat{x}_2,\hat{X}_3=X_3^0+\hat{x}_3$$
$$X_1^0=H_B+h_2=5.053(\text{m})$$
$$X_2^0=H_A+h_7=8.452(\text{m})$$
$$X_3^0=H_C-h_4=7.450(\text{m})$$

将观测值、已知高程值及参数近似值代入，得到误差方程：

$$v_1=\hat{x}_1+3$$
$$v_2=\hat{x}_1+0$$
$$v_3=-\hat{x}_1+\hat{x}_3-1$$
$$v_4=-\hat{x}_3+0$$
$$v_5=\hat{x}_2-\hat{x}_3+2$$
$$v_6=-\hat{x}_1+\hat{x}_2-5$$
$$v_7=\hat{x}_2+0$$

常数项单位：mm。

由此得
$$B = \begin{bmatrix} 1 & 0 & 0 \\ 1 & 0 & 0 \\ -1 & 0 & 1 \\ 0 & 0 & -1 \\ 0 & 1 & -1 \\ -1 & 1 & 0 \\ 0 & 1 & 0 \end{bmatrix}, \quad l = \begin{bmatrix} 3 \\ 0 \\ -1 \\ 0 \\ 2 \\ -5 \\ 0 \end{bmatrix}$$

确定各段高差的权，$p_i = \dfrac{C}{S_i}$，取 $C=2\text{km}$，计算得各段观测高差的权：

$$P = \begin{bmatrix} 2 & 0 & 0 & 0 & 0 & 0 & 0 \\ 0 & 2 & 0 & 0 & 0 & 0 & 0 \\ 0 & 0 & 1 & 0 & 0 & 0 & 0 \\ 0 & 0 & 0 & 1 & 0 & 0 & 0 \\ 0 & 0 & 0 & 0 & 1 & 0 & 0 \\ 0 & 0 & 0 & 0 & 0 & 1 & 0 \\ 0 & 0 & 0 & 0 & 0 & 0 & 2 \end{bmatrix}$$

组成法系数及法方程：$N_{bb}\hat{x} - W = 0$

$$N_{bb} = B^{\mathrm{T}}PB = \begin{bmatrix} 6 & -1 & -1 \\ -1 & 4 & -1 \\ -1 & -1 & 3 \end{bmatrix}, \quad W = B^{\mathrm{T}}Pl = \begin{bmatrix} 12 \\ -3 \\ -3 \end{bmatrix} \quad \begin{bmatrix} 6 & -1 & -1 \\ -1 & 4 & -1 \\ -1 & -1 & 3 \end{bmatrix} \begin{bmatrix} \hat{x}_1 \\ \hat{x}_2 \\ \hat{x}_3 \end{bmatrix} - \begin{bmatrix} 12 \\ -3 \\ -3 \end{bmatrix} = 0$$

解法方程：

$$\hat{x} = \begin{bmatrix} \hat{x}_1 \\ \hat{x}_2 \\ \hat{x}_3 \end{bmatrix} = \begin{bmatrix} -1.8421 \\ 0.4211 \\ 0.5263 \end{bmatrix} (\text{mm})$$

参数值计算：

$$\hat{X} = X^0 + \hat{x} = \begin{bmatrix} 5.053 \\ 8.452 \\ 7.450 \end{bmatrix} + \begin{bmatrix} -1.8421 \\ 0.4211 \\ 0.5263 \end{bmatrix} = \begin{bmatrix} 5.0512 \\ 8.4524 \\ 7.4505 \end{bmatrix} (\text{mm})$$

参数值就是对应的 P_1、P_2、P_3 三点的最或是高程。

P_3、P_2 点间最或是高差计算：

$$\hat{h}_{3-2} = \hat{X}_3 - \hat{X}_2 = -1.0019 (\text{m})$$

精度评定：

$$V^{\mathrm{T}}PV = 23.0526$$

单位权中误差：

$$\sigma_0 = \pm \sqrt{\dfrac{V^{\mathrm{T}}PV}{n-t}} = \pm \sqrt{\dfrac{23.0526}{7-3}} = \pm 2.4 (\text{mm})$$

参数的协因数：

$$Q_{\hat{X}\hat{X}} = N^{-1} = \frac{1}{57}\begin{bmatrix} 11 & 4 & 5 \\ 4 & 17 & 7 \\ 5 & 7 & 23 \end{bmatrix}$$

各参数的协因数：

$$Q_{\hat{X}_1} = \frac{11}{57}$$

$$Q_{\hat{X}_2} = \frac{17}{57}$$

$$Q_{\hat{X}_3} = \frac{23}{57}$$

每公里观测高差的权：

$$P_{km} = 2/1 = 2, \quad Q_{km} = 1/P_{km} = 1/2$$

P_3、P_2 点间最或是高差协因数计算：

$$F = \hat{h}_{3-2} = \hat{X}_3 - \hat{X}_2 = \begin{bmatrix} 0 & -1 & 1 \end{bmatrix}\begin{bmatrix} \hat{X}_1 \\ \hat{X}_2 \\ \hat{X}_3 \end{bmatrix} = f\hat{X}$$

$$Q_F = fQ_{\hat{X}\hat{X}}f^T = \frac{26}{57} = 0.4561$$

计算中误差。

P_1、P_2、P_3 的最或是高程中误差：

$$\sigma_{P_1} = \sigma_0\sqrt{Q_{\hat{X}_1}} = \pm 1.05(\text{mm})$$

$$\sigma_{P_2} = \sigma_0\sqrt{Q_{\hat{X}_2}} = \pm 1.31(\text{mm})$$

$$\sigma_{P_3} = \sigma_0\sqrt{Q_{\hat{X}_3}} = \pm 1.52(\text{mm})$$

1km 观测高差中误差：

$$\sigma_{km} = \sigma_0\sqrt{Q_{km}} = \pm 1.70(\text{mm})$$

P_3、P_2 点间最或是高差中误差：

$$\sigma_F = \sigma_0\sqrt{Q_F} = \pm 1.62(\text{mm})$$

5.5.2 测角网间接平差示例

【例 5.14】 设有一测角网，如图 5.17 所示，网中 A、B、C、D 是已知点，P_1、P_2 是待定点，同精度观测了 18 个角度。试按间接平差法求平差后 P_1、P_2 点的坐标及 P_1、P_2 点坐标的中误差。起算数据和观测值见表 5.19 及表 5.20。

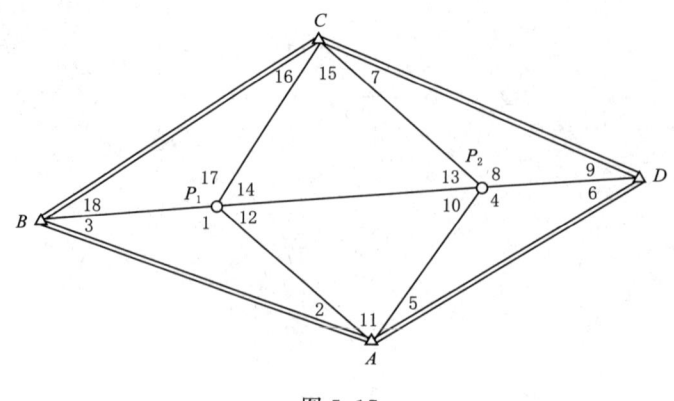

图 5.17

表 5.19

点 名	坐 标/m		边长/m	坐标方位角 /(° ′ ″)
	X	Y		
A	9684.28	43836.62		
B	106493.55	31996.50	11879.60	274 39 38.4
C	19063.66	37818.86	10232.16	34 40 56.3
D	17814.63	49923.19	12168.60	95 53 29.1
A			10156.11	216 49 06.5

表 5.20

角度编号	观测值/(° ′ ″)	角度编号	观测值/(° ′ ″)	角度编号	观测值/(° ′ ″)
1	126 14 24.1	7	22 02 43.0	13	46 38 56.4
2	23 39 46.9	8	130 03 14.2	14	66 34 54.7
3	30 05 46.7	9	27 53 59.3	15	66 46 08.2
4	117 22 46.2	10	65 55 00.8	16	29 58 35.5
5	31 26 50.0	11	67 02 49.4	17	120 08 31.1
6	31 10 22.6	12	47 02 11.4	18	29 52 55.4

解：(1) 用前方交会法算得待定点 P_1 和 P_2 点的近似坐标为。

$$X_1^0 = 13188.61 \text{m} \qquad X_2^0 = 15578.61 \text{m}$$
$$Y_1^0 = 37334.97 \text{m} \qquad Y_2^0 = 44391.03 \text{m}$$

根据已知点的坐标和待定点的近似坐标反算各边的近似坐标方位角 δ_{jk}^0，其结果见 5.21。

表 5.21

方 向	近似坐标方位角 /(° ′ ″)	方 向	近似坐标方位角 /(° ′ ″)
P_1A	118 19 24.7	P_2A	185 22 17.0
P_1B	244 33 48.6	P_2C	297 56 09.0
P_1C	4 42 30.4	P_2D	67 59 31.7
P_1P_2	71 17 16.6		

(2) 计算与待定点 P_1 和 P_2 相连各边的坐标方位角改正数方程的系数,结果列于表 5.22。

表 5.22

方向	Δy^0 /m	Δx^0 /m	S^2 /m	$\delta\alpha$ 系数/(s/dm)			
				$\hat{x}_1$	$\hat{y}_1$	$\hat{x}_2$	$\hat{y}_2$
P_1A	+6502	-3504	5455×10^4	+2.46	+1.32		
P_1B	-5338	-2539	3495×10^4	-3.15	+1.50		
P_1C	+484	+5875	3475×10^4	+0.29	-3.49		
P_1P_2	+7056	+2390	5550×10^4	+2.62	-0.89	-2.62	+0.89
P_2A	-554	-5894	3505×10^4			-0.33	+3.47
P_2C	-6572	+3485	5534×10^4			-2.45	-1.30
P_2D	+5532	+2236	3560×10^4			+3.20	-1.30

(3) 计算误差方程系数和常数项,结果列于表 5.23,表 5.23 中每一行表示一个误差方程。v 为角度改正数,在解出坐标改正数 $\hat{x}$ 后算得。

表 5.23

参数 角号	a $\hat{x}_i$ -0.1030	b $\hat{y}_i$ +2.3208	c $\hat{x}_j$ -1.2069	d $\hat{y}_j$ 0.5348	$-l$	v
1	-5.61	+0.18			-0.2	+0.8
2	+2.46	+1.32			-0.6	+2.2
3	+3.15	-1.50			+3.1	-0.7
4			-3.53	+4.77	-0.9	+0.8
5			+0.33	-3.47	-0.5	+1.0
6			+3.20	-1.30	+2.6	-0.6
7			-2.45	-1.30	-3.1	+0.5
8			+5.65	0.00	+8.5	+1.7
9			-3.20	+1.30	-1.9	+1.3

续表

参数 角号	a $\hat{x}_i$ −0.1030	b $\hat{y}_i$ +2.3208	c $\hat{x}_j$ −1.2069	d $\hat{y}_j$ 0.5348	−l	v
10	+2.62	−0.89	−2.29	−2.58	−1.2	+0.6
11	−2.46	−1.32	−0.33	+3.47	+2.9	−1.4
12	−0.16	+2.21	+2.62	−0.89	−3.3	−0.8
13	−2.62	+0.89	+0.17	−2.19	−4.0	−0.7
14	+2.33	+2.60	−2.60	+0.89	−8.5	−0.0
15	+0.29	−3.49	+2.45	+1.30	−13.2	+1.4
16	−0.29	+3.49			−9.6	−1.5
17	+3.44	−4.99			+10.7	−1.2
18	−3.15	+1.50			−3.1	+0.7
加和	0	0	0	0	+4.1	

(4) 组成法方程:

$$\begin{bmatrix} 94.61 & -22.11 & -11.45 & -6.96 \\ -22.11 & 70.51 & -6.95 & -8.42 \\ -11.45 & -6.95 & 96.09 & -20.21 \\ -6.96 & -8.42 & -20.21 & 66.63 \end{bmatrix} \begin{bmatrix} \hat{x}_1 \\ \hat{y}_1 \\ \hat{x}_2 \\ \hat{y}_2 \end{bmatrix} = \begin{bmatrix} -43.52 \\ 178.81 \\ -120.11 \\ -30.07 \end{bmatrix}$$

$$N_{bb}^{-1} = \begin{bmatrix} 0.0121 & 0.0044 & 0.0023 & 0.0025 \\ 0.0044 & 0.0161 & 0.0024 & 0.0032 \\ 0.0023 & 00.0024 & 0.0117 & 0.0041 \\ 0.0025 & 0.0032 & 0.0041 & 0.0169 \end{bmatrix}$$

由 $\hat{x} = N_{bb}^{-1} W$ 可得

$$\hat{x} = [\hat{x}_1 \quad \hat{y}_1 \quad \hat{x}_2 \quad \hat{y}_2]^T = [-0.1030 \quad 2.3208 \quad -1.2069 \quad -0.5348]^T (dm)$$

(5) 平差值计算。

1) 坐标平差值:

$$\hat{X}_1 = 13188.60 \text{m}$$
$$\hat{Y}_1 = 37335.20 \text{m}$$
$$\hat{X}_2 = 15578.49 \text{m}$$
$$\hat{Y}_2 = 44390.98 \text{m}$$

2) 待定点坐标方位角和边长的平差值。由待定点坐标和已知点坐标计算的待定边的坐标方位角和边长平差值,结果见表 5.24。

表 5.24

方向	边长/m	坐标方位角/(° ′ ″)	方向	边长/m	坐标方位角/(° ′ ″)
P_1A	7385.89	118 19 27.5	P_2A	5920.20	185 22 15.7
P_1B	5911.73	244 33 52.4	P_2C	7439.03	297 56 12.6
P_1C	5894.93	4 42 22.4	P_2D	5967.05	67 59 28.5
P_1P_2	7449.54	71 17 17.0			

3) 观测量的平差。将表 5.23 中的改正数 v 与观测值相加，即得观测量的平差值 $\hat{L}$。

(6) 精度计算。

1) 单位权中误差，即测角中误差为

$$\sigma_0 = \pm\sqrt{\frac{V^{\mathrm{T}}PV}{n-t}} = \pm\sqrt{\frac{22.28}{18-4}} = \pm 1.3''$$

2) 待定点坐标中误差。由 N_{bb}^{-1} 中取得未知数的权倒数，计算

$$\sigma_{\hat{X}_1} = \pm\sigma_0\sqrt{Q_{\hat{X}_1\hat{X}_1}} = \pm 1.3\sqrt{0.0121} = \pm 0.14(\mathrm{dm})$$

$$\sigma_{\hat{Y}_1} = \pm\sigma_0\sqrt{Q_{\hat{Y}_1\hat{Y}_1}} = \pm 1.3\sqrt{0.0161} = \pm 0.16(\mathrm{dm})$$

$$\sigma_{P_1} = \sqrt{(\sigma_{\hat{X}_1})^2 + (\sigma_{\hat{Y}_1})^2} = \sqrt{(0.14)^2 + (0.16)^2} = \pm 0.21(\mathrm{dm})$$

$$\sigma_{\hat{X}_2} = \pm\sigma_0\sqrt{Q_{\hat{X}_2\hat{X}_2}} = \pm 1.3\sqrt{0.0117} = \pm 0.14(\mathrm{dm})$$

$$\sigma_{\hat{Y}_2} = \pm\sigma_0\sqrt{Q_{\hat{Y}_2\hat{Y}_2}} = \pm 1.3\sqrt{0.0169} = \pm 0.17(\mathrm{dm})$$

$$\sigma_{P_2} = \sqrt{(\sigma_{\hat{X}_2})^2 + (\sigma_{\hat{Y}_2})^2} = \sqrt{(0.14)^2 + (0.17)^2} = \pm 0.22(\mathrm{dm})$$

式中 σ 为点位中误差。

5.5.3 导线网间接平差示例

【例 5.15】 单一附合导线见图 5.18，观测了 4 个角度和 3 条边长。已知数据列于表 5.25，观测值见表 5.26。已知测角中误差、测边中误差，以 m 为单位，试按间接平差，求：

(1) 各导线点的坐标平差值及点位精度。

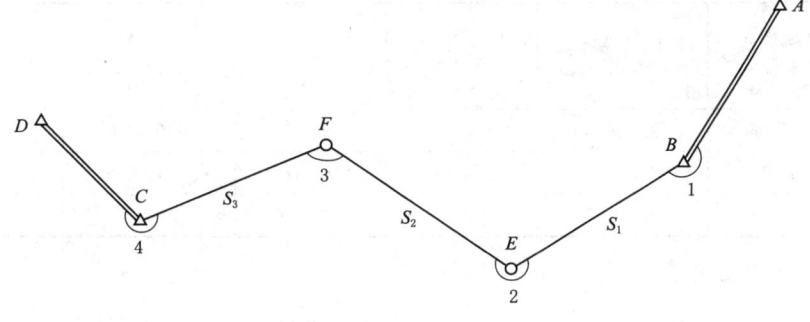

图 5.18

(2) 各观测值的平差值。

表 5.25

点名	坐标/m		
	X	Y	
B	203 020.348	−59 049.801	$\alpha_{AB}=226°44'59''$
C	203 059.503	−59 796.549	$\alpha_{CD}=324°46'03''$

表 5.26

角号	角度观测/(° ′ ″)	角号	角度观测/(° ′ ″)	边号	边长观测/m	边号	边长观测/m
1	230 32 37	3	170 39 22	1	204.952	3	345.153
2	180 00 42	4	236 48 37	2	200.130		

解： 本题必要观测数 $t=2\times2=4$，选定待定点坐标平差值为未知参数，即

$$\hat{X} = \begin{bmatrix} \hat{X}_E & \hat{Y}_E & \hat{X}_F & \hat{Y}_F \end{bmatrix}^T$$

(1) 计算待定点近似坐标，见表 5.27。

表 5.27

点名（角号）β	观测角 β_i /(° ′ ″)	坐标方位角 α^0 /(° ′ ″)	观测边长 S/m	近似坐标	
				X^0/m	Y^0/m
A		226 44 59			
B (1)	230 32 37			203 202.348	−59 059.801
		277 17 36	204.952		
E (2)	180 00 42			203 046.366	−59 253.095
		277 18 18	200.130		
F (3)	170 39 22			203 071.813	−59 451.601

(2) 由已知点坐标和近似坐标计算各边坐标方位角改正数方程的系数及边长改正数方程系数，δx、δy 以 mm 为单位，见表 5.28。

表 5.28

方向	坐标方位角/(° ′ ″)	近似边长/m	$\sin\alpha_{jk}^0$	$\cos\alpha_{jk}^0$	a_{jk}/(″/mm) $\left(\dfrac{\rho''\sin\alpha^0}{S_{JK}^0\times1000}\right)$	b_{jk}/(″/mm) $\left(-\dfrac{\rho''\sin\alpha^0}{S_{JK}^0\times1000}\right)$
BE	277 17 36	204.952	−0.992	0.127	−0.998	0.128
EF	277 18 18	200.130	−0.992	0.127	−1.022	−0.131
FC	267 57 22	345.167	−0.999	−0.036	−0.597	0.021

坐标方位角改正数方程：

$$\delta\alpha_{jk}'' = \frac{\rho''\sin\alpha_{jk}^0}{S_{jk}^0\times1000}\delta x_j - \frac{\rho''\cos\alpha_{jk}^0}{S_{jk}^0\times1000}\delta y_j - \frac{\rho''\sin\alpha_{jk}^0}{S_{JK}^0\times1000}\delta x_k + \frac{\rho''\cos\alpha_{jk}^0}{S_{jk}^0\times1000}\delta y_k$$

设 $a_{jk}=\dfrac{\rho''\sin\alpha^0}{S_{JK}^0\times 1000}$，$b_{jk}=-\dfrac{\rho''\sin\alpha^0}{S_{JK}^0\times 1000}$，上式表示为

$$\delta\alpha''_{jk}=a_{jk}\delta x_j-b_{jk}\delta y_j-a_{jk}\delta x_k+b_{jk}\delta y_k$$

边长改正数方程：

$$\delta\hat{S}_{jk}=-\cos\alpha_{jk}^0\delta x_j-\sin\alpha_{jk}^0\delta y_j-\cos\alpha_{jk}^0\delta x_k+\sin\alpha_{jk}^0\delta y_k$$

（3）确定角度观测值和边长观测值权。设单位权中误差 $\sigma_0=5''$，则角度观测值的权为 $P_{\beta_i}=\dfrac{\sigma_0^2}{\sigma_\beta^2}=1$，各导线边的权为 $P_{S_i}=\dfrac{\sigma_0^2}{\sigma_{s_i}^2}=\dfrac{25}{0.25S_i}$（s²/mm²）。各观测值的权列于表 5.28 的 P 列。

（4）计算 4 个角度和 3 条边长观测值误差方程的系数和常数项，见表 5.29。表中每一行表示一个误差方程，各列代表不同未知数的系数，l 为常数项。P 列代表观测值的权。V、$\hat{L}$ 列为改正数和平差值，在法方程解算后，由未知数代入误差方程求得。

表 5.29

项目		δx_E	δy_E	δx_F	δy_F	l	P	v	$\hat{L}$
角 β_i	1	0.998	0.128			$0''$	1	-4.41	230 32 33
	2	-2.020	-1.619	1.022	0.131	$0''$	1	-3.79	180 00 38
	3	1.022	0.131	-1.619	-0.110	$18''$	1	-3.18	179 39 19
	4			0.597	-0.021	$-4''$	1	-2.61	236 48 34
边 S_i	1	0.127	-0.992			0	0.49	3.49	204.955
	2	-0.127	0.992	0.127	-0.992	0	0.50	3.42	200.133
	3			0.036	0.999	0	0.29	6.17	345.159
$\delta x/\text{mm}$		-3.91	-4.02	-11.37	-8.42				
$\hat{X}/\text{m}$		203 046.362		-59 253.099		203 071.802		-59 451.609	

根据图 5.18 以及下式列立观测值误差方程，计算误差方程的系数和常数。

角度误差方程

$$v_i=\delta\alpha_{jk}-\delta\alpha_{jh}-l_i\quad l_i=L_i-(\alpha_{jk}^0-\alpha_{jh}^0)$$

边长误差方程

$$v_i=\delta\hat{S}_{jk}-l_i\quad l_i=L_i-S_{jk}^0$$

（5）组成法方程、解算法方程。

法方程为

$$N_{BB}\delta x-W=0$$

法方程的系数、常数项由误差方程的系数阵 B、常数阵 l 及观测值的权 P 由 $N_{BB}=B^{\mathrm{T}}PB$，$W=B^{\mathrm{T}}Pl$ 求得。

$$\begin{bmatrix}6.137 & 0.660 & -3.727 & -0.314\\ 0.660 & 1.075 & -0.414 & -0.540\\ -3.727 & -0.414 & 4.030 & 0.247\\ -0.314 & -0.540 & 0.247 & 0.811\end{bmatrix}\begin{bmatrix}\delta x_E\\ \delta y_E\\ \delta x_F\\ \delta y_F\end{bmatrix}-\begin{bmatrix}-18.397\\ -2.358\\ 31.687\\ 6.242\end{bmatrix}=0$$

$$N_{BB}^{-1} = \begin{bmatrix} 0.38306 & -0.12160 & 0.34403 & -0.03741 \\ -0.12160 & 1.46891 & -0.01905 & 0.93727 \\ 0.34403 & -0.01905 & 0.56749 & -0.05221 \\ -0.03741 & 0.93727 & -0.05221 & 1.85860 \end{bmatrix}$$

解算法方程，得未知参数的改正数：$\hat{x} = N_{BB}^{-1} W$。结果见表 5.29 的 $\hat{x}$ 行。

（6）改正数求解。将 δx 代入误差方程得改正数 $V = B\hat{x} - l$，见表 5.29。

（7）平差值的计算。待定点坐标的平差值：$\hat{X} = X^0 + \hat{x}$，见表 5.28 对应列。观测值的平差值：$\hat{L} = L + v$，结果见表 5.28 的对应列。

（8）精度评定。

单位权中误差：

$$\sigma_0 = \sqrt{\frac{V^T P V}{n-t}} = \sqrt{\frac{73.6925}{7-4}} = 4.96''$$

待定点点位中误差：由 $N_{BB^{-1}}$ 知未知数的权倒数（即协因数，单位为 mm^2/s^2），各点点位中误差为

$$\sigma_E = \pm \sigma_0 \sqrt{Q_{\hat{X}_E \hat{X}_E} + Q_{\hat{Y}_E \hat{Y}_E}} = \pm 4.96 \sqrt{0.38306 + 1.46891} = \pm 6.74 (mm)$$

$$\sigma_F = \pm \sigma_0 \sqrt{Q_{\hat{X}_F \hat{X}_F} + Q_{\hat{Y}_F \hat{Y}_F}} = \pm 4.96 \sqrt{0.56749 + 1.85860} = \pm 7.72 (mm)$$

5.6 间接平差特列——直接平差

对同一未知量进行多次直接观测，求该量的平差值并评定精度，称为直接平差。例如，对某角度进行 n 测回测量，确定被测角度的最终结果。与一般的间接平差相比，直接平差的特点就是必要观测数都等于 1，因此它是间接批平差中具有一个参数的特殊情况。直接平差在实际测量中有广泛的用途。本节导出直接平差的一般计算公式。

5.6.1 不同精度观测值的直接平差

设对某未知量进行 n 次不同精度观测，观测值为 $L_1, L_2, \cdots, L_n$，相应的权为 $p_1, p_2, \cdots, p_n$，现按间接平差确定该量的平差值及中误差。

显然，该问题只有一个必要观测，即 $t=1$，选该量的最或是值 $\hat{X}$ 作为未知参数，则误差方程为

$$v_1 = \hat{X} - L_1$$
$$v_2 = \hat{X} - L_2$$
$$\cdots$$
$$v_n = \hat{X} - L_n \tag{5.6.1}$$

按间接平差法方程的纯量形式组成法方程：

$$\sum_{i=1}^n p_i \hat{X} - \sum_{i=1}^n p_i L_i = 0 \tag{5.6.2}$$

解算法方程，得未知数的最或是值：

$$\hat{X} = \frac{\sum\limits_{i=1}^{n} p_i L_i}{\sum\limits_{i=1}^{n} p_i} = \frac{p_1 L_1 + p_2 L_2 + \cdots + p_n L_n}{p_1 + p_2 + \cdots + p_n} \tag{5.6.3}$$

式（5.6.3）即为求解 n 次不同精度观测值最或是值的一般公式，也称之为 n 次不同精度观测值的带权平均值。因此，实际测量中，取 n 次不同精度观测值的带权平均值作为待定量的最或是值。

实际工作中，为了便于计算，设

$$\hat{X} = X^0 + \hat{x}$$

代于式（5.6.1），则误差方程为

$$V_1 = \hat{x} + X^0 - L_1$$
$$V_2 = \hat{x} + X^0 - L_2$$
$$\cdots$$
$$V_n = \hat{x} + X^0 - L_n \tag{5.6.4}$$

令 $l_i = L_i - X^0$，得

$$V_1 = \hat{x} - l_1$$
$$V_2 = \hat{x} - l_2$$
$$\cdots$$
$$V_n = \hat{x} - l_n \tag{5.6.5}$$

法方程为

$$\sum_{i=1}^{n} p_i \cdot \hat{x} - \sum_{i=1}^{n} p_i l_i = 0 \tag{5.6.6}$$

解算，得

$$\hat{x} = \frac{\sum\limits_{i=1}^{n} p_i l_i}{\sum\limits_{i=1}^{n} p_i} = \frac{p_1 l_1 + p_2 l_2 + \cdots + p_n l_n}{p_1 + p_2 + \cdots + p_n} \tag{5.6.7}$$

则未知数的最或是值为

$$\hat{X} = X^0 + \hat{x} = X^0 + \frac{\sum\limits_{i=1}^{n} p_i l_i}{\sum\limits_{i=1}^{n} p_i} \tag{5.6.8}$$

直接平差问题仅有一个未知参数，即 $t=1$，故单位权中误差计算式为

$$\sigma_0 = \sqrt{\frac{V^T P V}{n-t}} = \sqrt{\frac{V^T P V}{n-1}} \tag{5.6.9}$$

由法方程式（5.6.2）知，法方程系数 $N_{BB} = \sum\limits_{i=1}^{n} p_i$，则未知数 $\hat{X}$ 的协因数为

$$Q_{\hat{X}\hat{X}} = N_{bb}^{-1} = \frac{1}{\sum_{i=1}^{n} p_i} \tag{5.6.10}$$

或未知数的权

$$p_{\hat{x}} = \frac{1}{Q_{\hat{X}\hat{X}}} = \sum_{i=1}^{n} p_i \tag{5.6.11}$$

则未知数 $\hat{X}$ 的中误差为

$$\sigma_{\hat{X}} = \sigma_0 \sqrt{Q_{\hat{X}\hat{X}}} = \sigma_0 \sqrt{\frac{1}{\sum_{i=1}^{n} p_i}} = \sqrt{\frac{V^{\mathrm{T}} P V}{(n-1)\sum_{i=1}^{n} p_i}} \tag{5.6.12}$$

观测值 L_i 的中误差为

$$\sigma_{L_i} = \sigma_0 \sqrt{\frac{1}{p_i}} = \sqrt{\frac{V^{\mathrm{T}} P V}{(n-1) p_i}} \tag{5.6.13}$$

观测值平差值 $\hat{L}_i$ 的中误差为

$$\sigma_{\hat{L}_i} = \sigma_0 \sqrt{\frac{1}{\sum_{i=1}^{n} p_i}} = \sqrt{\frac{V^{\mathrm{T}} P V}{(n-1)\sum_{i=1}^{n} p_i}} \tag{5.6.14}$$

5.6.2 同精度观测值的直接平差

特别地，当对某未知量独立进行 n 次同精度观测，此时 $p_1 = p_2 = \cdots = p_n = 1$。则由式（5.6.2）得未知数的最或是值为

$$\hat{X} = \frac{\sum_{i=1}^{n} L_i}{n} = \frac{L_1 + L_2 + \cdots + L_n}{n} \tag{5.6.15}$$

或由式（5.6.7）和式（5.6.8）得

$$\hat{x} = \frac{\sum_{i=1}^{n} l_i}{n} = \frac{l_1 + l_2 + \cdots + l_n}{n} \tag{5.6.16}$$

$$\hat{X} = X^0 + \hat{x} = X^0 + \frac{\sum_{i=1}^{n} l_i}{n} \tag{5.6.17}$$

式（5.6.17）表示，某量的 n 次同精度观测值的算术平均值即为该量的最或是值。实际测量中，均以 n 次同精度观测值的算术平均值为待定量的最优估计值。

未知数 $\hat{X}$ 的中误差为

$$\sigma_{\hat{X}} = \sigma_0 \sqrt{Q_{\hat{X}\hat{X}}} = \hat{\sigma}_0 \sqrt{\frac{1}{n}} = \sqrt{\frac{V^{\mathrm{T}} P V}{n(n-1)}} \tag{5.6.18}$$

观测值 L_i 的中误差为

$$\sigma_{L_i} = \sigma_0 \sqrt{\frac{1}{p_i}} = \sqrt{\frac{V^{\mathrm{T}} P V}{(n-1) p_i}} \tag{5.6.19}$$

观测值平差值 $\hat{L}_i$ 的中误差为

$$\sigma_{\hat{L}_i}=\sigma_0\sqrt{\frac{1}{n}}=\sqrt{\frac{V^\mathrm{T}PV}{n(n-1)}} \tag{5.6.20}$$

【例 5.16】 对某边对立测量 5 次，观测值及其权列于表 5.30，求该边的最或是值及其中误差。

表 5.30

序　号	1	2	3	4	5
观测值 L_i/m	112.814	112.807	112.802	112.817	112.816
权 p_i	4.0	2.5	2.0	20.0	10.0

解： 该问题的必要观测量只有一个，设该边的最或是值为未知数 $\hat{X}$。为了方便计算，取 $X^0=112.810\mathrm{m}$，则 $\hat{X}=X^0+\hat{x}=112.810+\hat{x}$。

(1) $\hat{x}$ 的最或是值为

$$\hat{x}=\frac{\sum_{i=1}^{n}p_il_i}{\sum_{i=1}^{n}p_i}=\frac{p_1l_1+p_2l_2+\cdots+p_nl_n}{p_1+p_2+\cdots+p_n}=\frac{192.5}{38.5}=5.0(\mathrm{m})$$

式中，l_i、p_il_i 及 $\sum_{i=1}^{n}p_il_i$、$\sum_{i=1}^{n}l_i$ 的计算见表 5.31。

未知量的最或是值为

$$\hat{X}=X^0+\hat{x}=112.810+\frac{5.0}{1000}=112.815(\mathrm{m})$$

(2) 精度评定。

未知数 $\hat{X}$ 的中误差为

$$\sigma_{\hat{X}}=\sqrt{\frac{V^\mathrm{T}PV}{(n-1)\sum_{i=1}^{n}p_i}}=\sqrt{\frac{592}{(5-1)\times 38.5}}=2.0(\mathrm{mm})$$

式中 $V^\mathrm{T}PV\left(\sum_{i=1}^{n}p_iv_iv_i\right)$、$\sum_{i=1}^{n}p_i$ 计算见表 5.31。

表 5.31

序　号	1	2	3	4	5	$\sum_{1}^{n}$
观测值 L_i/m	112.814	112.807	112.802	112.817	112.816	38.5
权 p_i	4.0	2.5	2.0	20.0	10.0	
$l_i=L_i-X^0$/mm	+4	−3	−8	+7	+6	192.5
p_il_i	+16.0	−7.5	−16.0	+140.0	+60.0	
v_i/mm	+1	+8	+13	−2	−1	
$p_iv_iv_i$	+4	+160	+338	+80	+10	

练 习 题

5.1 间接平差中，未知数的个数、误差方程式的个数与法方程的个数是根据什么确定的？它们间有什么关系？

5.2 间接平差的函数模型是什么？

5.3 间接平差计算步骤有哪些？

5.4 试列出图 5.19 中各图相应的误差方程。

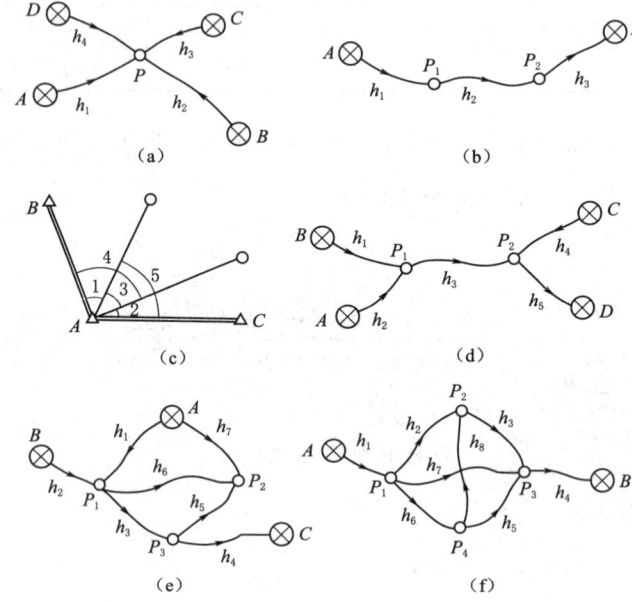

图 5.19

5.5 由高程已知的水准点 A、B、C 和 D 向待定点作水准测量，如图 5.19（a）中，得观测值和路线长度如下：$h_1=+3.480\text{m}$，$S_1=1\text{km}$，$H_A=3.520\text{m}$；$h_2=+4.967\text{m}$，$S_2=2\text{km}$，$H_B=2.035\text{m}$；$h_3=+3.420\text{m}$，$S_3=2\text{km}$，$H_C=3.578\text{m}$；$h_4=+2.347\text{m}$，$S_4=1\text{km}$，$H_D=4.656\text{m}$。试按间接平差法列出其误差方程。

5.6 图 5.20 水准网中，A 为已知点，P_1、P_2、P_3 为待定点，观测了高差 $h_1 \sim h_5$，观测路线长度相等，试列出误差方程。

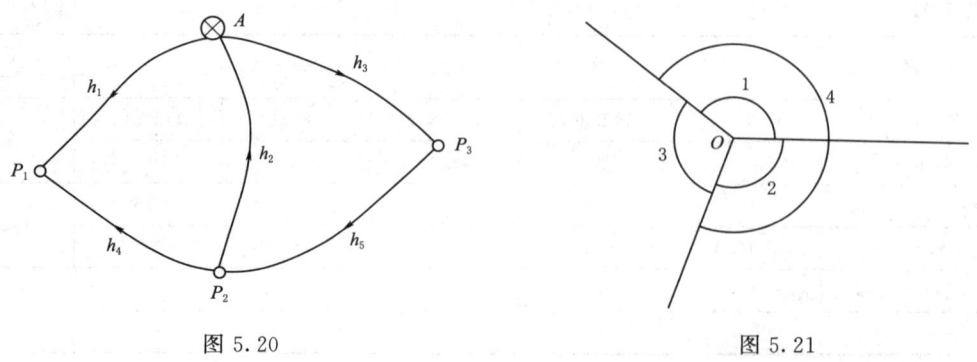

图 5.20   图 5.21

5.7 在测站 O 点测量了 4 个角度，见图 5.21，观测值如下：
$L_1=135°25'20''$，$L_2=90°40'08''$，$L_3=133°54'42''$，$L_4=226°05'43''$。试按间接平差法列出其误差方程。

5.8 有水准网如图 5.22，A 为已知点，高程为 $H_A=10.000\text{m}$，同精度观测了 5 条水准路线，观测值为 $h_1=7.251\text{m}$，$h_2=0.312\text{m}$，$h_3=-0.097\text{m}$，$h_4=1.654\text{m}$，$h_5=0.400\text{m}$，列出误差方程，并组成法方程。

5.9 图 5.23 水准网中，A 为已知点，高程为 $H_A=10.000\text{m}$，$P_1\sim P_4$ 为待定点，观测高差及路线长度为：$h_1=1.270\text{m}$，$S_1=2\text{km}$；$h_2=-3.380\text{m}$，$S_2=2\text{km}$；$h_3=2.114\text{m}$，$S_3=1\text{km}$；$h_4=1.613\text{m}$，$S_4=2\text{km}$；$h_5=-3.721\text{m}$，$S_5=1\text{km}$；$h_6=2.931\text{m}$，$S_6=2\text{km}$；$h_7=0.782\text{m}$，$S_7=2\text{km}$。求：（1）列出误差方程；（2）列出法方程；（3）求出观测值的平差值。

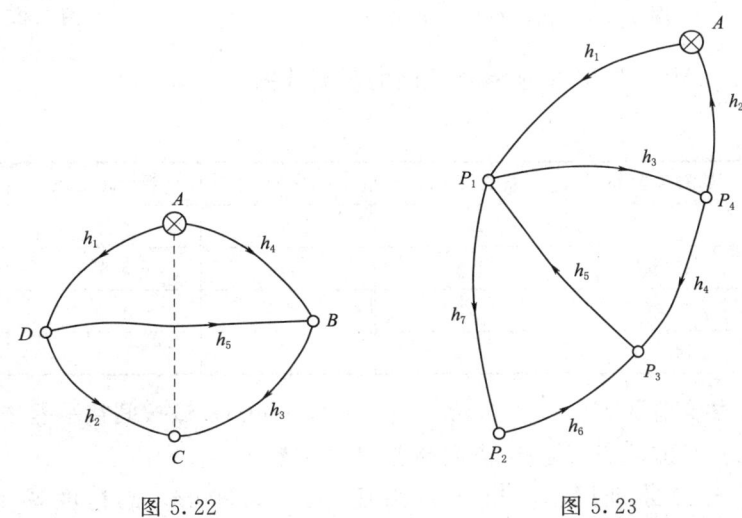

图 5.22　　　　图 5.23

5.10 如图 5.19（e）所示水准网，各路线观测高差和水准路线长度见表 5.32，$H_A=5.000\text{m}$，$H_B=3.953\text{m}$，$H_C=7.650\text{m}$。试按间接平差法列立其误差方程，并确定观测值的权。

表 5.32

序号	1	2	3	4	5	6	7
H_i/m	+0.050	+1.100	+2.398	+0.200	+1.000	+3.404	+3.452
S/km	1	1	2	2	2	2	1

5.11 某平差问题的观测值的权及误差方程为 $p_1=1.00$，$v_1=\delta x_1+0$；$p_2=1.00$，$v_2=\delta x_2+0$；$p_3=0.50$，$v_3=\delta x_1-4$；$p_4=0.50$，$v_4=\delta x_3+0$；$p_5=1.00$，$v_5=-\delta x_1+\delta x_2-7$；$p_6=1.00$，$v_6=\delta x_1-\delta x_3-1$；$p_7=0.67$，$v_7=\delta x_2-\delta x_3-1$。试组成法方程。

5.12 图 5.24 水准网中，A、B 为已知点，$P_1\sim P_3$ 为待定点，观测高差 $h_1\sim h_5$，相应的路线长度为 $S_1\sim S_5$ 为：4km，2km，2km，2km，4km。试列出误差方程，并组

成法方程系数阵。

5.13 如图 5.25 闭合水准网中，A 为已知点，高程为 $H_A = 10.000\text{m}$，P_1、P_2 为高程未知点，观测高差及路线长度为：$h_1 = 1.352\text{m}$，$S_1 = 2\text{ km}$；$h_2 = -0.531\text{m}$，$S_2 = 2\text{km}$；$h_3 = -0.826\text{m}$，$S_3 = 1\text{km}$。试用间接平差求各高差的平差值。

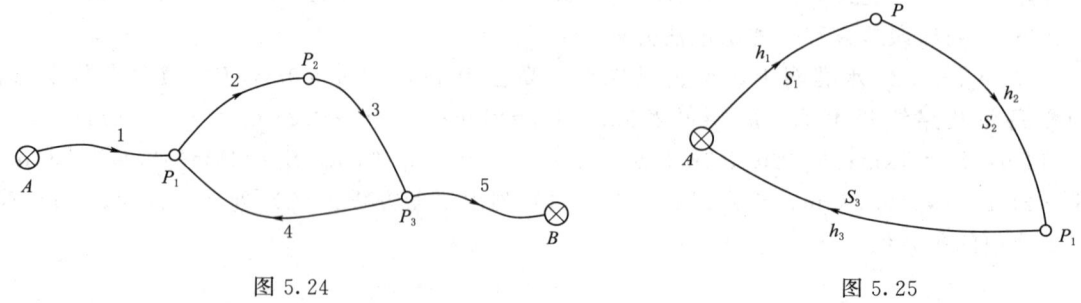

图 5.24　　　　　　　　　　图 5.25

5.14 表 5.33 中为图 5.26 所示水准网的观测数据。

表 5.33

序号	观测高差/m	路线长/km	序号	观测高差/m	路线长/km
h_1	10.356	1.0	h_5	4.651	1.0
h_2	15.000	1.0	h_6	5.856	1.0
h_3	20.360	2.0	h_7	10.500	2.0
h_4	14.501	2.0			

已知 A、B 的高程为 $H_A = 50.000\text{m}$，$H_B = 40.000\text{m}$，试按间接平差法求：(1) 各未知点高程点；(2) 平差后 P_1 到 P_2 点间高差的中误差．

5.15 如图 5.27 水准网，已知 A 点高程 $H_A = 5.000\text{m}$，同精度观测高差为 $h_1 = +1.50\text{m}$，$h_2 = -0.245\text{m}$，$h_3 = +0.750\text{m}$，$h_4 = +1.499\text{m}$。以 B、C、D 点平差值高程为未知参数，设其近似值分别为 6.500m、6.252m、6.998m，试按间接平差法列立误差方程，并求待定点的平差值高程。

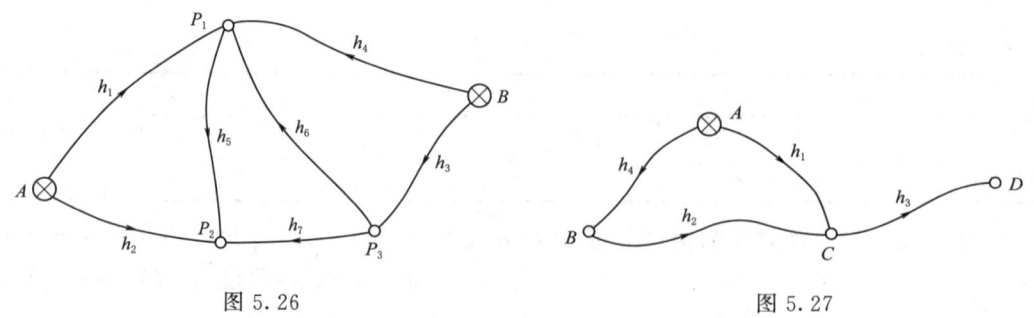

图 5.26　　　　　　　　　　图 5.27

5.16 图 5.28 的水准网中，已知 A 点高程 $H_A = 10.000\text{m}$，同精度观测高差为：$h_1 = +1.015\text{m}$，$h_2 = -12.570\text{m}$，$h_3 = +6.161\text{m}$，$h_4 = -11.563\text{m}$，$h_5 = +6.414\text{m}$，试按间接平差法，求：

(1) 各待定点高程的平差值及其中误差；(2) P_1、P_3 点间高差平差值及其中误差。

5.17 水准网见图 5.29，已知 $H_A=12.013$m，$H_B=10.013$m，观测高差及路线长度为：$h_1=-1.004$m，$h_2=+1.516$m，$h_3=+2.512$m，$h_4=+1.520$m；$S_1=2$km，$S_2=1$km，$S_3=2$km，$S_4=1.5$km。

试按间接平差法，求：

(1) 各待定点高程的平差值及其中误差；

(2) P_1、P_2 点间高差平差值及其中误差。

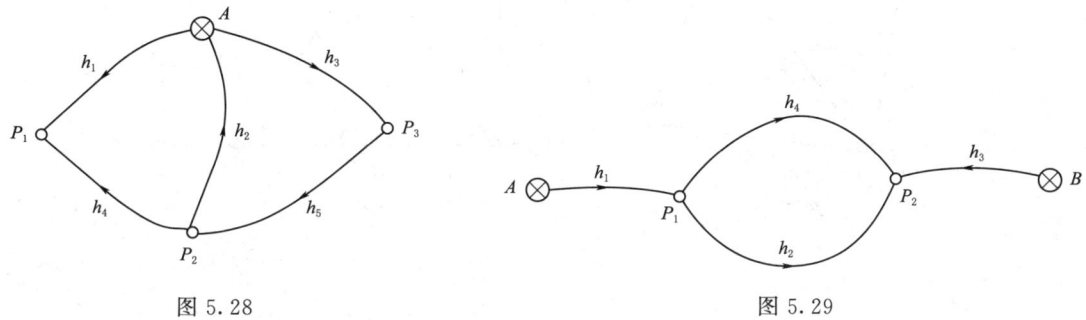

图 5.28　　　　　　　　　　　　　图 5.29

5.18 图 5.30 中 A、B、C 为已知点，P 为为待定点，网中观测了 3 条边长 $L_1 \sim L_3$，起算数据及观测数据均列于表 5.34 中，现选待定点坐标平差值为参数，其坐标近似值为（57578.93m，70998.26m），试列出各观测边长的误差方程式。

表 5.34

点　号	坐　标	
	X/m	Y/m
A	60509.596	69902.525
B	58238.935	74300.086
C	51946.286	73416.515

边号	L_1	L_2	L_3
观测值/m	3128.86	3367.20	6129.88

5.19 三角网见图 5.31，已知点 A、B 的坐标及观测值为：$X_A=0.00$km，$X_B=0.00$km，$Y_A=0.00$km，$Y_B=1.00$km，角度观测值：$L_1=60°00'05''$，$L_2=59°59'5''$，$L_3=60°00'00''$，边长观测值：$S_1=999.99$m，$S_2=1000.01$m，设待定点 P 坐标的平差值为未知数，若测角中误差为 1.5″，测边中误差为 1.5cm，试按间接平差法，求：(1) 待定点坐标的平差值及中误差；(2) 各观测值的平差值；(3) 平差后边长 P_A、P_B 的中误差。（经计算其近似坐标为 $X_P^0=\sqrt{3}/2$km，$Y_P^0=1/2$km）

5.20 对某三角网列出误差方程，已知观测值的权阵 P，组成解算法方程，并求解待定点 δx_P、δy_P 的协因数及点位中误差。

$$V = \begin{bmatrix} -0.542 & 0.773 \\ 1.324 & -0.288 \\ -0.782 & -0.485 \\ 0.819 & 0.574 \\ 0.213 & 0.977 \end{bmatrix} \begin{bmatrix} \delta x_P \\ \delta y_P \end{bmatrix} - \begin{bmatrix} -0.060 \\ 0.009 \\ -4.930 \\ 6.900 \\ 5.500 \end{bmatrix}, \quad P = \begin{bmatrix} 1 & 0 & 0 & 0 & 0 \\ 0 & 1 & 0 & 0 & 0 \\ 0 & 0 & 1 & 0 & 0 \\ 0 & 0 & 0 & 0.6 & 0 \\ 0 & 0 & 0 & 0 & 1.2 \end{bmatrix}$$

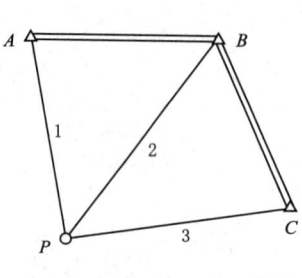

图 5.30

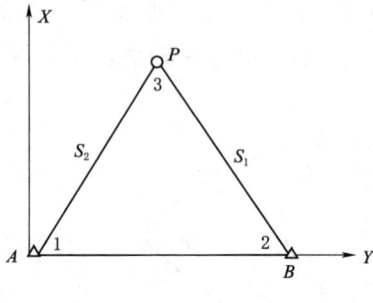

图 5.31

第 6 章

误 差 椭 圆

本章学习目标：通过本章学习，要求掌握点位位差、误差曲线及误差椭圆的基本概念，熟悉任意方向位差的计算方法。能够根据待定点坐标平差值的协因数计算误差椭圆的三要素，能够根据误差椭圆量取不同方向的位差。

本章重点：误差椭圆三要素计算，误差椭圆绘制方法及其应用。

6.1 概　述

在测量中，为了确定待定点的平面直角坐标，通常需进行一系列观测。由于观测值总是带有观测误差，因而根据观测值，通过平差计算所获得的是待定点坐标的平差值（$\hat{x}$，$\hat{y}$），而不是待定点坐标的真值（$\tilde{x}$，$\tilde{y}$），且待定点坐标精度需要进行数值评价。

如图 6.1 中，A 为已知点，假定其坐标是不带误差的数值。p 为待定点的真实位置，p' 点为经过平差所得的点位，两者之距离为 Δp，称之为点位真误差，简称为真位差。由图可知，在待定点的这两对坐标之间存在着误差 Δx、Δy，即

$$\left.\begin{array}{l}\Delta x = \tilde{x} - \hat{x} \\ \Delta y = \tilde{y} - \hat{y}\end{array}\right\} \quad (6.1.1)$$

且有

$$\Delta p^2 = \Delta x^2 + \Delta y^2 \quad (6.1.2)$$

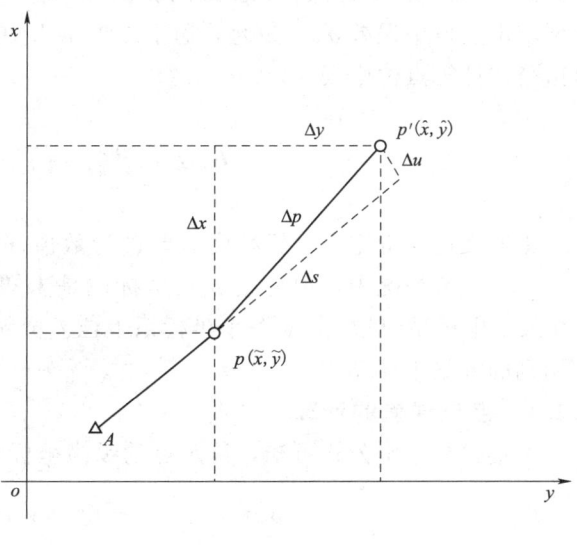

图 6.1

Δx、Δy 为真位差在 x 轴和 y 轴上两个位差分量，也可以理解为真位差在坐标轴上的投影。设 Δx、Δy 的中误差为 σ_x、σ_y，考虑 Δx 与 Δy 互相独立，对式（6.1.2）进行误差传播，可得点 p 真位差 Δp 的方差为

$$\sigma_p^2 = \sigma_x^2 + \sigma_y^2 \quad (6.1.3)$$

式中：σ_p^2 定义为点 p 的点位方差；σ_p 为点位中误差。

如果将图 6.1 中的坐标系旋转某一角度，即以 $x'oy'$ 为坐标系（图 6.2），则可以看出

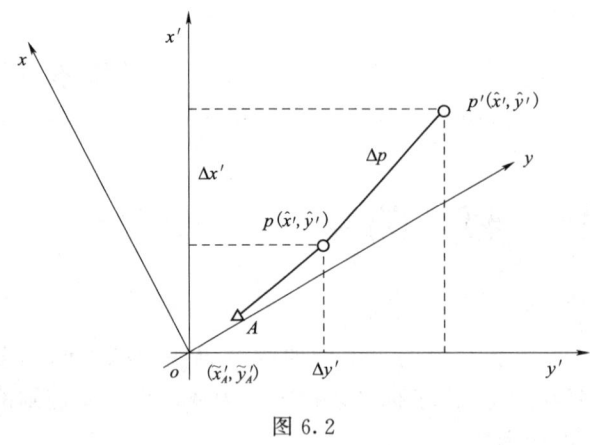

图 6.2

Δp 的大小将不受坐标轴的变动而发生变化，此时 $\Delta p^2 = \Delta x'^2 + \Delta y'^2$，式 (6.1.3) 可得

$$\sigma_p^2 = \sigma_{x'}^2 + \sigma_{y'}^2 \tag{6.1.4}$$

这说明，尽管点位真误差 Δp 在不同坐标系的两个坐标轴上的投影长度不等，但点位方差 σ_p^2 总是等于两个相互垂直的方向上的坐标方差之和，即它与坐标系的选择无关。

如果再将点 p 的真位差 Δp 投影于 Ap 方向和垂直于 Ap 的方向上则得 Δs 和 Δu（见图 6.1），Δs、Δu 定义为点 p 的纵向误差和横向误差，此时有

$$\Delta p^2 = \Delta s^2 + \Delta u^2 \tag{6.1.5}$$

式 (6.1.3) 又可写出

$$\sigma_p^2 = \sigma_s^2 + \sigma_u^2 \tag{6.1.6}$$

通过纵、横向误差来求定点位误差，这在测量工作中也是一种常用的方法。

上述的 σ_x 和 σ_y 分别为点在 x 轴和 y 轴上的中误差，或称为 x 轴和 y 轴方向上的位差。同样，σ_s 和 σ_u 是点在 Ap 边的纵向和横向上的位差。为了衡量待定点的精度，一般是要求出点位中误差 σ_p，为此，通常先求出未知点在两个相互垂直方向上的中误差分量，再由公式计算点位中误差。

6.2 点位误差

由前文可知待定点坐标精度需要进行数值评价，这里的数值评价采用点位中误差 σ_p 来衡量。一般情况中，因为点 p 真坐标值是未知的，点 p 的纵向误差和横向误差或者点 p 在某个坐标系中的 x、y 两个坐标系上位差分量误差也是未知的。因此，点位误差需要采用别的方法来计算。

6.2.1 点位误差的计算

由定权的基本公式可知，待定点的纵横坐标方差按下式计算

$$\sigma_x^2 = \sigma_0^2 \frac{1}{p_x} = \sigma_0^2 Q_{xx}, \quad \sigma_y^2 = \sigma_0^2 \frac{1}{p_y} = \sigma_0^2 Q_{yy} \tag{6.2.1}$$

将式 (6.2.1) 代入式 (6.1.6)，得

$$\sigma_p^2 = \sigma_x^2 + \sigma_y^2 = \sigma_0^2 (Q_{xx} + Q_{yy}) \tag{6.2.2}$$

可见，只要计算出 Q_{xx}、Q_{yy} 及单位权方差 σ_0^2，就可计算出 σ_p^2。关于 Q_{xx}、Q_{yy} 的计算问题，以间接平差方法概述如下。

当以三角网中待定点的坐标作为参数，按间接平差法平差时，法方程系数的逆阵就是参数的协因数阵 Q_{xx}，当平差问题中只有一个待定点时：

$$Q_{xx}=(B^{\mathrm{T}}PB)^{-1}=\begin{bmatrix} Q_{xx} & Q_{xy} \\ Q_{yx} & Q_{yy} \end{bmatrix} \quad (6.2.3)$$

其中主对角线的位置 Q_{xx}、Q_{yy} 就是待定点坐标平差值 x、y 的权倒数，而 Q_{xy}、Q_{yx} 则是它们相关的权倒数。相关权倒数将在后面的公式推导中用到。当平差问题中有多个待定点，例如 s 个待定点时，参数的协因数阵为

$$Q_{\hat{x}\hat{x}\atop 2s2s}=(B^{\mathrm{T}}PB)^{-1}=\begin{bmatrix} Q_{x_1x_1} & Q_{x_1y_1} & \cdots & Q_{x_1x_i} & Q_{x_1y_i} & \cdots & Q_{x_1x_s} & Q_{x_1y_s} \\ Q_{y_1x_1} & Q_{y_1y_1} & \cdots & Q_{y_1x_i} & Q_{y_1y_i} & \cdots & Q_{y_1x_s} & Q_{y_1y_s} \\ \vdots & \vdots & & \vdots & \vdots & & \vdots & \vdots \\ Q_{x_sx_1} & Q_{x_sy_1} & \cdots & Q_{x_sx_i} & Q_{x_sy_i} & \cdots & Q_{x_sx_s} & Q_{x_sy_s} \\ Q_{y_sx_1} & Q_{y_sy_1} & \cdots & Q_{y_sx_i} & Q_{y_sy_i} & \cdots & Q_{y_sx_s} & Q_{y_sy_s} \end{bmatrix} \quad (6.2.4)$$

待定点坐标的权倒数仍为相应的主对角线的元素，而相关权倒数则在相应权倒数边线的两侧。

6.2.2 任意方向 φ 上的位差

平差时，一般只求出待定点坐标的中误差和点位中误差。点位中误差虽然可以用来评定待定点的点位精度，但是它却不能代表该点在某一任意方向上的位差大小。而上面提到的 σ_x、σ_y、σ_u、σ_s 等，也只能代表待定点在 x 轴和 y 轴方向上的以及 AP 边纵向的横向上的位差。但在有些情况下，往往需要研究点位在哪一个方向上的位差最大，在哪一个方向上的位差最小，例如，在工程放样工作中，就经常需要关心任意方向上的位差问题。

用方位角表示任意方向的位差。

如图 6.3 所示，p 为待定点的真位置，p' 为经过平差所得的点位，为了求定 p 点在某一方向 φ 上的位差，需先找出待定点 p 在 φ 方向上的真误差 $\Delta\varphi$ 与纵、横坐标的真误差 Δx、Δy 的函数关系，然后求出该方向的位差。由图 6.3 可知 p 点点位真误差 pp' 在 φ 方向上的投影值为 pp'''，且 $\Delta\varphi$ 与 Δx、Δy 的关系为

$$\Delta\varphi=\overline{PP'''}=\overline{PP''}+\overline{P''P'''}=\cos\varphi\Delta x+\sin\varphi\Delta y \quad (6.2.5)$$

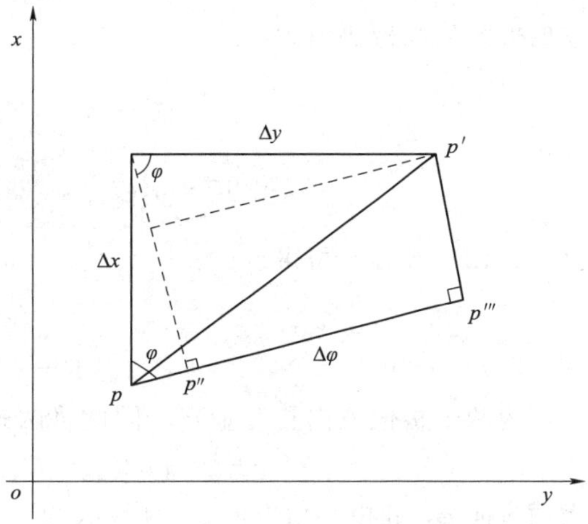

根据协因数传播律得

$$Q_{\varphi\varphi}=Q_{xx}\cos^2\varphi+Q_{yy}\sin^2\varphi+Q_{xy}\sin2\varphi \quad (6.2.6)$$

图 6.3

而待定点 P 在 φ 方向上的位差可用下式得到

$$\sigma_\varphi^2=\sigma_0^2 Q_{\varphi\varphi}=\sigma_0^2(Q_{xx}\cos^2\varphi+Q_{yy}\sin^2\varphi+Q_{xy}\sin2\varphi) \quad (6.2.7)$$

式（6.2.7）中单位权方差为常量，σ_φ^2 的大小取决于 $Q_{\varphi\varphi}$，而 $Q_{\varphi\varphi}$ 是 φ 的函数。若想求得

与 φ 方向垂直方向（即 $\varphi+90°$ 方向）上的方差，可将 $\varphi+90°$ 代入式（6.2.7）得

$$\sigma_{\varphi+90°}^2 = \sigma_0^2[Q_{xx}\cos^2(\varphi+90°) + Q_{yy}\sin^2(\varphi+90°) + Q_{xy}\sin2(\varphi+90°)]$$
$$= \sigma_0^2(Q_{xx}\sin^2\varphi + Q_{yy}\cos^2\varphi - Q_{xy}\sin2\varphi) \tag{6.2.8}$$

将以上两式相加，即得

$$\sigma_\varphi^2 + \sigma_{\varphi+90°}^2 = \sigma_0^2(Q_{xx}+Q_{yy}) = \sigma_P^2 \tag{6.2.9}$$

这又一次表明：任何一点的点位误差总是等于两个相互垂直方向上的方差分量之和。

6.2.3 位差的极大值和极小值

由式（6.2.7）可知 σ_φ^2 的大小与 φ 有关，当方向 φ 取图中的 x、y 坐标轴方向，或 x'、y' 坐标轴方向，或 AP 方向以及垂直于 AP 的方向时，相应方向上的位差权倒数分别为 Q_{xx}、Q_{yy}、$Q_{x'x'}$、$Q_{y'y'}$ 和 Q_{ss}、Q_{uu}。在众多方向的位差权倒数中，必有一对权倒数取得极大值和极小值。设协因数极大值为 Q_{EE}，极小值为 Q_{FF}，而取得极值相应的方向分别设为 φ_E 和 φ_F，其中在 φ_E 方向上的位差具有极大值，而在 φ_F 方向上的位差具有极小值，可以证明，φ_E 和 φ_F 两方向之差为 $90°$。

为求 Q_{EE} 和 Q_{FF}，可利用协因数阵，因为 Q_{EE} 和 Q_{FF} 就是这个协因数阵特征值的两个根，也可以对式（6.2.6）求极值得出。由线性代数中特征方程求特征根的方法，可求得

$$Q_{EE} = \frac{1}{2}(Q_{xx}+Q_{yy}+K)$$

$$Q_{FF} = \frac{1}{2}(Q_{xx}+Q_{yy}-K) \tag{6.2.10}$$

式中 K 为

$$K = \sqrt{(Q_{xx}+Q_{yy})^2 - 4(Q_{xx}Q_{yy}-Q_{xy}^2)} = \sqrt{(Q_{xx}-Q_{yy})^2 + 4Q_{xy}^2} \tag{6.2.11}$$

位差的极大值和极小值为

$$E^2 = \sigma_0^2 Q_{EE} = \frac{1}{2}\sigma_0^2(Q_{xx}+Q_{yy}+K)$$

$$F^2 = \sigma_0^2 Q_{FF} = \frac{1}{2}\sigma_0^2(Q_{xx}+Q_{yy}-K) \tag{6.2.12}$$

式（6.2.12）开方，可得

$$E = \sigma_0\sqrt{Q_{EE}} \tag{6.2.13}$$

$$F = \sigma_0\sqrt{Q_{FF}} \tag{6.2.14}$$

因为两个极值方向相互垂直，因此将两式求和，可得

$$E^2 + F^2 = \sigma_0^2(Q_{EE}+Q_{FF}) = \sigma_0^2(Q_{xx}+Q_{yy}) = \sigma_P^2 \tag{6.2.15}$$

极大值方向 φ_E 和极小值方向 φ_F 计算式为

$$\tan\varphi_E = \frac{Q_{EE}-Q_{xx}}{Q_{xy}} = \frac{Q_{xy}}{Q_{EE}-Q_{yy}} \tag{6.2.16}$$

$$\tan\varphi_F = \frac{Q_{FF}-Q_{xx}}{Q_{xy}} = \frac{Q_{xy}}{Q_{FF}-Q_{yy}} \tag{6.2.17}$$

【例 6.1】 已知某平面控制网中待定点 P 的协因数为

$$Q_{\hat{x}\hat{x}} = \begin{bmatrix} 1.236 & -0.314 \\ -0.314 & 1.192 \end{bmatrix}$$

求得单位权中误差 $\hat{\sigma}_0 = 1$，试求 E、F 和 φ_E。

解：
$$K = \sqrt{(Q_{xx} - Q_{yy})^2 + 4Q_{xy}^2} = 0.6295$$

$$Q_{EE} = \frac{1}{2}(Q_{xx} + Q_{xy} + K) = 1.528$$

$$Q_{FF} = \frac{1}{2}(Q_{xx} + Q_{xy} - K) = 0.899$$

$$E = \hat{\sigma}_0 \sqrt{Q_{EE}} = 1.24$$

$$F = \hat{\sigma}_0 \sqrt{Q_{FF}} = 0.95$$

$$\tan\varphi_E = \frac{Q_{EE} - Q_{xx}}{Q_{xy}} = -0.932$$

$$\varphi_E = 137° \text{ 或 } \varphi_E = 317°$$

$$\tan\varphi_F = \frac{Q_{FF} - Q_{xx}}{Q_{xy}} = 1.073$$

$$\varphi_F = 47° \text{ 或 } \varphi_F = 227°$$

6.2.4 用极值 E、F 表示任意方向上的位差

由式（6.2.7）计算任意方向 φ 上的位差时，φ 是从纵坐标 x 轴顺时针方向起算转到某方向的方位角。现推导出用 E、F 表示并以 E 轴（即方向 φ_E 轴）为起始方向的任意方向上的位差，这个任意方向用 Ψ 表示。

若以 E 轴为坐标轴，计算任意方向 Ψ 的位差，必须先找出误差 $\Delta\Psi$ 与 ΔE、ΔF 之间的关系式，再利用协因数传播律求得 $Q_{\Psi\Psi}$。仿照 $Q_{\Phi\Phi}$ 求的方法可知

$$\Delta\Psi = \cos\Psi \Delta E + \sin\Psi \Delta F \quad (6.2.18)$$

$$Q_{\Psi\Psi} = Q_{EE}\cos^2\Psi + Q_{FF}\sin^2\Psi + Q_{EF}\sin2\Psi \quad (6.2.19)$$

式中，Q_{EF} 为两个极值方向位差的互协因数，可以证明其值 $Q_{EF} = 0$，亦即在 E、F 方向上的平差后坐标是不相关的。因此，式中的协因数可写为

$$Q_{\Psi\Psi} = Q_{EE}\cos^2\Psi + Q_{FF}\sin^2\Psi \quad (6.2.20)$$

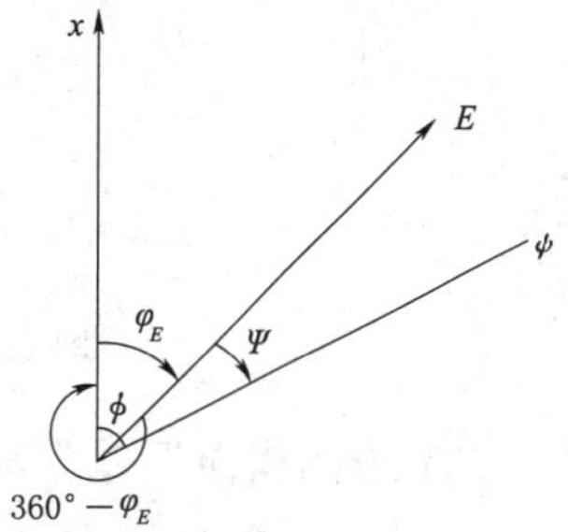

以极值 E、F 表示任意方向 Ψ 上的位差公式为

$$\sigma_\Psi^2 = \sigma_0^2 Q_{\Psi\Psi} = \sigma_0^2(Q_{EE}\cos^2\Psi + Q_{FF}\sin^2\Psi) \quad (6.2.21)$$

即

$$\sigma_\Psi^2 = E^2\cos^2\Psi + F^2\sin^2\Psi \quad (6.2.22)$$

图 6.4

【例 6.2】 数据同例 6.1，试计算当 $\Psi = 13°$ 时的位差。

解： 由例 6.1 计算得 $E^2 = 1.528$，$F^2 = 0.899$，将它们代入式（6.2.20），得

$$\sigma_\Psi^2 = 1.528\cos^2 13° + 0.899\sin^2 13° = 1.496$$

$$\sigma_\Psi = 1.22$$

6.3 误差曲线与误差椭圆

6.3.1 误差曲线

以待定点 P 为极点，Ψ 为极角，σ_Ψ 为极径，将 P 点所有方向上的位差在图 6.5 上表示出来，形成一条轨迹曲线，这条曲线称为误差曲线。图 6.5 就是一条误差曲线，OP 的长度就是 O 点在 OP 方向上的位差。由图 6.5 可看出，误差曲线是关于两个极轴（E 轴和 F 轴）对称的。

误差曲线在工程测量中有广泛的应用，当控制网略图和待定点的误差曲线给出后，可根据这个图得到坐标平差值在任一方向的位差大小。图 6.6 为某控制网中 P 点的点位误差曲线，A、B、C 为已知点。由图可知，$\sigma_{x_P}=\overline{Pa}$，$\sigma_{y_P}=\overline{Pb}$，$\sigma_{\varphi_E}=\overline{Pc}=E$，$\sigma_{\varphi_F}=\overline{Pd}=F$。如果要确定某一方向误差，如 PA 方向误差，可先由图中量出垂直于 PA 方向上的位差 $\overline{Pg}$。

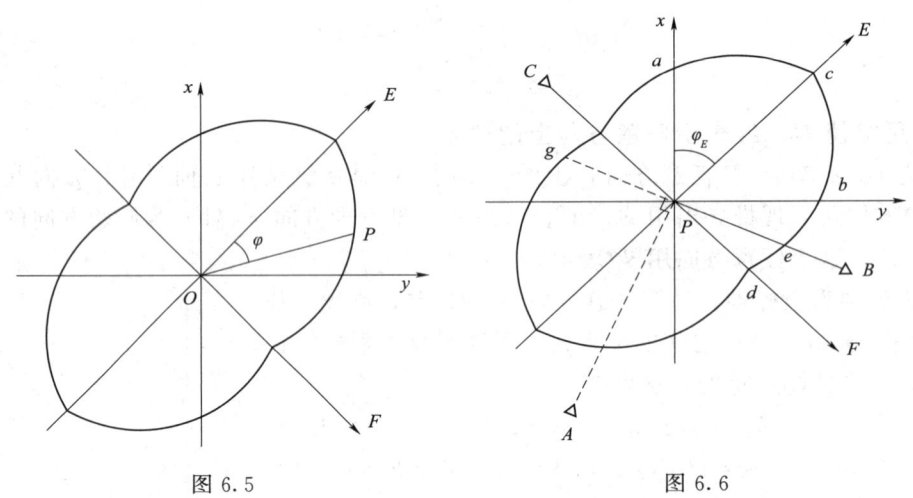

图 6.5   图 6.6

$\overline{PA}$ 边的横向误差为 σ_u，则由下式可算得 PA 方向误差为

$$\sigma''_{\alpha_{PA}}=\rho''\frac{\sigma_u}{S_{PA}}=\rho''\frac{\overline{Pg}}{S_{PA}} \quad (6.3.1)$$

式中：S_{PA} 为 PA 的长度。又如 PB 边长的中误差为

$$\sigma_{S_{PB}}=\overline{Pe} \quad (6.3.2)$$

6.3.2 误差椭圆

误差曲线作图不太方便，因此实用价值不高，为此可用形状与误差曲线很相似，以 E、F 为长、短半轴的椭圆来代替它（图 6.7）。

该椭圆称为点位误差椭圆，而 φ_E、E、

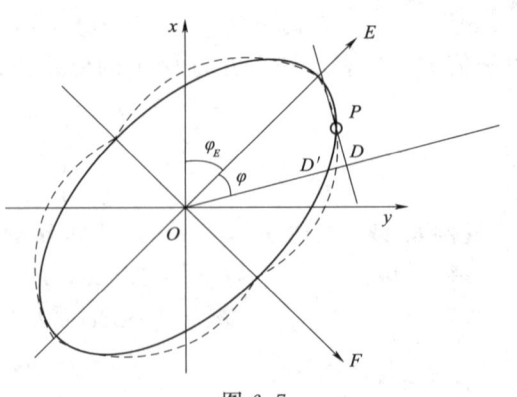

图 6.7

F 称为点位误差椭圆的元素（参数）。误差椭圆与误差曲线的两个极值方向完全重合，其他各处两者差距也甚微，可以证明，在点位误差椭圆上可以图解出任意方向 ψ 的位差 σ_ψ。其方法是：要求 ψ 方向的误差，自椭圆作 ψ 方向的正交切线 PD，P 为切点，D 为垂点，则 $\sigma_\psi = \overline{OD}$。从图 6.7 中可以看出，与 $\overline{OD}$ 相应在 ψ 方向误差椭圆的向径为 $\overline{OD'}$，由于 $\overline{OD'}$ 与 $\overline{OD}$ 相差很小，在估算控制网中可近似应用，一般不作误差曲线。

需要指出的是，在以上的讨论中，都是以一个待定点为例，说明了如何确定该点点位误差椭圆或点位误差曲线的问题。如果网中有多个待定点，也可以利用上述相同的方法，为每一个待定点确定一个点位误差椭圆或点位误差曲线。

若平差采用间接平差法，设有 S 个待定点，则有 $2S$ 个坐标未知数，其相应的协因数阵为 $2S \times 2S$ 矩阵。为了计算第 i 点点位误差椭圆的元素，则需要用到 $Q_{x_i x_i}$、$Q_{y_i y_i}$ 和 $Q_{x_i y_i}$，并按 6.2.3 节中所述的方法，算出 φ_{E_i}、E_i、F_i，然后作出该点的点位误差椭圆。

另外还要指出，前面曾说明如何利用点位误差曲线从图上量出已知点与待定点之间的边长中误差，以及与该边相垂直的横向中误差，从而求出方位角中误差。如果网中有多个待定点时，则可作出多个点位误差曲线，此时，也可利用这些点位误差曲线，确定已知点与任一待定点之间的边长中误差或方位角中误差，但不能确定待定点与待定点之间的边长中误差或方位角中误差，这是因为这些待定点的坐标是相关的。要解决这个问题，需要了解任意两个待定点间相对位置的精度情况。

6.4 相对误差椭圆

为了确定任意两个待定点之间相对位置的精度，需要进一步作出两个待定点之间的相对误差椭圆。

设坐标系中有两个待定点为 P_i 及 P_k，这两点的相对位置可通过其坐标差来表示，即

$$\left.\begin{array}{l}\Delta x_{ik} = x_k - x_i \\ \Delta y_{ik} = y_k - y_i\end{array}\right\} \tag{6.4.1}$$

根据协因数传播律可得

$$\left.\begin{array}{l}Q_{\Delta x \Delta x} = Q_{x_k x_k} + Q_{x_i x_i} - 2Q_{x_k x_i} \\ Q_{\Delta y \Delta y} = Q_{y_k y_k} + Q_{y_i y_i} - 2Q_{y_k y_i} \\ Q_{\Delta x \Delta y} = Q_{x_k y_k} - Q_{x_k y_i} - Q_{x_i y_k} + Q_{x_i y_i}\end{array}\right\} \tag{6.4.2}$$

由式（6.4.2）可以看出，如果 P_i 和 P_k 两点中有一个点为不带误差的已知点（例如 P_i 点），则有

$$Q_{\Delta x \Delta x} = Q_{x_k x_k}, Q_{\Delta y \Delta y} = Q_{y_k y_k}, Q_{\Delta x \Delta y} = Q_{x_k y_k}$$

这样，两点坐标差的协因数就等于待定点坐标的协因数，而这时作出的点位误差曲线就是待定点相对于已知点的。

利用式（6.4.2）算出的协因数，根据式（6.4.3）就可以得到计算 P_i 和 P_k 点间相

对误差椭圆的三个参数的公式

$$\left.\begin{aligned}E_{ik}^2 &= \frac{1}{2}\sigma_0^2(Q_{\Delta x\Delta x}+Q_{\Delta y\Delta y}+\sqrt{(Q_{\Delta x\Delta x}-Q_{\Delta y\Delta y})^2+4Q_{\Delta x\Delta y}^2})\\ F_{ik}^2 &= \frac{1}{2}\sigma_0^2(Q_{\Delta x\Delta x}+Q_{\Delta y\Delta y}-\sqrt{(Q_{\Delta x\Delta x}-Q_{\Delta y\Delta y})^2+4Q_{\Delta x\Delta y}^2})\\ \tan\varphi_{E_{ik}} &= \frac{Q_{EE}-Q_{\Delta x\Delta x}}{Q_{\Delta x\Delta y}}=\frac{Q_{\Delta x\Delta y}}{Q_{EE}-Q_{\Delta x\Delta y}}\end{aligned}\right\} \quad (6.4.3)$$

相对误差椭圆的绘制方法，可仿 6.3 节中的方法进行。二者的不同在于：点位误差椭圆一般以待定点中心为极绘制，而相对误差椭圆以两个待定点连线的中心为极绘制。下面通过例题进一步说明。

【例 6.3】 如图 6.8 所示，在测边网中，设待定点 P_1、P_2 两点的坐标为未知参数，采用间接平差法，算得的协因数阵，即法方程系数阵的逆阵为

$$Q_{\hat{x}\hat{x}}=N_{BB}^{-1}=\begin{bmatrix}0.2677 & 0.1267 & -0.0561 & 0.0806\\ 0.1267 & 0.7569 & -0.0684 & 0.1626\\ -0.0561 & -0.0684 & 0.4914 & 0.2106\\ 0.0806 & 0.1626 & 0.2106 & 0.8624\end{bmatrix}$$

平差后，计算得单位权中误差为 $\hat{\sigma}_0^2=4.5\text{cm}^2$。试求 P_1、P_2 两点的误差椭圆及相对误差椭圆。

解：(1) 计算 P_1 点点位误差椭圆的三个参数。

$$E_1^2=\frac{1}{2}\hat{\sigma}_0^2\left[Q_{x_1x_1}+Q_{y_1y_1}+\sqrt{(Q_{x_1x_1}-Q_{y_1y_1})^2+4Q_{x_1y_1}^2}\right]=3.5449$$

$$F_1^2=\frac{1}{2}\hat{\sigma}_0^2\left[Q_{x_1x_1}+Q_{y_1y_1}-\sqrt{(Q_{x_1x_1}-Q_{y_1y_1})^2+4Q_{x_1y_1}^2}\right]=1.0658$$

即

$$E_1=1.9\text{cm}, E_2=1.0\text{cm}$$

$$Q_{E_1E_1}=\frac{1}{2}\left[Q_{x_1x_1}+Q_{y_1y_1}+\sqrt{(Q_{x_1x_1}-Q_{y_1y_1})^2+4Q_{x_1y_1}^2}\right]=0.7878$$

$$\tan\varphi_{E_1}=\frac{Q_{E_1E_1}-Q_{x_1x_1}}{Q_{x_1y_1}}=4.10, \varphi_{E_1}=76°18'$$

(2) 计算 P_2 点点位误差椭圆的三个参数。同步骤 (1) 算法，得

$$E_2=2.1\text{cm}, F_2=1.3\text{cm}$$

$$\varphi_{E_2}=65°41'$$

(3) 计算 P_1 点与 P_2 点间相对点位误差椭圆的三个参数。

$$\left.\begin{aligned}Q_{\Delta x\Delta x} &= Q_{x_1x_1}+Q_{x_2x_2}-2Q_{x_1x_2}=0.8713\\ Q_{\Delta y\Delta y} &= Q_{y_1y_1}+Q_{y_2y_2}-2Q_{y_1y_2}=1.2941\\ Q_{\Delta x\Delta y} &= Q_{x_1y_1}-Q_{x_1y_2}-Q_{x_2y_1}+Q_{x_2y_2}=0.3251\end{aligned}\right\}$$

$$E_{12}=2.6\text{cm}, F_{12}=1.8\text{cm}$$

而相对误差椭圆的 E 轴方向为

$$\varphi_{E_{12}} = 61°31'$$

根据以上数据即可绘出 P_1、P_2 点的点位误差椭圆以及 P_1、P_2 点间的相对误差椭圆。在绘制误差椭圆前,先按一定的比例尺绘制控制网图(图 6.8)。然后再按求出的参数,以一定的比例尺,分别以 P_1、P_2 点为极绘制点位误差椭圆,以 P_1P_2 连线的中点 O 为极绘制两点间的相对误差椭圆,如图 6.9 所示。

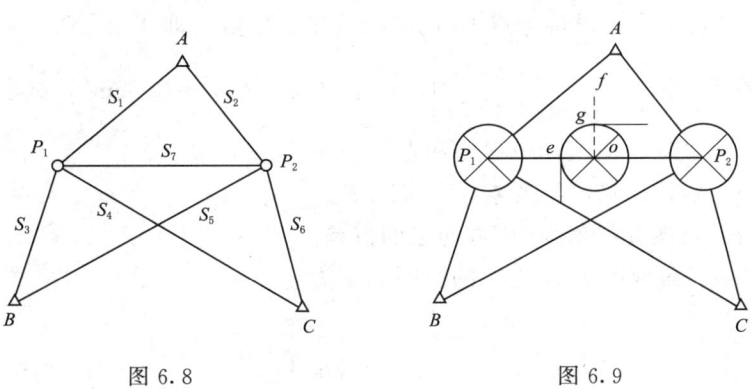

图 6.8　　　　　　　　　图 6.9

6.3 和 6.4 两节介绍了点位误差椭圆和两点间相对误差椭圆的做法和用途,在测量工作中,特别在精度要求较高的工程测量中,往往利用点位误差椭圆对布网方案进行精度分析。因为在确定点位误差椭圆的三个元素 φ_E、E 和 F 时,除了单位权中误差 σ_0 外,只需要知道各个协因数 Q_{ii} 的大小。而协因数阵 $Q_{\hat{x}\hat{x}}$ 是相应平差问题的法方程式系数的逆阵。当在适当的比例尺的地形图上设计了控制网的点位以后,可以从图上量取各边边长和方位角的概略值,根据这些可以算出误差方程的系数,而观测值的权则可根据需要事先加以确定,因此可以求出该网的协因数阵 $Q_{\hat{x}\hat{x}}$。另外,根据设计中所选定的观测仪器来确定单位权中误差 σ_0 的大小,从而估算出 φ_E、E 和 F 等数值。如果估算的结果符合工程建设对控制网所提出的精度要求,则可认为该设计方案是可采用的,否则,可改变设计方案,重新估算,以达到预期的精度要求。有时也可以根据不同设计方案的精度要求,同时考虑到各种因素,例如,建网的经费开支、施测工期的长短、布网的难易程度等,在满足精度要求的前提下,从中选择最优的布网方案。

误差椭圆应用领域除了传统控制网优化设计与质量分析外,也应用到 GIS 基本几何要素置信域与可视化研究、卫星导航系统精度评估、飞机导航性能实时评估与监视、战场目标位置不确定性研究与可视化、雷达定位精度分析和图形描述、导弹落点误差分析等多种场合,维数也拓展到三维甚至更高维。

练 习 题

6.1　具有一个待定的三角网,用间接平差所算得的法方程式为
$$1.287\hat{x} + 0.411\hat{y} + 0.534 = 0$$
$$0.411\hat{x} + 1.768\hat{y} - 0.394 = 0$$

已知单位权中误差 $\sigma_0=\pm1''$，σ_x，σ_y 均以 dm 为单位，试求：

(1) σ_φ 的极大值方向 σ_E 及极小值方向 σ_F。

(2) σ_φ 的极大值 E 和极小值 F。

(3) σ_x，σ_y 及点位中误差 σ。

(4) $\varphi=60°$ 时的 σ_φ 值。

6.2 在某测边网中，设待定点 P_1 的坐标为未知参数，即 $\hat{X}=[X_1 \quad Y_1]^T$，平差后得到 $\hat{X}$ 的协因数阵为 $Q_{\hat{X}\hat{X}}=\begin{bmatrix} 0.25 & 0.15 \\ 0.15 & 0.75 \end{bmatrix}$，且单位权方差 $\hat{\sigma}_0^2=3.0\text{cm}^2$，试求：

(1) 计算 P_1 点纵、横坐标中误差和点位中误差。

(2) 计算 P_1 点误差椭圆三要素 φ_E、E、F。

(3) 计算 P_1 点在方位角为 90° 方向上的位差。

6.3 已知某三角网中 P 点坐标的协因数阵为

$$Q_{\hat{X}\hat{X}}=\begin{bmatrix} 2.10 & -0.25 \\ -0.25 & 1.60 \end{bmatrix}[\text{cm}^2/('')^2]$$

单位权方差估计值 $\hat{\sigma}_0^2=1.0('')^2$，求：

(1) 位差的极值方向 φ_E 和 φ_F。

(2) 位差的极大值 E 和极小值 F。

(3) P 点的点位方差。

(4) $\psi=30°$ 方向上的位差。

(5) 若待定点 P 点到已知点 A 的距离为 9.55km，方位角为 217.5°，则 AP 边的边长相对中误差为多少？

6.4 如何在 P 点的误差椭圆图上，图解出 P 点在任意方向 ψ 上的位差 σ_ψ？

6.5 某平面控制网经平差后求得 P_1、P_2 两待定点间坐标差的协因数阵为

$$\begin{bmatrix} Q_{\hat{\Delta X}\hat{\Delta X}} & Q_{\hat{\Delta X}\hat{\Delta Y}} \\ Q_{\hat{\Delta Y}\hat{\Delta X}} & Q_{\hat{\Delta Y}\hat{\Delta Y}} \end{bmatrix}=\begin{bmatrix} 3 & -2 \\ -2 & 3 \end{bmatrix}[\text{cm}^2/('')^2]$$

单位权中误差为 $\hat{\sigma}_0=1''$，试求两点间相对误差椭圆的三个参数。

6.6 如图 6.10，由 A、B、C 三点确定 P_1 点坐标 $\hat{X}=[\hat{X}_P \quad \hat{Y}_P]^T$，同精度观测了 6 个角度，观测精度为 σ_β，平差后得到 $\hat{X}$ 的协因数阵为 $Q_{\hat{X}\hat{X}}=\begin{bmatrix} 1.5 & 0 \\ 0 & 2.0 \end{bmatrix}[\text{cm}^2/('')^2]$，且单位权中误差为 $\hat{\sigma}_0=1.0\text{cm}$，已知 BP 边边长约为 300m，AP 边边长为 220m，方位角 $\alpha_{AB}=90°$，平差后角度 $L_1=30°00'00''$，试求测角中误差 σ_β。

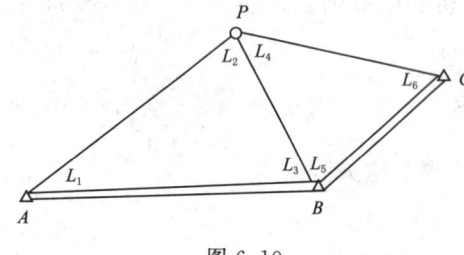

图 6.10

6.7 如图 6.11 所示，在两套测边前方交会图形组成的网中，起算数据见表 6.1。

表 6.1

点号	坐标/m		坐标方位角 /(° ′ ″)	边长/m
	x	y		
A	16906.066	6325.434	220 20 11.2	3048.6544
B	145820.209	4352.117	210 22 34.2	1484.8716
C	13301.175	3601.255		

观测数据为：$AP=3082.6477$m、$BP=1522.9215$m、$CP=2185.1683$m。试按间接平差计算：

(1) P 点坐标的协因数阵及单位权中误差。

(2) P 点位差的极大值方向和极小值方向。

(3) 位差 σ_φ 的极大值和极小值。

(4) P 点 X、Y 方向的中误差及点位中误差。

(5) $\varphi=30°$时的中误差。

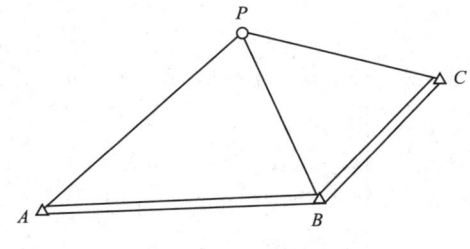

图 6.11

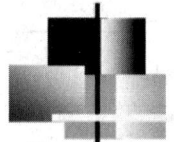

第 7 章

矩 阵

本章学习目标：通过本章的学习，复习矩阵的概念，熟悉矩阵的特征，掌握矩阵的基本运算——和差运算、乘法运算，掌握矩阵的求逆的方法，熟悉用矩阵表示多元函数，为矩阵在本课程中应用打基础。

本章重点：矩阵乘积、求逆运算。

7.1 矩阵的基本形式及和差运算

7.1.1 矩阵的概念

由 $m \times n$ 个数 a_{ij}（$i=1, 2, \cdots, m$；$j=1, 2, \cdots, n$）排列成 m 行 n 列的数表为

$$\begin{bmatrix} a_{11} & a_{12} & \cdots & a_{1n} \\ a_{21} & a_{22} & \cdots & a_{2n} \\ \vdots & \vdots & \ddots & \vdots \\ a_{m1} & a_{m2} & \cdots & a_{mn} \end{bmatrix}$$

称为 $m \times n$ 矩阵，简记为 $A=(a_{ij})_{m \times n}$。当 $m=n$ 时，A 为 n 阶方阵，$|A|$ 为 A 的行列式。

行数和列数相等的矩阵称为方阵。

矩阵有下列几种特例。

单位矩阵：主对角元素都是 1，其余元素全为 0 的方阵，记为 E（或 I）。

对角矩阵：主对角线元素为不全为 0 的任意常数，主对角线外的元素全为 0。如主对角线上的元素相等，则为数量矩阵。

三角矩阵：分上三角矩阵和下三角矩阵。主对角线下方的元素全为 0 的方阵为上三角矩阵；主对角线上方的元素全为 0 的方阵为下三角矩阵。

同型矩阵：行数和列数都相同的两矩阵为同型矩阵。

矩阵的转置：将矩阵 A 的行列元素互换得到 A 的转置矩阵，记为 $A^T=(a_{ji})_{n \times m}$。

对称矩阵：如果 n 阶方阵 $A=(a_{ij})$ 满足 $a_{ij}=a_{ji}$（$i, j=1, 2, \cdots, n$），即 $A^T=A$，则 A 为对称矩阵。

正交矩阵：满足 $A^T A=AA^T=E$ 的方阵。

7.1.2 矩阵的和差运算

7.1.2.1 同型矩阵加减运算

设同型矩阵 $A=(a_{ij})_{m \times n}$ 和 $B=(b_{ij})_{m \times n}$，则

$$A \pm B = (a_{ij})_{m,n} \pm (b_{ij})_{m,n} = (a_{ij} \pm b_{ij})_{m,n} \tag{7.1.1}$$

【例 7.1】 $\begin{bmatrix} 1 & 2 \\ 3 & 4 \end{bmatrix} + \begin{bmatrix} 1 & 2 \\ 0 & 5 \end{bmatrix} = \begin{bmatrix} 2 & 4 \\ 3 & 9 \end{bmatrix}$

又如

$$\begin{bmatrix} 4 & 7 \\ 10 & 3 \end{bmatrix} - \begin{bmatrix} 3 & 7 \\ 6 & 1 \end{bmatrix} = \begin{bmatrix} 1 & 0 \\ 4 & 2 \end{bmatrix}$$

即同型矩阵加减，等于各对应元素相加减。

7.1.2.2 矩阵的数乘

常数乘矩阵时，将常数乘以矩阵的每个元素，即

$$kA = k(a_{ij})_{m,n} = (ka_{ij})_{m,n} \tag{7.1.2}$$

【例 7.2】 $2\begin{bmatrix} 1 & 2 \\ 3 & 4 \end{bmatrix} = \begin{bmatrix} 2 & 4 \\ 6 & 8 \end{bmatrix}$

7.1.2.3 矩阵加法和数乘运算规律

交换律： $A + B = B + A$ (7.1.3)

结合律： $(A + B) + C = A + (B + C)$ (7.1.4)

分配律： $k(A + B) = kA + kB$ (7.1.5)

$(k + l)A = kA + lA$ (7.1.6)

7.2 矩阵的乘积与求逆运算

7.2.1 矩阵的乘积

设 $A = (a_{ij})_{m,s}$，$B = (b_{ij})_{s,n}$，则矩阵 A 与 B 的乘积为

$$C = AB = (c_{ij})_{m,n} \tag{7.2.1}$$

其中 $c_{ij} = (a_{i1}b_{1j} + a_{i2}b_{2j} + \cdots + a_{is}b_{sj})$ (7.2.2)

矩阵乘法满足下列运算规律：

结合律： $(AB)C = A(BC)$ (7.2.3)

分配律： $A + BC = AC + BC$ (7.2.4)

由数乘矩阵和乘法结合律，可以推出数与乘积的结合律：

$$(kA)B = A(kB) = A(kB) \tag{7.2.5}$$

【例 7.3】 已知 $A = \begin{bmatrix} 3 & -1 \\ 0 & 3 \\ 1 & 0 \end{bmatrix}$，$B = \begin{bmatrix} 1 & 0 & 1 \\ 0 & 2 & 1 \end{bmatrix}$，求 AB。

解： $C = \underset{3,2\,2,3}{AB} = \begin{bmatrix} c_{11} & c_{12} & c_{13} \\ c_{21} & c_{22} & c_{23} \\ c_{31} & c_{32} & c_{33} \end{bmatrix} = \begin{bmatrix} 3 & -2 & 2 \\ 0 & 6 & 3 \\ 1 & 0 & 1 \end{bmatrix}$

$c_{11} = 3 \times 1 + (-1) \times 0 = 3, c_{12} = 3 \times 0 + (-1) \times 2 = -2, c_{13} = 3 \times 1 + (-1) \times 1 = 2$

$c_{21} = 0 \times 1 + 3 \times 0 = 0, c_{22} = 0 \times 0 + 3 \times 2 = 6, c_{23} = 0 \times 1 + 3 \times 1 = 3$

$c_{31} = 1 \times 0 + 0 \times 0 = 0, c_{32} = 1 \times 0 + 0 \times 2 = 0, c_{33} = 1 \times 1 + 0 \times 1 = 1$

7.2.2 矩阵的求逆
7.2.2.1 逆阵的概念

对于 n 阶方阵 A，如果有 1 个 n 阶方阵 B，使得 $AB=BA=E$，则 A 为可逆阵，B 为 A 的逆矩阵。A 的逆阵记为 A^{-1}，即 $B=A^{-1}$。

逆矩阵的性质：

如 A 可逆，则 A^{-1} 唯一。

如 A 为可逆矩阵，则 A^T、A^{-1} 均可逆，且有 $(A^T)^{-1}=(A^{-1})^T$，$(A^{-1})^{-1}=A$。

如 A，B 为同阶可逆矩阵，则 AB 也可逆，且有 $(AB)^{-1}=B^{-1}A^{-1}$。

如 A 可逆，且 $k \neq 0$，则 $(kA)^{-1}=\dfrac{1}{k}A^{-1}$。

7.2.2.2 求逆阵常用方法

(1) 利用伴随矩阵求逆。

余子式及代数余子式：在 n 阶行列式中，把元素 a_{ij} 所在的第 i 行和第 j 列元素划去后留下的 $n-1$ 阶行列式称为元素 a_{ij} 的余子式，记作 M_{ij}。

记 $A_{ij}=(-1)^{i+j}M_{ij}$ 为元素 a_{ij} 代数余子式，A_{ij} 为元素 a_{ij} 的代数余子式，定义 $A^*=(A_{ji})$ 为矩阵 A 的伴随矩阵。

$$A = \begin{bmatrix} a_{11} & a_{12} & \cdots & a_{1n} \\ a_{21} & a_{22} & \cdots & a_{2n} \\ \vdots & \vdots & \ddots & \vdots \\ a_{n1} & a_{n2} & \cdots & a_{nn} \end{bmatrix},$$

$$A^* = \begin{bmatrix} A_{11} & A_{21} & \cdots & A_{n1} \\ A_{12} & A_{22} & \cdots & A_{n2} \\ \vdots & \vdots & \ddots & \vdots \\ A_{1n} & A_{2n} & \cdots & A_{nn} \end{bmatrix} = \begin{bmatrix} A_{11} & A_{12} & \cdots & A_{1n} \\ A_{21} & A_{22} & \cdots & A_{2n} \\ \vdots & \vdots & \ddots & \vdots \\ A_{n1} & A_{n2} & \cdots & A_{nn} \end{bmatrix}^T \tag{7.2.6}$$

$$A_{ij}=(-1)^{i+j}M_{ij} \tag{7.2.7}$$

例 $\quad A = \begin{bmatrix} a & b \\ c & d \end{bmatrix}, A^* = \begin{bmatrix} d & -b \\ -c & a \end{bmatrix}$

当 A 为非奇异，即 $|A| \neq 0$ 时，有 $A^{-1}=\dfrac{1}{|A|}A^*$，当 A 为低阶矩阵时，可以用伴随矩阵求逆。

【例 7.4】 用伴随矩阵求 $A = \begin{bmatrix} 1 & 2 \\ 3 & 4 \end{bmatrix}$ 的逆阵。

解：$A^{-1} = \dfrac{1}{|A|}A^* = \dfrac{1}{-2}\begin{bmatrix} 4 & -2 \\ -3 & 1 \end{bmatrix} = \begin{bmatrix} -2 & 1 \\ 1.5 & -0.5 \end{bmatrix}$

(2) 用初等变换求逆。

矩阵的初等变换有以下三种：

1) 交换矩阵的两行或两列。

2) 把一个非零的数 k 乘矩阵的某一行（列）。

3）把矩阵的某一行（列）的 k 倍加到另一行（列）。

欲求 A 的逆矩阵，首先由 A 作出一个 $n \times 2n$ 矩阵，即 $(A \vdots E)$，然后对这个矩阵施以行初等变换（且只能行初等变换），将其左半部分的矩阵 A 化为单位矩阵，那么原来右半部分的单位矩阵就同时化为 A^{-1}：

$$(A \vdots E) \xrightarrow{\text{行初等变换}} (E \vdots A^{-1})$$

或者 $\begin{bmatrix} A \\ E \end{bmatrix} \xrightarrow{\text{列初等变换}} \begin{bmatrix} E \\ A^{-1} \end{bmatrix}$

【例 7.5】 用初等变换求 $A = \begin{bmatrix} 1 & 2 \\ 3 & 4 \end{bmatrix}$ 的逆阵。

解： 这里用行初等变换的方法求逆

$$(A \vdots E) = \begin{bmatrix} 1 & 2 & \vdots & 1 & 0 \\ 3 & 4 & \vdots & 0 & 1 \end{bmatrix} \xrightarrow{(1) \times (-3) + (2)} \begin{bmatrix} 1 & 2 & \vdots & 1 & 0 \\ 0 & -2 & \vdots & -3 & 1 \end{bmatrix}$$

$$\xrightarrow{(2)+(1)} \begin{bmatrix} 1 & 0 & \vdots & -2 & 1 \\ 0 & -2 & \vdots & -3 & 1 \end{bmatrix} \xrightarrow{(2) \times (-0.5)} \begin{bmatrix} 1 & 0 & \vdots & -2 & 1 \\ 0 & 1 & \vdots & 1.5 & -0.5 \end{bmatrix}$$

$$A^{-1} = \begin{bmatrix} -2 & 1 \\ 1.5 & -0.5 \end{bmatrix}$$

注：(i) 表示 i 行；$(i) \leftrightarrow (j)$ 表示两行对调；$[j]$ 表示 j 列；$[i] \leftrightarrow [j]$ 表示两列对调。

（3）用分块矩阵求逆。

用水平和铅直虚线将矩阵中的元素分割成若干个小块，每个小块成为矩阵的一个子块或子矩阵，原矩阵是以这些子块为元素的分块矩阵。

进行分块矩阵的计算时，可将子矩阵当作矩阵的元素看待。

在进行分块矩阵的乘法运算时，应当注意左分块矩阵的列的分法必须与右分块矩阵的行的分法一致。

对于零元素特别多的矩阵，可以考虑用分块矩阵求逆。设 A、B 为可逆方阵，则

$$\begin{bmatrix} A & 0 \\ 0 & B \end{bmatrix}^{-1} = \begin{bmatrix} A^{-1} & 0 \\ 0 & B^{-1} \end{bmatrix} \tag{7.2.8}$$

$$\begin{bmatrix} 0 & A \\ B & 0 \end{bmatrix}^{-1} = \begin{bmatrix} 0 & B^{-1} \\ A^{-1} & 0 \end{bmatrix} \tag{7.2.9}$$

$$\begin{bmatrix} A & C \\ 0 & B \end{bmatrix}^{-1} = \begin{bmatrix} A^{-1} & -A^{-1}CB^{-1} \\ 0 & B^{-1} \end{bmatrix} \tag{7.2.10}$$

$$\begin{bmatrix} A & 0 \\ C & B \end{bmatrix}^{-1} = \begin{bmatrix} A^{-1} & 0 \\ -B^{-1}CA^{-1} & B^{-1} \end{bmatrix} \tag{7.2.11}$$

【例 7.6】 求 $A = \begin{bmatrix} 1 & 0 & 0 \\ 1 & 3 & 0 \\ 0 & 0 & 1 \end{bmatrix}$ 的逆阵 A^{-1}。

解：采用分块矩阵法：$\begin{bmatrix} A & 0 \\ C & B \end{bmatrix}^{-1} = \begin{bmatrix} A^{-1} & 0 \\ -B^{-1}CA^{-1} & B^{-1} \end{bmatrix}$

先分块：$A = \begin{bmatrix} 1 & 0 & \vdots & 0 \\ 1 & 3 & \vdots & 0 \\ 0 & 0 & \vdots & 1 \end{bmatrix}$, $A^{-1} = \begin{bmatrix} 1 & 0 & 0 \\ -\dfrac{1}{3} & \dfrac{1}{3} & 0 \\ 0 & 0 & 1 \end{bmatrix}$

练 习 题

1. 何为矩阵？何为方阵？何为单位阵？

2. 已知 $A = \begin{bmatrix} 3 & 0 & 0 \\ 1 & 4 & 0 \\ 0 & 0 & 3 \end{bmatrix}$，求 $A-2E$、$(A-2E)^{-1}$。

第 8 章

常用测量平差软件应用

本章学习目标：通过本章的学习，要求了解常用测量平差软件的界面与功能菜单，数据处理的流程，熟悉参数的设置方法，掌握用软件进行控制网平差步骤。

本章重点：软件菜单内容、数据处理的步骤。

在实际测量生产过程中，主要采用测量平差软件来解决计算问题。测量平差软件具有计算效率高、界面直观易懂等特点。目前，测量平差软件有很多，如南方测绘仪器公司开发的平差易、武汉大学测绘学院研发的地面测量工程控制与施工测量内外业一体化和数据处理自动化系统（以下简称科傻软件）等。许多设计院根据各自测量工作需要编写了平差软件，如武市勘测设计研究院、成都勘测设计研究院都有自己开发的软件。这些软件虽然各有特点，但其基本逻辑是测量平差原理。下面以生产中常用的平差易和科傻为例讲解软件的使用方法。

8.1 平差易软件简介

8.1.1 平差易主界面介绍

平差易（Power Adjust 2005，简称 PA2005），是在 Windows 系统下用 VC 开发的控制测量数据处理软件。它采用了 Windows 风格的数据输入技术和多种数据接口（南方系列产品接口、其他软件文件接口），同时辅以网图动态显示，实现了从数据采集、数据处理和成果打印的一体化。其成果输出丰富强大、多种多样，平差报告完整详细，报告内容也可根据用户需要自行定制，另有详细的精度统计和网形分析信息等。其接口友好，功能强大，操作简便，是控制测量理想的数据处理工具。

PA2005 的操作接口主要分为两部分——顶部下拉菜单和工具条，如图 8.1 所示。

主接口包括测站信息区、观测信息区、图形显示区以及顶部下拉菜单和工具条。

所有 PA2005 的功能都包含在顶部的下拉菜单中，可以通过操作平差易下拉菜单来完成平差计算的所有工作，例如文件读入和保存、平差计算、成果输出等。

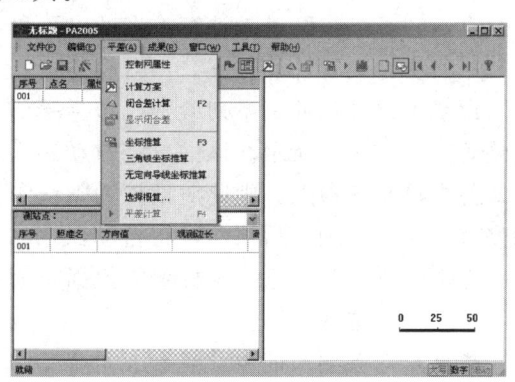

图 8.1

8.1.2 平差易数据处理过程

平差易数据处理主要分为以下 7 个步骤。

第一步：控制网数据录入。
第二步：坐标推算。
第三步：坐标概算。
第四步：选择计算方案。
第五步：闭合差计算与检核。
第六步：平差计算。
第七步：平差报告的生成和输出。

8.1.3 向导式平差

向导即是按照应用程序的文字提示一步一步操作下去，最终达到应用目的。PA2005提供了向导式平差，根据向导的中文提示点击相应的信息即可完成全部的操作。

此平差向导只适用于对已经编辑好的平差数据文件进行平差。

向导式平差需要事先编辑好数据文件，本节以 demo 中的"边角网 4.txt"文件为例来说明。

第一步：进入平差向导。

首先启动"南方平差易 2005"，然后用鼠标点击下拉菜单"文件\平差向导"。请注意平差向导的中文提示和应用说明，并依据提示进行。

第二步：选择平差数据文件。

点击"下一步"进入平差数据文件的选择页面，点击"浏览"来选择要平差的数据文件。

所选择的对象必须是已经编辑好的平差数据文件，如 PA2005 的 Demo 中"边角网4"。对于数据文件的建立，PA2005 提供了两种方式：一是启动系统后，在指定表格中手工输入数据，然后点击"文件\保存"生成数据文件；二是依照软件附带的说明书附录 A 中文档格式，在 Windows 的"记事本"里手工编辑生成。

点击"打开"即可调入该数据文件。

第三步：控制网属性设置。

调入平差数据后点击"下一步"即可进入控制网属性设置接口。该功能将自动调入平差数据文件中控制网的设置参数，如果数据文件中没有设置参数，则此对话框为空，同时也可对控制网属性进行添加和修改，向导处理完后该属性将自动保存在平差数据文件中。

点击"下一步"进入计算方案的设置界面。

第四步：设置计算方案。

设置平差计算的一系列参数，包括验前单位权中误差、测距仪固定误差、测距仪比例误差等，如图 8.2 所示。该向导将自动调入平差数据文件中计算方案的设置参数，如果数据文件中没有该参数，则此对话框为默认参数（2.5、5、5），同时也可对该参数进行编辑和修改，向导处理完后该参数将自动保存在平差数据文件中。

点击"下一步"进入坐标概算界面。

第五步：选择概算。

概算是对观测值的改化，包括边长、方向和高程的改正等。当需要概算时就在"概算"前打"√"，然后选择需要概算的内容，如图 8.3 所示。

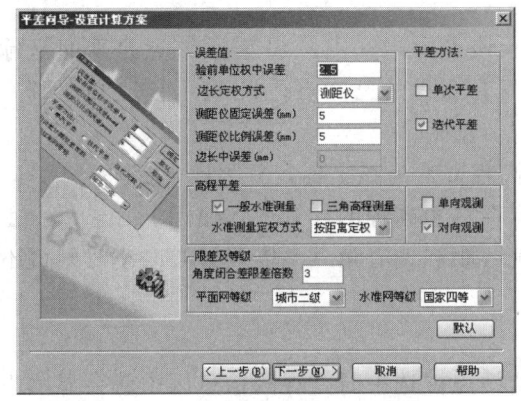
图 8.2

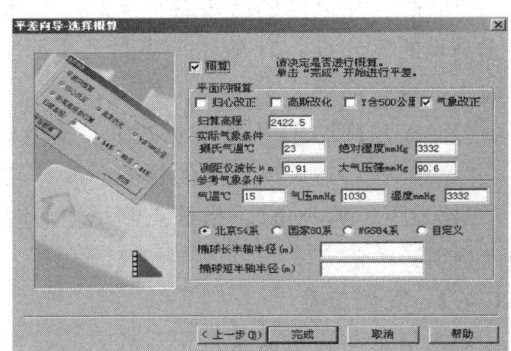
图 8.3

点击"完成"则整个向导的数据处理完毕，随后就回到南方平差易 2005 的接口，在此接口中就可查看该数据的平差报告以及打印和输出。

8.1.4 测站信息录入

下面介绍如何在电子表格中输入数据。首先，在测站信息区中输入已知点信息（点名、属性、坐标）和测站点信息（点名）；然后，在观测信息区中输入每个测站点的观测信息，如图 8.4 所示。

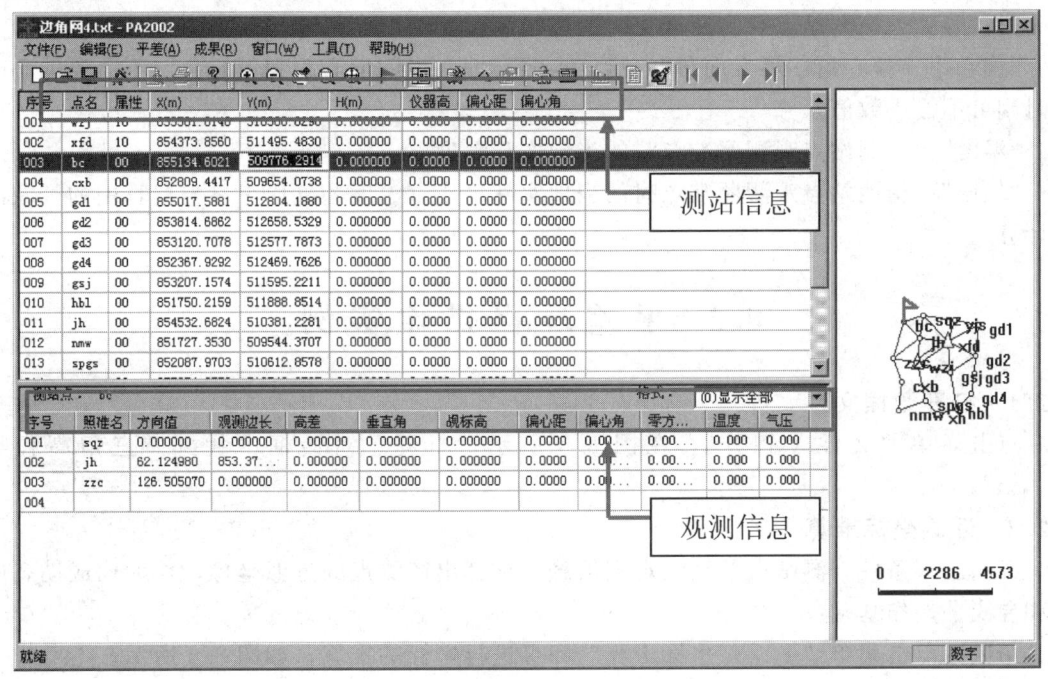
图 8.4

8.1.4.1 测站信息

"序号"：指已输测站点个数，它会自动迭加。

"点名": 指已知点或测站点的名称。

"属性": 用以区别已知点与未知点。00 表示该点是未知点,10 表示该点是平面坐标而无高程的已知点,01 表示该点是无平面坐标而有高程的已知点,11 表示该已知点既有平面坐标也有高程。

"X、Y、H": 分别指该点的纵、横坐标及高程(X 为纵坐标,Y 为横坐标)。

"仪器高": 指该测站点的仪器高度,它只有在三角高程的计算中才使用。

"偏心距、偏心角": 指该点测站偏心时的偏心距和偏心角(不需要偏心改正时则可不输入数值)。

8.1.4.2 观测信息

观测信息与测站信息是相互对应的,当某测站点被选中时,观测信息区中就会显示当该点为测站点时所有的观测数据。故当输入了测站点时,需要在观测信息区的电子表格中输入其观测数值。第一个照准点即为定向,其方向值必须为 0,而且定向点必须是唯一的。

"照准名": 指照准点的名称。

"方向值": 指观测照准点时的方向观测值。

"观测边长": 指测站点到照准点之间的平距(在观测边长中只能输入平距)。

"高差": 指测站点到观测点之间的高差。

"垂直角": 指以水平方向为零度时的仰角或俯角。

"觇标高": 指测站点观测照准点时的棱镜高度。

"偏心距、偏心角、零方向角": 指该点照准偏心时的偏心距和偏心角(不需要偏心改正时则可不输入数值)。

"温度": 指测站点观测照准点时的当地实际温度。

"气压": 指测站点观测照准点时的当地实际气压(温度和气压只参与概算中的气象改正计算)。

8.2 平差过程操作实例

8.2.1 打开数据文件

点击菜单"文件\打开",在图 8.5 所示"打开"对话框中找到"三角高程导线.txt"。

8.2.2 近似坐标推算

根据已知条件(测站点信息和观测信息)推算出待测点的近似坐标,作为构成动态网图和导线平差作基础。

用鼠标点击菜单"平差\坐标推算"即可进行坐标的推算,如图 8.6 所示。

推算坐标的结果如图 8.7 所示。

注意: 每次打开一个已有数据文件时,PA2005 会自动推算各个待测点的近似坐标,并把近似坐标显示在测站信息区内。当数据输入或修改原始数据时则需要用此功能重新进行坐标推算。

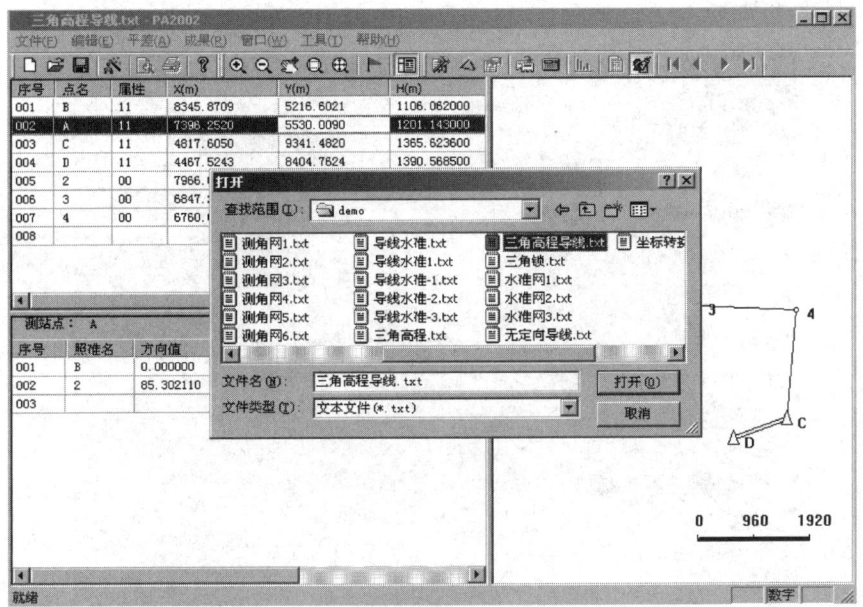

图 8.5

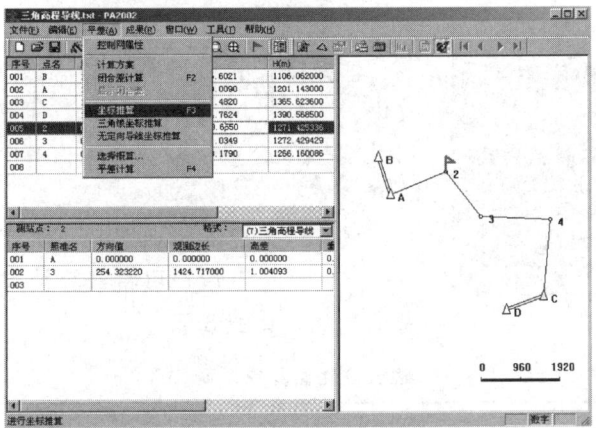

图 8.6

序号	点名	属性	X/m	Y/m	H/m
001	B	11	8345.8709	5216.6021	1106.062000
002	A	11	7396.2520	5530.0090	1201.143000
003	C	11	4817.6050	9341.4820	1365.623600
004	D	11	4467.5243	8404.7624	1390.568500
005	2	00	7966.6446	6889.6550	1271.425336
006	3	00	6847.2752	7771.0349	1272.429429
007	4	00	6760.0102	9518.1790	1266.160086

图 8.7

8.2.3 选择概算

主要对观测数据进行一系列的改化，根据实际的需要来选择其概算的内容并进行坐标的概算，如图8.8所示。

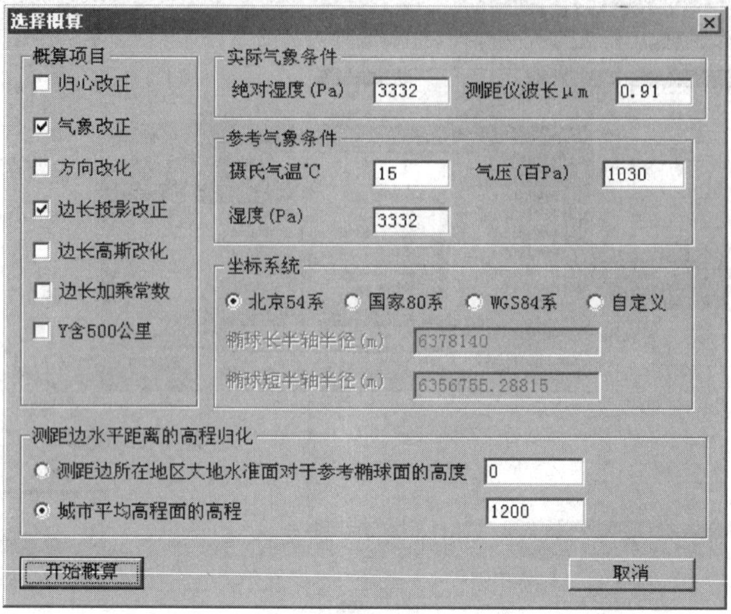

图8.8

选择概算的项目有：归心改正、气象改正、方向改化、边长投影改正、边长高斯改化、边长加乘常数和Y含500公里。需要参入概算时就在项目前打"√"即可。

概算结束后提示如图8.9所示。

图8.9

点击"是"后，可将概算结果保存为txt文本，结果见表8.1和表8.2。

表8.1 边长改化概算成果表

测站	照准	边长/m	改正数/m	改正后边长/m
A	2	1474.4440	−0.0084	1474.4356
2	3	1424.7170	−0.0161	1424.7009
3	4	1749.3220	−0.0191	1749.3029
4	C	1950.4120	−0.0356	1950.3764

表8.2 边长气象改正成果表

测站	照准	边长/m	改正数/m	改正后边长/m
A	2	1474.4356	0.0339	1474.4695
2	3	1424.7009	0.0287	1424.7295
3	4	1749.3029	0.0335	1749.3364
4	C	1950.3764	0.0348	1950.4113

8.2.4 计算方案的选择

选择控制网的等级、参数和平差方法。

注意：对于同时包含了平面数据和高程数据的控制网，如三角网和三角高程网并存的控制网，一般处理过程应为：先进行平面网处理，然后在高程网处理时 PA2005 会使用已经较为准确的平面数据如距离等，来处理高程数据。对精度要求很高的平面高程混合网，也可以在平面和高程处理间多次切换，迭代出精确的结果。

用鼠标点击菜单"平差\平差方案"即可进行参数的设置，如图 8.10 所示。

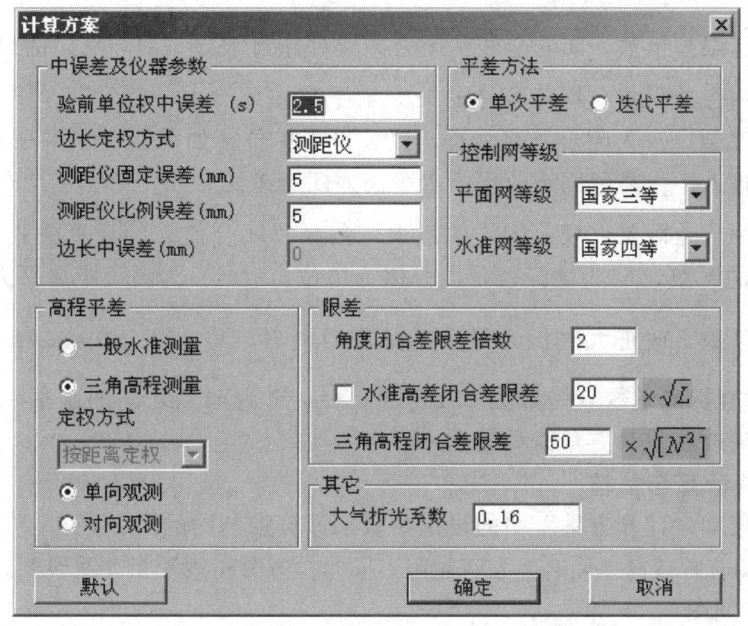

图 8.10

（1）平面控制网的等级。PA2005 提供的平面控制网等级有：国家二等、三等、四等，城市一级、二级，图根及自定义。此等级与它的验前单位权中误差是一一对应的，如平面控制网等级为城市二级时它的验前单位权中误差为 8″，当选择自定义时验前单位权中误差可任意输入。

（2）边长定权方式包括测距仪、等精度观测和自定义。根据实际情况选择定权方式。

1）测距仪定权：通过测距仪的固定误差和比例误差计算出边长的权。"测距仪固定误差"和"测距仪比例误差"是测距仪的检测常数，它根据测距仪的实际检测数值（单位为毫米）来输入的（此值不能为零或空）。

2）等精度观测：各条边的观测精度相同，权也相同。

3）自定义：自定义边长中误差。此中误差为整个网的边长中误差，它可以通过每条边的中误差来计算。

平差方法有单次平差和迭代平差两种。

单次平差：进行一次普通平差，不进行粗差分析。迭代平差：不修改权而仅由新坐标修正误差方程。

高程平差：包括一般水平测量平差和三角高程测量平差。当选择水平测量时其定权方式有两种按距离定权和按测站数定权。

按距离定权：按照测段的距离来定权。

按测站定权：按照测段内的测站数（即设站数）来定权，在观测信息区的"观测边长"框中输入测站数。注意：软件中观测边长和测站数不能同时存在。

单向观测：每一条边只测一次，一般只有直觇没有反觇。

对向观测：每一条边都要往返测，既有直觇又有反觇（单向观测和对向观测只在高程平差时有效）。

闭合差计算限差倍数：闭合导线的闭合差容许超过限差（$M\sqrt{N}$）的最大倍数。

水平高差闭合差限差：规范容许的最大水平高差闭合差。其计算公式：$n\times\sqrt{L}$，其中 n 为可变的系数，L 为闭合路线总长，以公里为单位。如果在"水平高差闭合差限差"前打"√"可输入一个高程固定值作为水平高差闭合差。

三角高程闭合差限差：规范容许的最大三角高程闭合差。其计算公式：$n\times\sqrt{[N^2]}$，其中 n 为可变的系数，N 为测段长，以公里为单位，$[N^2]$ 为测段距离平方和。

大气折光系数：改正大气折光对三角高程的影响，其计算公式：$\Delta H=\dfrac{1-K}{2R}S^2$，其中 K 为大气垂直折光系数（一般为 $0.10\sim0.14$），S 为两点之间的水平距离，R 为地球曲率半径。此项改正只对三角高程起作用。

8.2.5 闭合差计算与检核

根据观测值和"计算方案"中的设定参数来计算控制网的闭合差和限差，从而来检查控制网的角度闭合差或高差闭合差是否超限，同时检查分析观测粗差或误差。点击"平差\闭合差计算"，如图 8.11 所示。

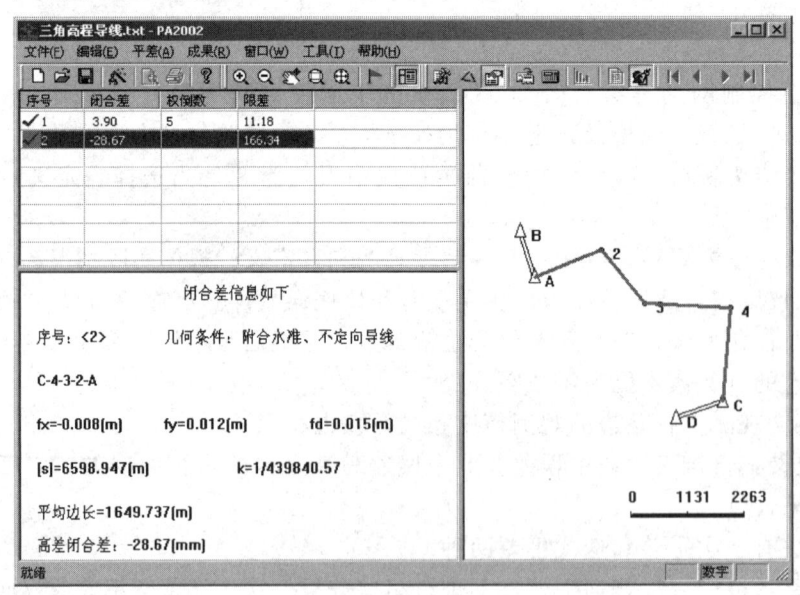

图 8.11

左边的闭合差计算结果与右边的控制网图是动态相连的(右图中用红色表示闭合导线或中点多边形),它将数和图有机地结合在一起,使计算更加直观、检测更加方便。

"闭合差":表示该导线或导线网的观测角度闭合差。

"权倒数":即是导线测角的个数。

"限差":其值为权倒数开方×限差倍数×单位权中误差(平面网为测角中误差)。

对导线网,闭合差信息区包括 f_x、f_y、f_d、K、最大边长、平均边长以及角度闭合差等信息。若为无定向导线则无 f_x、f_y、f_d、K 等项。闭合导线中若边长或角度输入不全也没有 f_x、f_y、f_d、K 等项。

在闭合差计算过程中,"序号"前面"!"表示该导线或网的闭合差超限,"√"表示该导线或网的闭合差合格,"X"则表示该导线没有闭合差。

此实例数据的角度闭合差和高差闭合差都合格。在平差易的闭合差计算中提供了粗差检测报告,如图 8.12 所示。

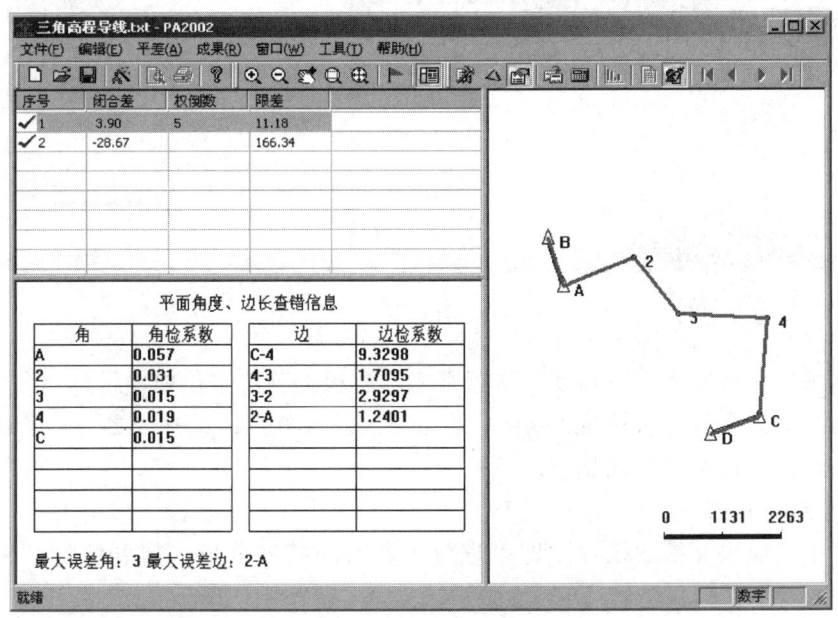

[闭合差统计表]
==
序号:<1>几何条件:附合导线
路径:D—C—4—3—2—A—B
角度闭合差=3.90,限差=±11.18fx=0.014(m),fy=0.008(m),fd=0.016(m)
[s]=6598.947(m),k=1/409531,平均边长=1649.737(m)
==
序号:<2>几何条件:三角高程
路径:C—4—3—2—A
高差闭合差=-28.67(mm),限差=±50 X SQRT(11.068)=±166.34(mm)
==

图 8.12

注意:闭合导线中没有 f_x、f_y、f_d、$[s]$、k 和平均边长的原因为该闭合导线数据输入中边长或角度输入不全（要输入所有的边长和角度）。

通过闭合差可以检核闭合导线是否超限，甚至可检查到某个点的角度输入是否有错。

8.2.6 平差计算

用鼠标点击菜单"平差\平差计算"即可进行控制网的平差计算，如图 8.13 所示。

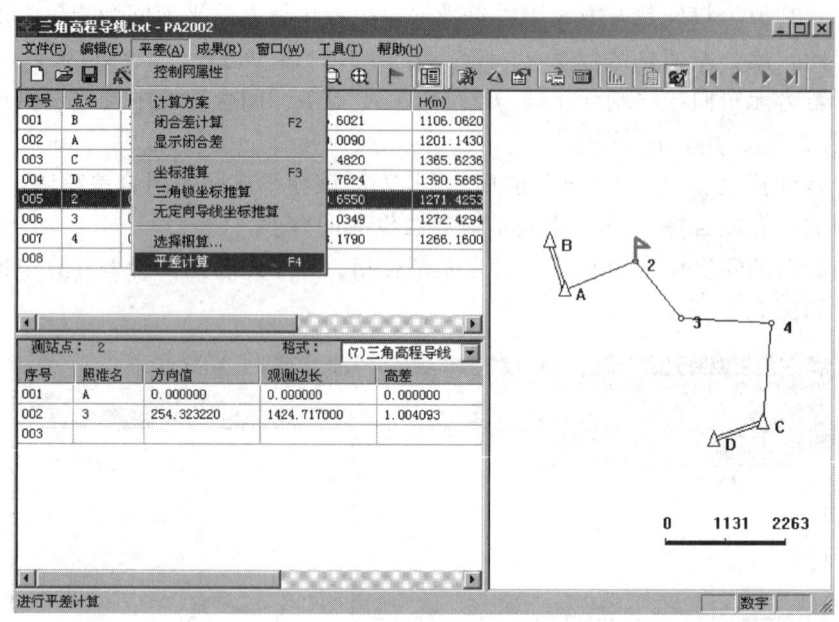

图 8.13

平面网可按"方向"或"角度"进行平差，它根据验前单位权中误差（角度单位：度分秒）和测距的固定误差（单位：mm）及比例误差（单位：百万分之一）来计算。

8.2.7 平差报告的生成与输出

8.2.7.1 精度统计表

点击菜单"成果\精度统计"即可进行该资料的精度分析，精度统计结果如图 8.14 所示。

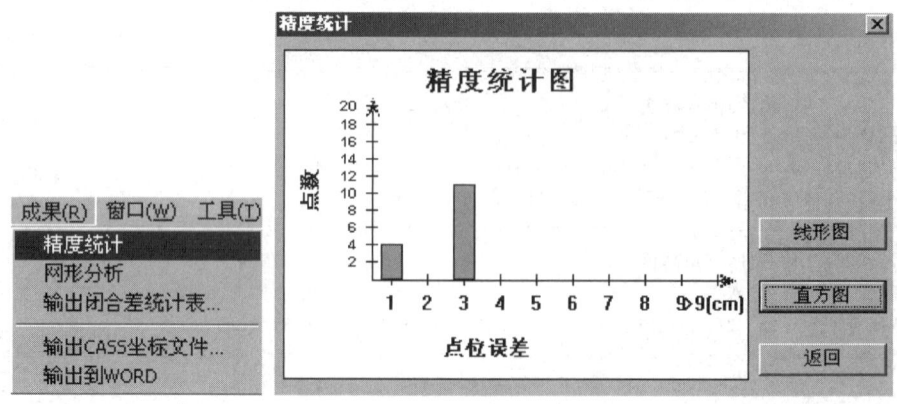

图 8.14

精度统计主要统计在某一误差分配的范围内点的个数。在此直方图统计表中可以看出在误差 2~3cm 区分配的点最多为 11 个点，在 0~1cm 区分配的点有 3 个。线形图统计表中有误差点的线性变化，如图 8.15 所示。

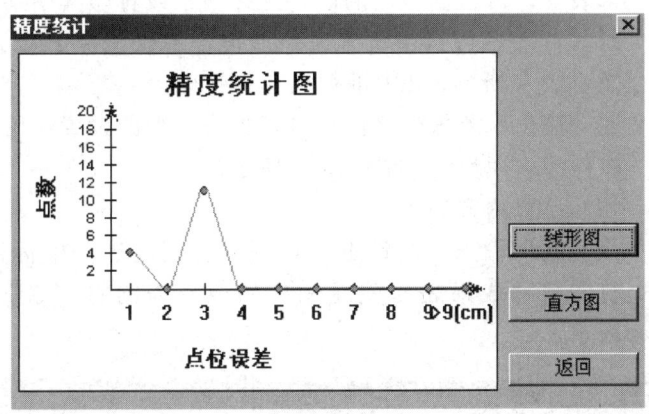

图 8.15

8.2.7.2 网形分析

点击菜单"成果\网形分析"即可进行网形分析，如图 8.16 所示。

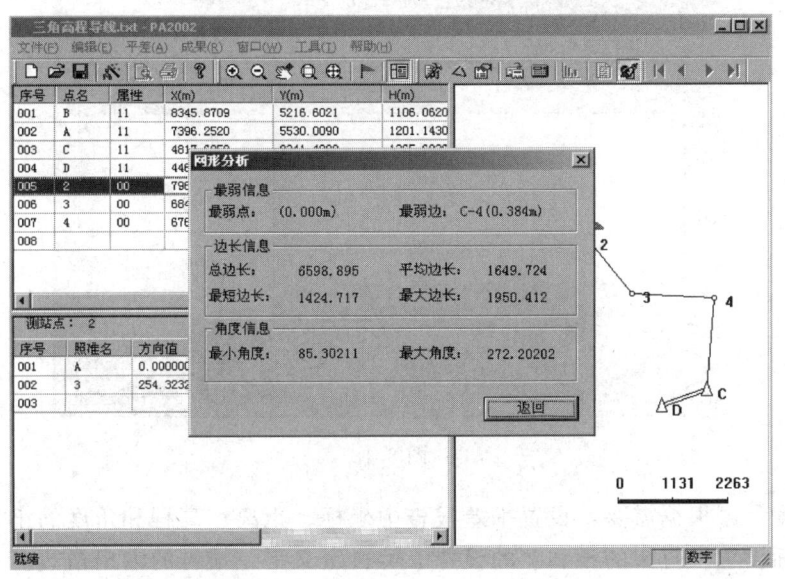

图 8.16

对网图的信息进行分析。

最弱信息：最弱点（离已知点最远的点），最弱边（离起算数据最远的边）。

边长信息：总边长，平均边长，最短边长，最大边长。

角度信息：最小角度，最大角度（测量的最小或最大夹角）。

8.2.7.3 平差报告

平差报告包括控制网属性、控制网概况、闭合差统计表、方向观测成果表、距离观测成果表、高差观测成果表、平面点位误差表、点间误差表、控制点成果表等，可根据自己的需要选择显示或打印其中某一项，成果表打印时其页面也可自由设置。平差报告不仅能在 PA2005 中浏览和打印，还可输入到 Word 中进行保存和管理。

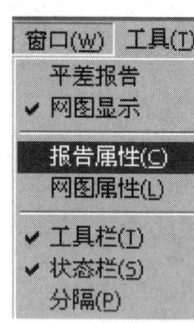

图 8.17

输出平差报告之前可进行报告属性的设置：用鼠标点击菜单"窗口\报告属性"，如图 8.17 所示。

设置内容如下。

成果输出：统计页、观测值、精度表、坐标、闭合差等，需要打印某种成果表时就在相应的成果表前打"√"即可，如图 8.18 所示。

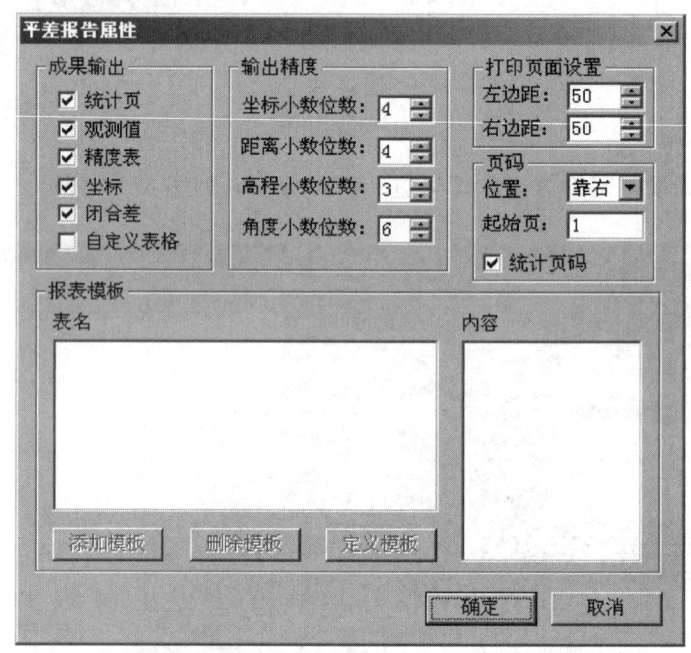

图 8.18

输出精度：可根据需要，设置平差报告中坐标、距离、高程和角度的小数字数。

打印页面设置：打印的长和宽的设置。可自定义平差报告的输出格式。

打印步骤如下。

第一步：选取打印对象。在平差报告属性中设置打印内容。

第二步：启动平差报告。在平差报告区中点击一下鼠标即可启动平差报告。

第三步：打印设置。设置打印机的路径以及打印纸张大小和方向。

第四步：打印预览。

第五步：打印。设置打印的页码和打印的份数后点击打印即可。

表 8.3~表 8.9 是平差报告部分节选示例。

表 8.3　　　　　　　　　　　　方 向 观 测 成 果 表

测 站	照 准	方向值	改正数	平差后值	备 注
A	B	0°00′00.00″			
A	2	85°30′21.10″	0.28″	85°30′21.38″	
C	4	0°00′00.00″			
C	D	244°18′30.00″	1.28″	244°18′31.28″	
2	A	0°00′00.00″			
2	3	254°32′32.20″	0.48″	254°32′32.68″	
3	2	0°00′00.00″			
3	4	131°04′33.30″	0.76″	131°04′34.06″	
4	3	0°00′00.00″			
4	C	272°20′20.20″	1.10″	272°20′21.30″	

表 8.4　　　　　　　　　　　　三 角 高 程 观 测 成 果 表

测站	照准	距离/m	垂直角	仪器高/m	觇标高/m
A	2	1474.44400	2°43′19″	1.34000	1.30000
2	3	1424.71700	0°01′45″	1.42500	1.28000
3	4	1749.32200	−0°12′46″	1.35400	1.30000
4	C	1950.41200	2°54′21″	1.51000	1.30000

表 8.5　　　　　　　　　　　　高 差 观 测 成 果 表

测段起点号	测段终点号	测段距离/m	测段高差/m	高差较差/m	较差限差/m
A	2	1474.44400	70.2823		
2	3	1424.71700	1.0041		
3	4	1749.32200	−6.2407		
4	C	1950.41200	99.4635		

表 8.6　　　　　　　　　　　　平 面 点 位 误 差

点 名	长轴/m	短轴/m	长轴方位	点位中误差/m	备 注
2	0.00636	0.00390	157°43′08.45″	0.0075	
3	0.00726	0.00599	18°39′36.18″	0.0094	
4	0.00669	0.00478	95°57′38.88″	0.0082	

表8.7 高程平差结果表

点号	高差改正数/m	改正后高差/m	高程中误差/m	平差后高程/m	备注
A			0.0000	1201.1430	已知点
2	−0.0064	70.2759	0.0084	1271.4189	
3	−0.0062	0.9979	0.0101	1272.4168	
4	−0.0076	−6.2483	0.0093	1266.1686	
C	−0.0085	99.4550	0.0000	1365.6236	已知点

表8.8 平面点间误差表

点名	点名	长轴MT/m	短轴MD/m	D/MD	长轴方位T	平距D/m	备注
A	2	0.00746	0.00390	378378.31	157°43′0845″	1474.46972	
C	4	0.00822	0.00478	408109.67	95°57′3888″	1950.41087	
2	3	0.00710	0.00373	381603.27	7°54′5532″	1424.72943	
3	4	0.00817	0.00428	408421.42	92°41′1244″	1749.33661	

表8.9 控制点成果表

点名	X/m	Y/m	H/m	备注
B	8345.8709	5216.6021	1106.0620	已知点
A	7396.2520	5530.0090	1201.1430	已知点
C	4817.6050	9341.4820	1365.6236	已知点
D	4467.5243	8404.7624	1390.5685	已知点
2	7966.6527	6889.6795	1271.4189	
3	6847.2703	7771.0630	1272.4168	
4	6759.9917	9518.2210	1266.1686	

8.3 科傻软件简介

科傻软件将测量基本原理和现代科技相结合，对电子全站仪、电子水准仪以及常规地面测量仪器进行系统的开发，以地面控制测量、施工测量和碎部测量等测量工程为对象，实现从外业数据采集、质量检核、预处理到内业数据处理、成果报表输出的一体化和自动化作业流程。

"地面测量工程控制测量数据处理通用软件包"（简称CODAPS或COSAWIN）在Windows环境下运行即可独立使用，对原始观测数据进行转换，完成从概算到平差的数据自动化处理，同时具有粗差探测与剔除、方差分量估计、闭合差计算、贯通误差影响值估算、报表打印、网图显绘、坐标转换与换带计算、控制网优化设计以及叠置分析等功能。

8.3.1 科傻软件主界面介绍

进入软件，主界面和主要菜单栏及功能如图 8.19 和图 8.20 所示。

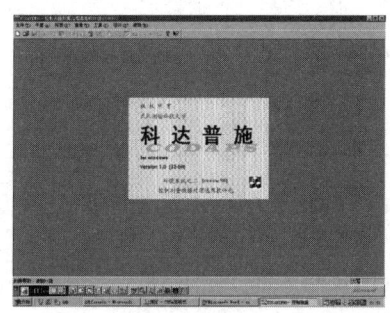

图 8.19

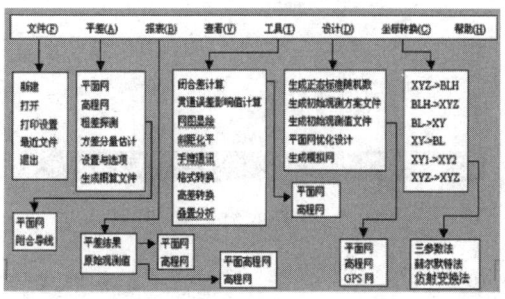

图 8.20

8.3.1.1 文件

文件菜单的主要功能如下。

新建：新建文本文件，如平面观测文件等。

打开：打开任意文件。

打印设置：打印机设置，单击将打开 Windows 打印机设置对话框。

8.3.1.2 平差

平差菜单的主要功能如下。

平面网：对平面网进行平差。单击将打开"输入平面观测值文件"对话框，选择平面观测值文件进行平面网平差。

高程网：对水准（高程）网进行平差。单击将打开"打开"对话框，选择水准（高程）观测值文件进行高程平差。

8.3.1.3 报表

报表菜单的主要功能如下。

平差结果：根据平面网或高程网平差结果，文件自动生成平面或高程平差结果报表。

原始观测值：将掌上型电脑经数据通信所得到的原始观测值文件自动生成平面高程网或高程网的原始观测值报表。

8.3.1.4 查看

打开或关闭工具栏和状态栏。

8.3.1.5 其他

其他功能包括工具、设计、坐标转换等，可以方便用户选择合适的功能进行数据解算。

8.3.2 科傻软件数据处理过程

科傻软件功能强大，基本操作流程如图 8.21 所示。

以图 8.22 所示水准网为例，说明软件的操作过程。

如图 8.22 所示，已知水准点 A 高程为 $H_A = 237.483$m，观测数据见表 8.10，求 B、C、D 三点高程。

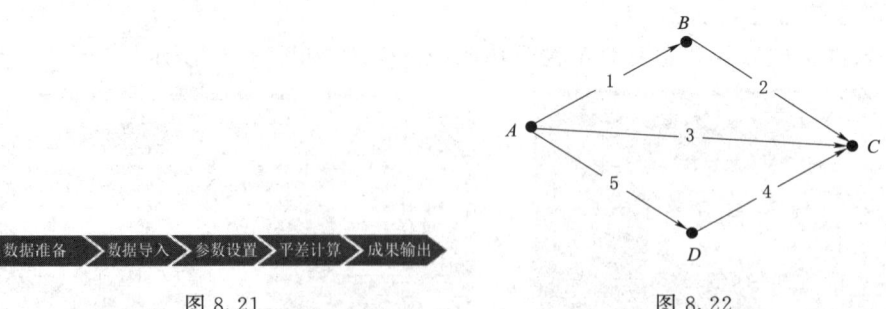

图8.21　　　　　　　　　　　　　　　　图8.22

表8.10　　　　　　　　　　　　　水准路线观测值

水准路线	观测高差/m	路线长度/km	水准路线	观测高差/m	路线长度/km
1	5.835	3.5	4	7.384	3.0
2	3.782	2.7	5	2.270	2.5
3	9.640	4.0			

8.3.2.1　数据准备

准备数据过程中，按照科傻软件数据格式进行编辑，在电脑中新建文本文档，将表8.8中数据输入文档，选择另存为文件名为＊＊＊.IN1，文件格式选择全部格式。

科傻数据中，将平面网和高程网进行了区分，平面网数据后缀为＊＊＊.IN2和高程网数据后缀为＊＊＊.IN1；平面观测文件为标准的ASCII码文件，可以使用任何文本编辑器建立编辑和修改。

第1行在多种精度（多等级）的水准网使用，一般情况可以省略；第2行及以下可以将高程控制网的已知数据填写，至少有一个已知点，可以填多个；第4行中，如果平差时每一测段观测按距离定权，则"测段测站数"这一项不要输入或输入一个负整数如"-1"。若输入测站测段数，则平差时自动按测段测站数定权。

经过编辑，得到高程网高程观测文件P114.IN1，见图8.23。

8.3.2.2　数据导入

选择文件选项，找到数据文件P114.IN1，点击打开，检查数据是否有误；无误进行下一步操作。

8.3.2.3　参数设置

平差设置界面如图8.24所示，包括了三个开关选择框、两组单选按钮设置框和一个编辑框。开关选择框用来确定某项功能的开或关，用鼠标击左边的方框可以设置开关选择框的开关状态，当方框中有"√"标识符时，则表示该选择框处于"开"状态，否则为"关"状态。对于一组单选按钮设置框，一次只能选中其中的某一项，选中项的左侧圆圈中会出现一个黑点。

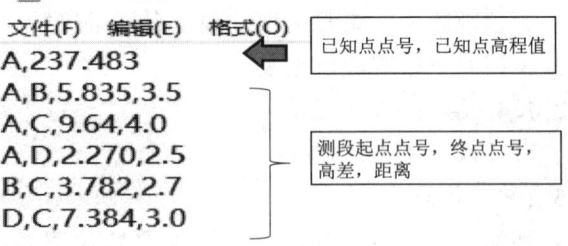

图8.23

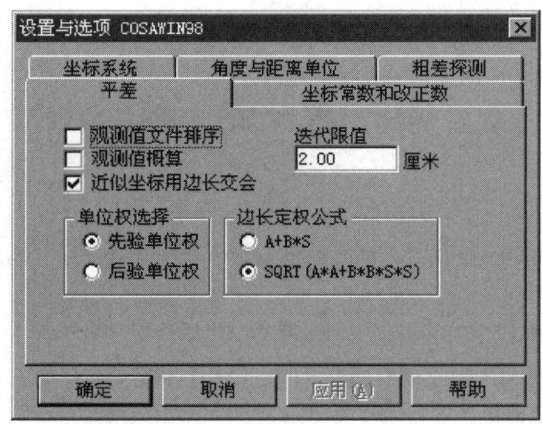

图 8.24

8.3.2.4 平差计算

选择平差——高程网，再次选择刚刚的数据文件 P114.IN1，完成平差计算。

8.3.2.5 成果输出

平差结束后，界面弹出平差结果，见图 8.25。同时在高程观测文件 P114.IN1 路径下会生成结果文件。对平面网的平差结果文件，其文件名为"网名.OU2"；对高程控制网的平差结果文件，其文件名为"网名.OU1"。在平差结果文件可以查看点位平差值、各点位中误差等。

```
            APPROXIMATE   HEIGHT                                      ADJUSTED   HEIGHT

    No.    Name         Height(m)                              No.   Name      Height(m)     Mh(mm)

     1      A           237.4830                                1     A        237.4830
     2      B           243.3180                                2     B        243.3299      11.06
     3      C           247.1230                                3     C        247.1210      10.00
     4      D           239.7530                                4     D        239.7457      10.08

            KNOWN   HEIGHT                                      ADJUSTED   HEIGHT   DIFFERENCE

    No.    Name         Height(m)                              No.  From  To   Adjusted_dh(m)  V(mm)  Mdh(mm)

     1      A           237.48300                               1    A    B      5.8469       11.88   11.06
                                                                2    A    C      9.6380       -1.96   10.00
         MEASURING   DATA  OF  HEIGHT  DIFFERENCE               3    A    D      2.2627       -7.26   10.08
                                                                4    B    C      3.7912        9.16   10.46
    No.   From   To    Observe(m)   Distance(km)   Weight       5    D    C      7.3753       -8.71   10.52

     1     A     B      5.83500       3.5000       0.286                      UNIT  WEIGHT  AND  PVV
     2     A     C      9.64000       4.0000       0.250
     3     A     D      2.27000       2.5000       0.400                        PVV=        118.674
     4     B     C      3.78200       2.7000       0.370                Free Degree=        2
     5     D     C      7.38400       3.0000       0.333                Unit Weight=        7.703
                                                                               [s]=         15.700(km)
                                                              Total Point Number=           4
                                                              Height Difference Number=     5
```

图 8.25

参 考 文 献

[1] 武汉大学测绘学院测量平差学科组. 误差理论与测量平差基础 [M]. 3版. 武汉：武汉大学出版社, 2015.
[2] 李行洋. 测量平差基础 [M]. 北京：中国水利水电出版社, 2011.
[3] 靳祥升. 测量平差基础 [M]. 郑州：黄河水利出版社, 2005.
[4] 牛志红, 张福荣. 测量平差基础 [M]. 北京：中国水利水电出版社, 2012.
[5] 宋太江. 测量平差 [M]. 2版. 重庆：重庆大学出版社, 2010.
[6] 刘长建. 关于误差椭圆教学内容设计的新思考 [J]. 测绘通报, 2017 (5)：143-146.
[7] 王新洲. 测量平差 [M]. 北京：水利电力出版社, 1991.
[8] 高士纯. 测量平差基础通用习题集 [M]. 武汉：武汉测绘科技大学出版社, 1999.